高职高专“十二五”规划教材

农业气象

第二版

李亚敏　杨凤书　主　编
谢会志　张吉海　副主编

化学工业出版社
·北　京·

本书包括理论内容和实训指导两大部分。

理论内容：绪论中主要介绍气象学、农业气象学的概念，农业气象学研究的对象、任务和方法，大气的组成和结构；第1～4章主要介绍与农业生产关系密切的光、温、水、气、风等气象要素的变化规律以及对农业生产的影响；第5～8章主要介绍天气系统灾害性天气及其防御、气候与中国气候以及农业气候资源的基本知识；第9、第10章主要介绍农业小气候、设施农业小气候特点及调控措施。

实训指导分两部分：引言和气象要素观测。引言主要介绍气象观测的意义、原则、要求以及农业气象观测的概念，为进行气象要素观测做好准备。气象要素观测包括气象观测场的建立、仪器的布置、主要气象要素的观测方法、农田小气候观测以及观测资料的整理、统计、分析和应用。

本课程的学习重点：光、温、水、气、风等气象要素的变化规律以及对农业生产的影响；对农业生产有重要影响的天气系统和天气过程的变化规律；主要农业气象灾害的发生规律及其防御措施；小气候与农田小气候、设施农业小气候的特点及调控措施。

本课程的难点：光、温、水、风等气象要素对农业生产的影响；农业小气候、设施小气候的特点及调控措施。

本书精简理论知识，注重学生实践能力的培养，适用于高职高专院校、成人教育、五年制高职农林牧渔类等专业学生用书，也可作为农业生产技术人员、农业推广管理人员的科普读物。

本书选材较宽，主要是考虑我国地域广阔，各地农业生产情况差异较大，同时专业不同，对本课程教学内容及侧重点有所不同，使用时根据具体情况选取学习内容。

图书在版编目（CIP）数据

农业气象/李亚敏，杨凤书主编. —2版. —北京：化学工业出版社，2013.8（2023.2重印）
ISBN 978-7-122-17971-5

Ⅰ.①农…　Ⅱ.①李…②杨…　Ⅲ.①农业气象-教材
Ⅳ.①S16

中国版本图书馆CIP数据核字（2013）第161236号

责任编辑：蔡洪伟　　装帧设计：尹琳琳
责任校对：王素芹

出版发行：化学工业出版社（北京市东城区青年湖南街13号　邮政编码100011）
印　　装：北京科印技术咨询服务有限公司数码印刷分部
787mm×1092mm　1/16　印张11　字数265千字　2023年2月北京第2版第5次印刷

购书咨询：010-64518888　　售后服务：010-64518899
网　　址：http://www.cip.com.cn
凡购买本书，如有缺损质量问题，本社销售中心负责调换。

定　　价：35.00元

第二版前言

农业气象是气象学、农学以及农业生态学的交叉学科，是农林牧渔类专业的专业基础课，主要研究与农业生产密切相关的气象条件，并服务于农业生产的应用气象学科。

本书第一版自2007年6月出版以来，经过在教学和社会相关人士中使用，得到了同行和师生的一致好评和认可，这是对我们的肯定和最大的鼓励，同时也给我们提出了更高的要求，鞭策我们在原有基础上再接再厉，继续努力。

本书根据高职高专的需求，按照工学结合的原则编写。教材以学生为主体，以培养学生能力为本位，并按照技能型人才培养需要，合理安排课程结构。

为适应我国农业科学事业和高职高专教学发展需要，在第一版《农业气象》的基础上作了修改，第二版与第一版比较：部分理论内容作了删减；部分章节作了整合；理论和生产实践相结合部分得以加强；复习思考题部分作了调整，更加注重学生综合能力的培养。相信修改后的《农业气象》教材，在以后的教学过程中，能够很好地把理论知识运用到生产实践中去，更好地为农业生产服务。

为方便教学工作和学生实训参考，本书涵盖理论教学内容和实训指导内容。理论教学内容包括太阳辐射、温度、大气水分、气压和风、天气系统、灾害性天气及其防御、气候与中国气候、农业气候资源、农业小气候、设施农业小气候；实训指导内容包括气象观测场设置、太阳辐射的测定、地温和气温的观测、积温的计算和应用、空气湿度的观测、降水和蒸发的观测、气压和风的观测，农田小气候观测。

本书编写分工如下：绪论由张玉珍编写，第1～3章、实训指导（其中第一部分、第二部分实训一～实训四）由李亚敏编写；第4章、第6章、实训指导（第二部分实训五）由谢会志编写；第5章由赵斌涛编写；第7章、第9章、第10章、实训指导（第二部分实训六）由杨凤书编写；第8章由张吉海编写；实训指导（第二部分实训七、实训八）由王秋涛编写；全书由保定职业技术学院陈瑞修教授审稿。

本书在编写中借鉴了一些图书和网络的优秀资料，在此向相关作者表示感谢。

由于编者水平所限，书中疏漏和不妥之处在所难免，恳请广大读者批评指正。

编者

2013年5月

目 录

绪 论

学习目标

了解有关气象学的基本知识，掌握气象、天气、气候、气象要素等基本概念；了解农业气象学的发展过程；熟悉农业气象学及其研究对象、任务和方法；掌握大气的组成及各组成成分的作用；了解大气的分层情况，掌握对流层的特征。

0.1 气象学与农业气象学

0.1.1 气象学基本概念

地球周围包围着一层深厚的空气，称之为地球大气，简称大气。大气和其他物质一样，时刻不停地运动、变化并发展着，在大气运动变化过程中，经常进行着各种物理过程，如大气的增温与冷却、水分的蒸发与凝结等。伴随这些物理过程出现的风、云、雨、雪、雾、霜、雷、电光等物理现象称为气象。研究大气中所发生的各种物理过程和物理现象的形成原因及其变化规律的科学，称为气象学。

大气中发生各种的物理过程和物理现象，常用一些定性或定量的物理量来描述，如太阳辐射、温度、湿度、气压、风、云、蒸发和降水等，这些物理量统称为气象要素。各个气象要素之间相互联系，相互制约，在不同的地方和不同的时间综合作用的结果，就表现为不同的天气和气候。

天气是指一个地方瞬时或短时间内各种气象要素综合所决定的大气状态。它是短时间的、不稳定的、瞬息多变的现象；气候是指一个地区多年的综合的天气特征，是长时期内大气的统计状态，它既包括多年来正常的天气情况，也包括个别年份出现的极端天气特征。气候一旦形成，既具有一定的区域性，又具有相对的稳定性。研究天气的形成及其演变规律，并进行天气预报的科学，称为天气学。研究气候的形成、特征及其变化规律的科学，称为气候学。天气和气候既有联系又有区别，天气是气候的基础，气候是天气的综合。天气是短时间内的大气过程，而气候是对长时期内大气的统计状况。气象学研究的范围很广，广义的气象学包括天气学和气候学。

大气中所发生的各种物理现象（气象）与人民生活、经济建设、国防事业等多方面均有密切关系，并得到了广泛应用，由此形成了不同的应用气象学科，如农业气象学、林业气象学、海洋气象学、医疗气象学等。而农业气象学是一门最广泛、最直接的应用气象学。

0.1.2 农业气象学

0.1.2.1 农业气象学的概念

研究气象与农业之间的相互关系，并利用气象科学技术为农业生产服务，使农业生产能够充分利用有利的天气和气候条件，避开灾害性天气的危害，从而使农业生产达到高产、稳产、优质、低耗的一门应用气象学科。

0.1.2.2 农业气象学的研究对象和任务

农业气象学的研究对象一方面是研究对农业具有重要意义的气象、天气和气候条件（称之为农业气象条件），如空气温度、空气湿度、气压、风、日照、太阳辐射、降水、二氧化碳、土壤温度、土壤湿度、土壤蒸发、农田蒸散、水温等；另一方面是研究农作物（饲养动物等）在农业气象条件影响下的生长发育状况和产量，广义地讲包括种植业、林业、畜牧业、水产业、农业建筑与设施、农业生产过程等。农业气象研究可以针对单项气象要素与农业的关系，也可以是多种气象要素对农业的综合影响。其主要目的在于揭示农业与气象环境相互关系的规律，为农业生产服务。

农业气象学的主要目的是帮助农业充分合理利用有利的气象条件和气候资源，抗御和避免不利的气象灾害，以便经济、有效地获得高额而稳定的农产品。因此，农业气象学的基本任务：一是研究农业气象条件的形成和变化规律；二是研究农作物在各个生育时期对气象条件的具体要求，确定农作物生长发育的农业气象指标；三是根据农业气象指标鉴定气象条件对农作物生长发育和产量的影响，并进一步为农业生产扬长避短、趋利避害，寻求有效途径。

0.1.2.3 农业气象学的研究方法

由农业气象学研究的对象和研究的任务可知，在研究过程中，应遵循平行观测（联合观测）的原则。即在进行各种气象要素观测的同时，还必须在同一地点、同一时间内对作物生长发育状况进行观测研究，通过两方面观测资料的对比分析，确定气象条件对作物生长发育和产量的影响，从而对作物生育期间的气象条件做出正确的评价与分析。

在实际工作中，为了缩短观测年限，迅速取得作出结论所需要的大量资料，在平行观测的原则下，农业气象的研究还常采用以下方法作为补充。

（1）农业物候观测法　观测作物的物候期与自然条件的关系，从而研究农业物候规律。

（2）农业气象试验法

① 地理播种法。在同一季节里，同种作物在不同地方进行播种。由于不同地理环境中的农业气象条件不同，即可实现在较短时间进行平行观测，达到试验设计的目的。

② 分期播种法。同一种作物在同一地区分不同时期播种，这样既可找出气象条件对不同生育期的影响以及同一生育期对不同气象条件的反应。

③ 人工气候试验法。利用人工控制气象条件的设施进行农业气象试验。可进行温度、光照、降雨强度等单因子模拟试验，也可进行温湿、温光、温气等复因子试验。

（3）气候分析法　运用数理统计的方法，借助于计算机，统计并分析多年的历史气候资料。

（4）农业气象遥感　利用遥感技术进行作物产量估测、草地资源监测、旱涝灾害监测预报等。

（5）作物气象模拟法　运用数学方法建立能够描述作物生长发育、光合作用的进程、器官的形成、产量的形成等生理生态过程与气象条件之间关系的数学模型，在此基础上再按照一定的规则用程序软件将有关模型“装配”在一起，形成可模拟作物生长全过程的软件系统，即所谓的“电脑上种庄稼”。

0.1.3 中国农业气象的发展

0.1.3.1 中国古代的农业气象成就

中国古代农业气象科学技术在世界农业气象发展史中占有重要地位。早在旧石器时代，人们在采集植物果实、种子和狩猎过程中就注意到周围的环境有随季节而变化的现象，从而产生了物候农时的概念。先秦时期，形成了“春播、夏耘、秋收、冬藏”的概念。春秋时期已知用圭表测日影的方法来确定节气的日期。秦汉时期，从秦统一中国到汉末，农业气象科学技术的主要成就是二十四节气、七十二候的形成，基本反映了黄河中下游的农业气候，为中国古代农业气象科学技术的发展奠定了基础。

公元前 26 世纪，《尚书·尧典》中有帝尧让羲氏与和氏出掌四时之官，观天象，授农时。《诗经·七月》和《夏小正》等著作都涉及以物候定农时的内容。

公元前 3 世纪出现的《吕氏春秋》、公元 1 世纪的《氾胜之书》、公元 6 世纪贾思勰的《齐民要术》、公元 11 世纪沈括的《梦溪笔谈》、公元 16 世纪徐光启的《农政全书》等书中对作物与农时（农业气象条件）的关系作了论述。

0.1.3.2 中国近代农业气象科技的发展

明、清时期西方气象科学技术开始传入中国。

从 1840 年到中华人民共和国成立，近代中国农业气象事业的发展是很缓慢的。

1922 年竺可桢在《科学》第 7 卷第 9 期上发表《气象与农业之关系》一文，倡导农业气象学，成为中国近代农业气象的奠基人。

0.1.3.3 中国现代农业气象学的发展

中国现代农业气象学的建立，并取得突飞猛进的进展是 20 世纪 50 年代以后。其特点是，成立了专门的农业气象研究、教学和服务管理机构，有组织、有计划地开展农业气象研究、教学和服务活动，培养出了大批的专业人才，农业气象科技水平得到迅速提高，成为世界上农业气象事业较为发达的国家之一。

20 世纪 50 年代农业气象事业是中国农业气象事业开创之际，农业气象观测、研究所使用的仪器设备多采用气象台站观测仪器，物候观测主要靠目测。开展了农业气象仪器的研究，如土钻、冻土表、辐射计等。另外，新中国于 1953 年建立了第一个农业气象研究机构——华北农业科学研究所农业气象组。

20 世纪 60 年代以后，开始研究、设计适用于农业气象研究的温、湿、风、光等要素的多点观测仪器。

20 世纪 70 年代以后，引进了一些较为先进的农业气象仪器设备，如农业气象综合测定仪、人工气候箱、分波段太阳辐射仪等。在测定方法上向隔测、遥测、数据自记或自动采集的方向发展。

20 世纪 80 年代以来，电子计算机和遥感技术在农业气象中的应用，特别是微机在农业气象研究中的逐渐普及，给农业气象研究带来新的活力。在各农业气象要素自动循回测定、数据处理、数值模拟、数据库等方面都发挥了巨大的作用。而卫星遥感系统在农业气象研究和业务中的应用如资源普查、作物产量预报、气象灾害监测等方面都发挥着独特的作用，为农业气象研究和业务服务提供了有力的手段。另外，各类专业气象工作，专题的与综合的农业气候分析和区划、作物冷害和干热风等农业气象灾害的研究，农业小气候的利用与改良等已广泛展开。新技术、新方法逐渐在农业气象中得到应用，系统工程、运筹学及其他相邻学科也正向农业气象学渗透。

0.2 大气概论

要正确认识大气中经常出现的各种物理现象和物理过程的本质及变化规律，首先就要了解大气的一般特性，即大气的成分和分层。

0.2.1 大气的组成

低层大气（25km 以下）的成分由干洁空气、水汽和悬浮在大气中的杂质混合组成。

0.2.1.1 干洁空气

大气中除水汽和杂质外的多种混合气体称为干洁空气。其主要成分有氮、氧、氩，此外还有少量的二氧化碳及氖、氦、氪、氢、臭氧等气体（表 0-1）。

表 0-1 干洁空气的组成

气体	容积/%	气体	容积/%
氮	78.084	氦	5.24×10^{-4}
氧	20.946	氪	1.14×10^{-4}
氩	0.934	氢	5.0×10^{-6}
二氧化碳	0.0325	臭氧	8.0×10^{-6}
氖	1.8×10^{-3}	氙	1.0×10^{-5}

（1）氮和氧 氮是大气中含量最多的气体成分，而且几乎是不变的。除豆科植物外，其他绝大多数植物不能直接吸收利用氮。但当有雷雨时，闪电可以使少量的氮氧化，这些氮的氧化物，随降水进入土壤，可以被植物吸收利用。

氧气是生物呼吸所必需的气体。大气中氧的含量很高，可以满足植物需要。在土壤中，植物根部的呼吸、细菌和真菌的活动都消耗氧气，而氧的补充过程却十分缓慢，常使氧含量不足。尤其在土壤水分过多和土壤板结情况下，会出现缺氧中毒现象。所以氧不但是动植物呼吸所必需的，而且还决定着土壤中有机质的腐败和分解，对改良土壤有重要作用。

（2）臭氧 臭氧是由氧分子离解为氧原子，而后氧原子又和氧分子化和而成的。但在低层大气中，这些过程并不经常出现，所以低层大气中臭氧含量很少，而且也不固定。在上层大气中，臭氧的形成主要靠太阳紫外线的作用，所以在离地面 10～15km 以上的大气层中经常有臭氧存在。一般是自 5～10km 高度起臭氧含量开始增加；至 20～25km 高度处臭氧的含量达到最大值，称之为臭氧层；再往上，臭氧的含量又逐渐减少；到 55～60km 高度处就很少了。

臭氧具有强烈地吸收太阳紫外线的能力，致使离地面 40～50km 气层中的温度迅速增高；同时也保护了地球上生物免受过多紫外线照射而受到伤害。而透射过来的少量的紫外线，对人们又可以起到杀菌治病的作用。

（3）二氧化碳（CO_2） 大气中的 CO_2 主要来源于矿物燃料的燃烧、有机物质的腐化分解以及动植物的呼吸。因而在人烟稠密的工业区，CO_2 的含量高，可占空气容积的 0.05%以上，在农村含量大为减少，平均含量约为 0.03%。一般来说，CO_2 的含量分布是：室内比室外多，夏季比冬季多，阴天比晴天多，城市比农村多。此外，在垂直方向上，CO_2

主要集中在20km以下的大气层，往上含量显著减少。

CO_2能吸收和放射长波辐射，能影响地面和空气温度的变化；同时它又是植物进行光合作用制造有机物质不可缺少的原料。一般作物的光合速率随CO_2浓度增加而增大。CO_2浓度增加，水分利用率提高，也可使作物某些器官的产生及形成的物候期提前。近年来，由于大气中CO_2含量逐渐增多，对全球气候变迁产生了一定影响。

0.2.1.2 水汽

大气中的水汽主要来源于江、河、湖、海等水面蒸发、土壤蒸发以及植物蒸腾。因此，大气中的水汽主要集中在3km以下的大气层，随高度的增加，水汽含量会逐渐减少。

大气中的水汽含量不多且极不稳定，变动在0.1%～4%之间。水汽是常温、常压下，唯一能发生相变的气体（即固、液、汽三态相互转变），在相变过程中，会出现云、雾、雨、雪等一系列天气现象，所以说水汽是扮演天气变化的主要角色。在相变的过程中同时还伴随潜热的转移，水汽本身也能强烈吸收和放射长波辐射，所以水汽对地面和空气温度的分布有很大影响。

0.2.1.3 杂质

大气中悬浮着各式各样的固态和液态的微粒，这些微粒称为杂质。杂质包括植物花粉、微生物、细菌等有机物和尘埃、烟粒等无机物。它们主要集中在3km以下的大气层中，而且含量变化也很大。一般城市多于农村，陆地多于海洋，晚间多于白天，冬季多于夏季。

这些微粒中，有些（如盐粒等）易溶于水，有些虽不溶于水，但能为水所湿润，它们都能成为水汽凝结的核心物质，促进水汽的凝结。

杂质能吸收一部分太阳辐射，使到达地面的太阳辐射有所减弱，又能阻挡地面辐射放热，因而影响地面温度和空气温度的分布。

杂质浮游在空间，使能见度变坏。杂质过多，污染大气，影响人类健康，甚至危及生命。而绿色植物对粉尘具有阻挡和过滤吸收作用。因此，植树造林可以净化空气、保护环境。

0.2.2 大气的垂直结构

大气的最底层是地面，即下垫面。大气上界的高度，在气象学上是以大气中出现高度最高的物理现象“极光”来确定的。根据观测资料，极光出现的最大高度是1000～1200km，所以此数值作为大气的物理上界。但是，现代气象卫星探测资料证明，在2000～3000km的高度，仍有极其稀薄的空气存在，不过那里已接近星际空间了。

观测结果表明，大气在垂直方向上的物理性质并不是均一的，世界气象组织（WMO）规定，主要按气温垂直分布，将大气分为五层，分别为对流层、平流层、中间层、热层和散逸层。其中与人类生活和农业生产关系最密切的是对流层。

对流层是紧靠地面的一层，其厚度随纬度不同而变化，在高纬度地区约为8～9km，中纬度地区约为10～12km，高纬度约为17～18km，平均厚度为11km。就季节而言，夏季对流层厚度大于冬季。由于地球引力作用，对流层中大约集中了3/4的大气质量和几乎全部的水汽与杂质，因此，对流层是发生天气变化最重要的层次。

对流层有三个特征：①对流层的气温随高度的升高而降低，平均每上升100m气温下降0.65℃，高山上常年积雪，就是因为高空气温低的缘故；②空气具有强烈的对流运动，通过对流运动，可使近地面层的热量、水汽、杂质向高层输送，对成云致雨起着重要作用，主要天气现象（如云、雾、雨、雪、雷、电等）都发生在这一层；③温度、湿度等气象要素水平分布不均匀，常形成大规模空气的水平运动，从而引起各地天气的变化。

在对流层中，距地面30～50m这一气层，称为近地气层。近地气层主要特征是温度、湿度、风速等气象要素的垂直变化梯度特别大。其中0～2m间的贴地气层气象要素变化更为剧烈。近地气层和贴地气层是受地面强烈影响的层次，也是人类生活和生物生存的重要环境，对它的研究有着很大的意义。

复习思考题

1. 气象学和农业气象学的区别是什么？
2. 农业气象学的研究对象、任务和方法是什么？
3. 低层大气是由哪些成分组成的？其中哪些成分能影响天气变化？如何影响？
4. 对流层有何特征？
5. 二氧化碳对植物和大气环境起哪些作用？

第1章 太阳辐射

学习目标

了解昼夜与四季的形成、二十四节气与农业生产、赤纬和方位角等概念、光谱成分对植物的影响。熟悉太阳高度角及其变化规律、辐射的基本知识、太阳辐射在大气中的减弱及其影响因子。掌握温室效应、大气逆辐射、地面有效辐射、地面辐射差额、光照强度、太阳常数、散射、光饱和点、光补偿点、光周期现象等概念；掌握光照时间在农业上的应用、光能利用率及其提高途径。

太阳与人们朝夕相处，它给大地带来温暖，哺育万物的生长。太阳投射给地球的巨大能量——太阳辐射，是地球和大气最主要的能量源泉，地球从太阳能中获取的热量为 5.338×10^{24}J/a，占地球上总能量的99%。太阳辐射也是引起各地天气变化和气候差异的重要因子，是大气运动和产生各种物理现象的基本动力。太阳辐射是绿色植物进行光合作用制造有机物质的唯一能量来源，此外，太阳辐射还具有光效应，在地球上形成昼夜长短的变化和季节的循环往复。

1.1 昼夜、季节和二十四节气

1.1.1 昼夜

1.1.1.1 地球自转与昼夜

地球有两种基本运动：自转和公转。地球自转一周360°，约需24h，在其自转过程中，地球和太阳的相对位置经常发生变化，但在某一时刻，地球和太阳的相对位置是确定的。其中，总是有半个球面向着太阳，处于白昼，称之为昼半球；半个球面背着太阳，处于黑夜，称之为夜半球。昼半球和夜半球的分界线称为晨昏线，如图1-1所示。

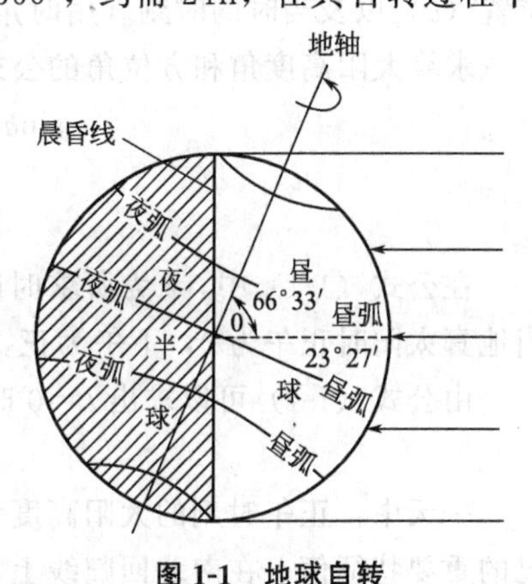

图1-1 地球自转

地球不断自西向东转动，昼半球东边的区域逐渐进入黑夜，夜半球东边的区域逐渐进入白昼，地球如此不停地自转，就形成了地球上各地昼夜的交替现象。

1.1.1.2 昼夜长短的变化

地球在自转和公转过程中，地轴和地球公转轨道面始终保持66°33′角度不变，所以晨昏线和地轴不在一个平面上（春、秋分除外）。因此，晨昏线和地球上的纬线相交割，把同一纬线分为两部分，一部分在昼半球，称为昼弧；另一部分在夜半球，称为夜弧。由于地球和太阳的相对位置经常发生变化，所以晨昏线也经常变化，晨昏线分割所形成的昼弧和夜弧长短也经常发生变化(赤道地区昼弧和夜弧相等)，这就形成了各地昼夜长短的变化。

1.1.1.3 赤纬、太阳高度角和方位角

(1) 赤纬 (δ) 太阳光线垂直照射地球的位置，称为赤纬，它与直射地球的地理纬度一致，所以用当地地理纬度表示。太阳直射点在北半球，赤纬取正值，太阳直射点在南半球，赤纬取负值。在一年中，赤纬变动在［＋23.5°，－23.5°］范围。春分日和秋分日，太阳直射赤道，$\delta=0$；夏至日太阳直射北回归线，$\delta=23.5°$；冬至日太阳直射南回归线，$\delta=-23.5°$，如图 1-2 所示。

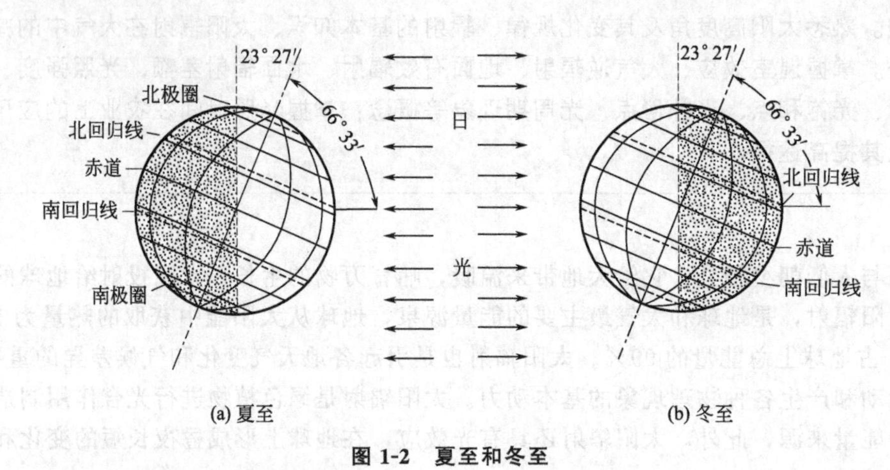

图 1-2 夏至和冬至

(2) 太阳高度角和方位角 在地球上观察，太阳在天空中的位置随时、随地而变化。太阳在天空中的位置可以用太阳高度角和太阳方位角表示。

① 太阳高度角。是指投射到地面上的太阳平行光线与水平面的夹角，简称太阳高度，用 h 表示。

② 太阳方位角。是指太阳光线在水平面上的投影和当地子午线的夹角，用 A 表示。正北为零度，上午为正，下午为负。

太阳高度角 (h)、太阳方位角 (A) 与该地的地理纬度 (ϕ)、该日太阳直射地球上的位置 (δ) 以及当时的时刻（用时角 t 表示）有关。

求算太阳高度角和方位角的公式可分别写成：

$$\sin h=\sin\varphi\sin\delta+\cos\varphi\cos\delta\cos t \tag{1-1}$$

$$\cos A=\frac{\sin h\sin\varphi-\sin\delta}{\cos h\cos\varphi} \tag{1-2}$$

在公式 (1-1) 中，t 为所求时间的时角，地球自转一周约需 24h，即每小时转 15°，以当地真太阳时正午为 0，下午为正，上午为负，每小时为 15°。

由公式 (1-1) 可以求出 $t=0$ 时，即正午时刻的太阳高度角的公式为：

$$h=90°-\phi+\delta \tag{1-3}$$

一天中，正午时刻的太阳高度角是太阳高度角的最大值，它是反映一个地方太阳辐射状况的重要特征值。在南北回归线上，太阳高度角每年有一次最大值和一次最小值；在赤道上

每年有两次最大值和两次最小值。

1.1.1.4　日照时间

(1) 可照时数与实照时数　太阳中心从出现在一地的东方地平线到进入西方地平线之间的时数，称为可照时数。可照时数随季节和纬度的变化规律如下。

① 春分日、秋分日（$\delta=0$），地球各地昼夜平分，昼长不随纬度变化而变化。

② 从春分到秋分的夏半年（$\delta>0$），北半球各地白昼长于黑夜，而且纬度越高白昼越长，夏至日达一年中的最长，北极圈内出现极昼现象。

③ 从秋分到春分的冬半年（$\delta<0$），北半球各地白昼短于黑夜，而且纬度越高白昼越短，冬至日达一年中的最短，北极圈内出现极夜现象。

④ 赤道地区，终年昼夜平分，中、高纬度地区，纬度越高，一年中昼长变化越大；低纬度地区终年昼长变化较小。南半球和北半球冬夏相反，春秋相反，昼长随纬度的变化规律是一样的。

在实际研究中，考虑到云、雾、地物遮蔽等影响，太阳直接照射的实际时数会短于可照时数。把一天中太阳的直接辐射实际照射到地面的时数称为实照时数（日照时数）。观测日照时数的仪器，称为日照计。日照计只能观测太阳直接辐射。有云、地物遮挡时，则观测不到。

实照时数与可照时数的百分比称为日照百分率。

(2) 光照时间和曙暮光时间　在日出之前和日没之后，虽然没有太阳直接辐射投射到地面上，但隐藏在地平线以下的太阳光，却可以通过分子散射照亮地面，把日出之前的散射光称为曙光，日落之后的散射光称为暮光。曙暮光的照度多在光合作用的补偿点以上，故这部分光仍能被植物吸收利用，对作物的生长发育有着不同程度的影响，所以农业生产上，把曙暮光时间和可照时间之和称为光照时间。

$$光照时间=可照时间+曙暮光时间$$

民用曙暮光的界限是指太阳高度在地平线以下 0°～6°的一段时间。曙暮光时间的长短随纬度和季节而异，全年以夏季最长，冬季最短；就纬度而言，高纬度要长于低纬度，夏半年更为明显。例如在赤道上，各季曙暮光时间只有 40 多分钟，在纬度 30°处，就增长到 1h，而到 60°的高纬度，夏季曙暮光时间长达 3.5h，冬季也有 1.5h。

1.1.2　季节

地球自转的同时，还按着椭圆形轨道围绕太阳公转。太阳位于椭圆轨道（公转轨道）的一个焦点上，地球离太阳最远的时候大约在每年的 7 月 4 日，相距约 152×10^6km，此时地球在轨道上的位置叫做远日点；地球离太阳最近的时候大约在每年的 1 月 3 日，相距约 147×10^6km，这时地球在轨道上的位置叫做近日点。

由于地球在公转过程中，地轴与公转轨道平面之间始终保持 66°33′倾斜角，地轴所指的方向也始终不变（指向北极星附近），使得太阳直射点一年中只能在南北回归线之间移动，从而使太阳高度角在各地不同，这是形成各地四季变化的根本原因，如图 1-3 所示。

关于四季的划分，不同学科划分标准不同，因此各地四季的起始和终止的时间也有较大的差别（表 1-1）。

从农业生产的角度来看，主要的研究对象是农作物，以候平均温度（连续五天的平均温度）为标准划分的四季最具有指导意义。从气候学角度来分析各季的气候状况，又以各季的中间月份（1 月、4 月、7 月、10 月）为代表来表述。

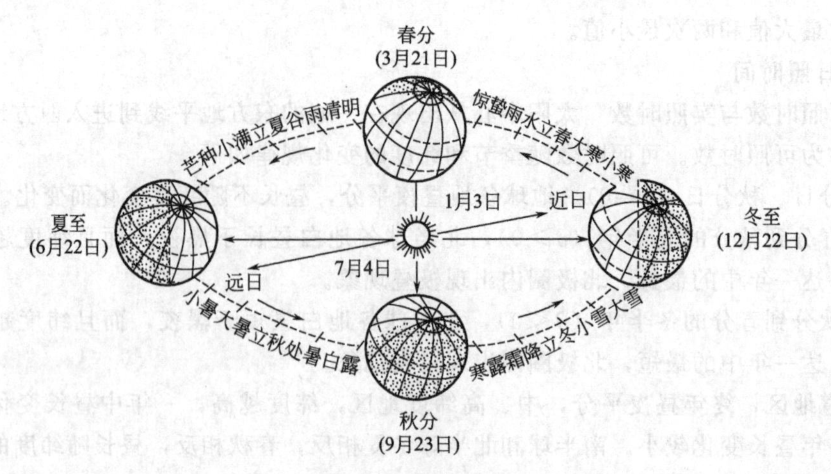

图 1-3 日地关系

表 1-1 四季的划分

四 季	天文学	气候学(月份)	农业科学(候均温℃)	古代民间
春季	春分至夏至	3 至 5	10.0～22.0	立春至谷雨
夏季	夏至至秋分	6 至 8	＞22.0	立夏至大暑
秋季	秋分至冬至	9 至 11	22.0～10.0	立秋至霜降
冬季	冬至至春分	12 至次年 2	＜10.0	立冬至大寒

1.1.3 二十四节气与农业生产

表 1-2 二十四节气的含义及农业指导意义

节气	月份	日期	节气含义及农业意义
立春	2	4 或 5	春季开始，冬去春来，万象更新，气候回暖，土壤开始解冻
雨水	2	19 或 20	降雨开始，雨量逐步增多
惊蛰	3	6 或 5	气温、地温逐渐升高。蛰伏地下的昆虫、小动物开始活动，开始打雷；春耕开始
春分	3	20 或 21	各地昼夜等长，其后北半球进入昼长夜短季节，古称日夜分
清明	4	5 或 6	天气晴朗，气候温暖，草木开始返青，万物欣欣向荣，景象清澈明洁
谷雨	4	21 或 22	雨水增多，大大有利于谷类作物的生长
立夏	5	6 或 7	夏季开始。草木旺盛生长
小满	5	21 或 22	大麦、小麦等夏季作物籽粒开始灌浆膨大，趋于乳熟
芒种	6	6 或 7	大麦、小麦等穗部有芒的夏熟作物成熟，夏播作物忙于播种
夏至	6	22 或 21	北半球白昼最长，夜晚最短的一天，古称日长至或日北至。盛夏季节到来
小暑	7	7 或 8	进入一年中酷暑季节，但还没达到最热时期
大暑	7	23 或 24	进入一年中最炎热的季节
立秋	8	8 或 7	秋季开始。“立秋十八日，草木都结籽”，标志大秋作物趋于成熟
处暑	8	23 或 24	“处”有隐居躲藏的意思。炎热的季节即将过去。处暑以后气温明显下降
白露	9	8 或 9	气温渐低，空气湿度大，夜间露多而重，呈现白露
秋分	9	23 或 24	各地再次昼夜等长，古代统称日夜分。此后北半球逐渐昼短夜长
寒露	10	8 或 9	气温降低，露重而寒
霜降	10	24 或 23	开始下霜。作物可能遭受短时间的低温危害
立冬	11	8 或 7	冬季开始。气候渐冷，地面开始结冰
小雪	11	23 或 22	开始下雪。但降雪量不大，地表开始冻结
大雪	12	7 或 8	田间开始积雪。天寒地冻，降雪不融
冬至	12	22 或 23	是北半球一年中白昼最短，黑夜最长的一天；古称日短至或日南至，进入严寒季节
小寒	1	6 或 5	严寒季节，但还没到最冷的时候
大寒	1	20 或 21	一年中最寒冷的季节

二十四节气，是根据地球在公转轨道上所处的位置而确定的。把地球公转轨道一周（360°）等分成二十四段，每段根据当时的天文、气候特征和物候反映给予命名，就是二十四节气。每年春分，地球在轨道上的位置定为 0°，以后地球每转过 15°即为一个节气，每个节气大约经历 15 天。如图 1-3 所示。

二十四节气起源两千多年前的黄河流域，是我国劳动人民独创的科学文化遗产，它能反映当地季节的变化，并指导农事活动。由于我国幅员辽阔，地形多变，故二十四节气对于其他地区来讲，要灵活运用，不要生搬硬套。记住二十四节气歌诀，就可以推算出每个节气的大致日期，对日常生活和农业生产中具有一定的指导意义（表 1-2）。

为便于记忆，人们把二十四节气编成歌诀，在民间广泛流传。

春雨惊春清谷天，夏满芒夏暑相连。

秋处露秋寒霜降，冬雪雪冬小大寒。

每月两节日期定，至多相差一两天。

上半年逢六、二十一，下半年逢八、二十三。

1.2 太阳辐射

1.2.1 辐射的基本知识

宇宙中任何物体，只要它表面的温度高于热力学零度（即 $T>0K$，0K＝－273℃），都不停地以电磁波的形式向四周空间放射能量，这种传递能量的方式称为辐射，以这种方式传递的能量称为辐射能。辐射波长的单位常用微米或纳米来表示。$1cm=10^4\mu m$，$1cm=10^7nm$。辐射的波长范围很广，从波长数千米的无线电波直到 $10^{-10}\mu m$ 以下的宇宙射线。气象学上主要讨论来自太阳、地球和大气的辐射，辐射波长范围大约集中在 0.15～120μm 之间，其中以 0.15～30μm 之间的辐射尤为重要。

1.2.2 太阳辐射光谱

太阳是一个巨大的极其炽热的气态球形天体，其体积是地球的 130 万倍，太阳表面的温度为 6000K，中心温度高达 2000 万摄氏度以上，在这样的高温下，太阳会时刻不停地以辐射的方式把巨大的能量向四周放射，这就是太阳辐射。

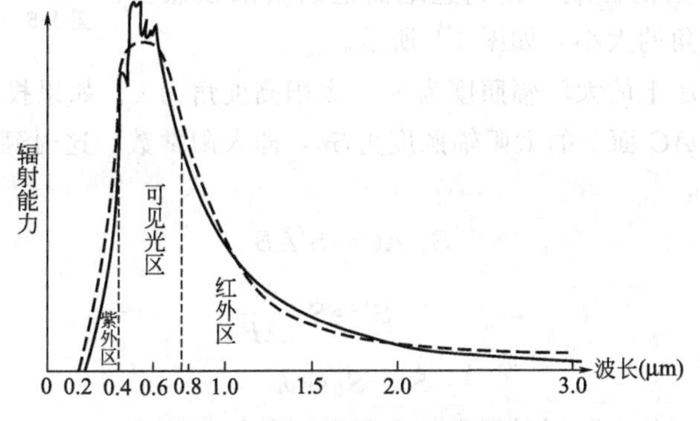

图 1-4　大气上界的太阳辐射光谱

太阳辐射能随波长的分布，称为太阳辐射光谱。在大气上界，太阳辐射能绝大多数集中在0.15～4μm之间，其中可见光（0.4～0.76μm）占太阳辐射总能量的50%，紫外光区（波长小于0.4μm）占太阳辐射总能量的7%，红外光区（波长大于0.76μm）占太阳辐射中能量的43%，如图1-4所示。

当太阳辐射穿过大气层时，太阳辐射能受到很大削弱，使得太阳光谱组成也发生了变化。据测定，地球表面的太阳辐射光谱在0.29～5.3μm之间，同时随着太阳高度角的变化，太阳辐射光谱中各部分的相对强度也发生改变（表1-3）。

表1-3　不同太阳高度角时辐射光谱中各部分的相对强度（总辐射量=100%）

太阳辐射光谱	太阳高度角(°)						
	0.5	5	10	20	30	50	90
紫外线	0	0.4	1.0	2.0	2.7	3.2	4.7
可见光	31.2	38.6	41.0	42.7	43.7	43.9	45.3
其中							
紫光	0	0.6	0.8	2.6	3.8	4.5	5.4
蓝紫光	0	2.1	4.6	7.1	7.8	8.2	9.0
绿光	1.7	2.7	5.9	8.3	8.8	9.2	9.2
黄光	4.1	8.0	10.0	10.2	9.8	9.7	10.1
红橙光	25.2	25.2	19.7	14.2	13.5	12.2	11.5
红外线	68.8	61.0	58.0	55.3	53.5	52.9	50.0

1.2.3　太阳辐照度

1.2.3.1　太阳辐照度

太阳辐照度是反映太阳辐射强弱程度的物理量，指单位时间内垂直投射到单位面积上的太阳能量的多少。用符号S表示，单位为焦耳/(米^2·秒)[J/(m^2·s)]。

1.2.3.2　太阳常数

当地球与太阳间为日地平均距离时，在大气上界测得的太阳辐照度变化较小，称之为太阳常数。太阳常数值随太阳黑子数目的变化和测定方法的不同而有所变化。

1981年10月世界气象组织根据火箭、卫星等仪器的观测结果，将太阳常数值修改为1367.69J/(m^2·s)，其变化幅度一般在±2%范围内。

1.2.3.3　到达地面的太阳辐照度

如果不考虑大气层的影响，则到达地面上的太阳辐照度，取决于太阳高度角的大小，如图1-5所示。

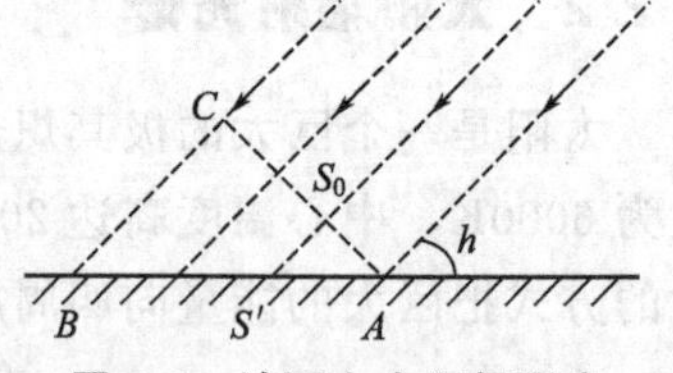

图1-5　地面上太阳辐照度

设投射到地面AB上的太阳辐照度为S'，太阳高度角为h；如果投射光束被垂直于阳光的平面AC所截，则AC面上的太阳辐照度为S_0，即太阳常数。这时到达AC面和AB面上的总辐射量相等。即：

$$S_0 AC = S'AB$$

$$S' = S_0 \frac{AC}{AB}$$

因此：

$$S' = S_0 \sin h \tag{1-4}$$

可见，到达地平面的太阳辐射强度与太阳高度角的正弦成正比。一天中，正午h最大，

所以S'值最大，夜间h（为0）最小，S'值也最小；在一年中，夏至正午h最大，S'值最大，冬至正午h最小，S'值也最小。

1.2.4 太阳辐射在大气中的减弱作用

太阳辐射通过大气层时，一部分被大气和云层所吸收，一部分被大气中的各种气体分子和悬浮的微粒所散射，一部分被云层所反射，因此太阳辐射到达地面上时，已和大气上界的情况大不相同，而显著地被减弱了。

1.2.4.1 吸收作用

（1）大气中各种气体成分对太阳辐射的选择性吸收　以大气上界单位面积（m^2）上，一年内所得到的太阳辐射能量作为100%，那么大气本身所吸收的能量为6%左右。

大气中的氧、臭氧主要吸收紫外线，对红外线和可见光吸收极少。在紫外线波段中，对波长较长的部分吸收较少，主要是强烈吸收紫外线中波长较短的部分，特别是波长为0.29μm以下的紫外线，几乎被全部吸收，以至于在地面上观测不到该波段的辐射光谱。

水汽和二氧化碳主要是吸收红外线，其中水汽的吸收量最大，对紫外线和可见光几乎不吸收，如图1-6所示。

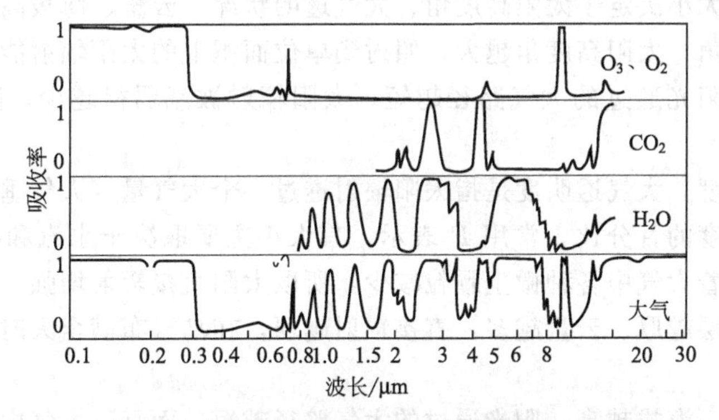

图1-6　大气中各组成成分对太阳辐射的吸收

（2）云层的吸收作用　云和雾却能较多地吸收太阳辐射，以一年计，大约有14%被云层吸收。

1.2.4.2 散射作用

大气中各种气体分子、悬浮的水滴和尘埃等微小质点，都能把入射的太阳辐射向四面八方散开，这种现象称为散射。散射主要发生在可见光区，它只改变辐射的方向，不改变辐射的性质。散射有分子散射和粗粒散射两种。

太阳辐射被散射的程度与空气质点的大小有关。如果太阳辐射遇到的是直径比入射辐射波长小的空气分子，散射强度就与波长的四次方成正比，这种散射称为分子散射。晴空时，主要是分子散射，波长短的蓝紫光被散射的多，所以天空呈蔚蓝色。晴天的早晨和傍晚，由于太阳高度角小，太阳光穿过大气层到达地面的路径较远，途中蓝光、紫光被强烈散射而减弱，使得到达地面的红橙光比例明显增加（表1-3），因而我们看到初升的太阳是一轮红日。而中午前后，太阳光穿过大气层到达地面的路径较短，可见光中七色光混为一体而呈白色。如果太阳辐射遇到的是直径比入射波长大的质点，则各种波长都同等程度的被散射（漫射），这种散射称为粗粒散射。在阴天或天空中尘埃很多时，天空呈乳白色，就是粗粒散射的结果。通过散射作用，大约有10%的太阳辐射返回到宇宙空间。

1.2.4.3 反射作用

当太阳辐射在穿过大气层时，遇到云层和较大的尘埃时，它们能将太阳辐射的一部分反射回到宇宙空间去，从而减弱了到达地面的太阳辐射。其中以云层的反射最为重要，云层越厚，云量越多，反射作用越强。据观测，以一年计，大约有27%的太阳辐射被云层反射而逸回太空。

由上可知，由于大气对太阳辐射的吸收、散射和反射作用，使得到达地面的太阳辐射明显减弱。除此之外，太阳辐射被减弱的程度，还与太阳辐射穿过的大气路径长短以及大气透明度有关。

1.2.5 到达地面的太阳辐射

经过大气减弱之后，到达地面的太阳辐射由两部分组成，即太阳直接辐射和散射辐射。

1.2.5.1 直接辐射

直接辐射是指以平行光线的形式直接投射到地面的太阳辐射。直接辐照度是指单位面积上，在单位时间内所接受的直接辐射能量，用S'表示。

直接辐照度的大小决定于太阳高度角、大气透明状况、云量、海拔高度等。

（1）太阳高度角　太阳高度角越大，照射到单位面积上的太阳辐射能量越多；同时，太阳高度角越大时，阳光通过的大气路径越短，太阳辐射被减弱得越少，因而太阳直接辐射越强。

（2）大气透明度　大气透明度是指太阳辐射透过一个大气量（大气垂直厚度）后的照度与透过大气前的照度的百分比，常用P表示。其大小主要取决于水汽和杂质的含量。大气透明度增大，意味着大气中各种微尘颗粒减少，所以太阳直接辐射增强。

（3）云量　云层越厚、云量越多，直接辐射越弱，在乌云布满全天时，直接辐射可以减小到零。

（4）海拔高度　海拔越高，阳光通过的大气路径越短；而且，大气中水汽与微尘的含量随着海拔高度的增加也减少。所以，海拔越高，太阳直接辐射越强。

1.2.5.2 散射辐射

散射辐射是指经散射后，由天空投射到地面的太阳辐射。散射辐强度是指单位面积上，在单位时间内所接受的散射辐射能量，用D表示。阴天时地面上没有直接辐射，只有散射辐射。

散射辐射强度主要取决于太阳高度角和大气透明度，同时也与云量、海拔高度有关。

太阳高度角越大，投射到大气中的总辐射量增多，所以散射辐射强度也增强。

在太阳高度角一定时，大气透明度越小，散射辐射越强，反之，散射辐射减弱。

云量对散射辐射影响也很大，有薄的高云时，散射辐射照度比无云的晴天大得多，有时散射辐射值可以和太阳直接辐射值相等。只有浓密的低云布满全天并有降水时，才能使散射辐射强度比晴天的小。

散射辐射强度随海拔高度的增加而减小，则是高山上空气稀薄，微尘和水汽含量减少，大气透明度增大的缘故。

1.2.5.3 总辐射

直接辐射和散射辐射之和，称为总辐射。其强度称之为总辐照度，用Q表示。

总辐照度的大小也随太阳高度角、大气透明度、云量等因子的变化而变化。这些因子对总辐射的影响与对太阳直接辐射的影响基本是一致的。

1.2.5.4　总辐照度的变化规律

（1）总辐照度的日变化　一天中，总辐照度在夜间为零，日出后逐渐增大，正午达到最大，午后又逐渐减小。云的影响可使这种规律受到破坏，例如，中午空气对流增强，云量突然增多，总辐射的最大值可以推迟或提前。值得注意的是，由于散射作用，只有当太阳光线在地平线以下且和地平线的夹角大于7°时，总辐照度才能为零。

（2）总辐照度的年变化　一年中，中纬度地区，总辐照度的最大值出现在夏季，最小值出现在冬季。赤道地区，一年中有两个最大值，分别出现在春分和秋分。

（3）总辐射量的变化　总辐射量是指某一接受表面，在一日、一月、一年内所接受到的太阳辐射能。如图 1-7 所示为完全晴天时，北半球到达水平面上的太阳辐射日总量的理论值。

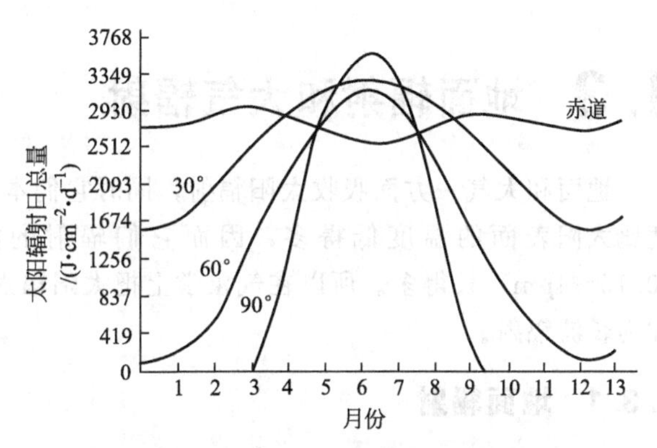

图 1-7　晴天时某地面太阳辐射日总量年变化

从图 1-7 可以看出，其年变化情况主要受太阳高度角年变化的影响，最大值出现在 6 月，最小值出现在 12 月，而且高纬度的变化大，低纬度的变化小。在赤道上呈双峰型，这是因为南北回归线之间，在一年中出现两次太阳高度角最大值。此外，日照时间长短对辐射量的年变化也有很大的影响，尤其在高纬度处的夏半年，由于日照时数较长，太阳辐射日总量增大，从图中可看出，在 6 月份，北纬 90°处的太阳辐射日总量甚至大于 30°处。

影响辐照度和日照时数的因素，都对总辐射有影响。当总辐照度增强、日照时数增加时，总辐射量就增加。

1.2.6　地面对太阳辐射的吸收和反射

到达地面上的太阳辐射中，一部分被地面反射，有一部分被地面吸收。地面性质不同，对太阳辐射的反射率也不同，因而吸收也有所差别。地面反射辐射占到达地面的总辐射的百分率，称为地面反射率，以 r 表示。由于太阳辐射不能穿透地球，即透射率为零，所以地面对太阳辐射的吸收率为 $1-r$。表 1-4 所示为不同地表面对太阳辐射的反射率情况。

表 1-4　不同地表面对太阳辐射的反射率

表面特征	反射率/%	表面特征	反射率/%
沙土	29～35	新雪	84～95
黏土	20	陈雪	46～60
浅色土	22～32	冬小麦	16～23
深色土	10～15	水稻田	12
耕地	14	棉花	20～22
绿草地	26	黄熟作物	25～28

1.2.7 光照度

太阳辐射除热效应外，还有光效应。表示物体被光照射明亮程度的物理量，称为光照度，简称照度。光照度的大小取决于可见光的强弱。照度的国际单位为勒克斯（lx），习惯上用“米烛光”为单位，1米烛光=1勒克斯，1米烛光就是以一个国际烛光的点光源为中心，以1m为半径所作的球面上的照度。

晴天时，照度由直射光和散射光两部分组成，阴天只有散射光。

照度的变化规律为，一天中以正午为最大，夜间最小（为零）；一年中夏季最大，冬季最小；随纬度的增加，照度减小。

1.3 地面辐射和大气辐射

地面和大气一方面吸收太阳辐射，同时它们本身也向外辐射能量。由于地面和大气的温度比太阳表面的温度低得多，因而它们辐射的波长（3～120μm）比太阳辐射的波长（0.15～4μm）长得多。所以在气象学上把太阳辐射称为短波辐射，把地面辐射和大气辐射称为长波辐射。

1.3.1 地面辐射

地面吸收太阳辐射后，温度增高，同时它又日夜不停地放射其辐射能，称为地面辐射，用 E_e 表示。

地面温度约为300K左右，其辐射波长在3～80μm之间，全部在红外光区，因此地面辐射又称为红外热辐射。

地面辐射日夜不停地进行着。地面长波辐射通过大气层时，其中一部分散失在宇宙空间，但绝大部分被大气中的水汽、二氧化碳和水滴等所吸收，其中尤以水汽的吸收能力最强，据统计，地面辐射能量93%被大气所吸收，仅有7%的能量散失在大气层之外，而大气对太阳辐射的吸收仅为大气上界的6%，可见大气的能量主要来自地面，而不是来自太阳，所以说地面辐射是低层大气的主要热源，也可以说地面辐射是大气的能量转移站。

1.3.2 大气辐射

大气直接吸收太阳短波辐射的能力并不强，但却能强烈吸收地面长波辐射。大气吸收地面辐射后，其温度升高，平均温度约为200K左右，大气也日夜不停地向外进行辐射，称为大气辐射，其辐射波长大部分在7～120μm之间，也全部在红外光区，属于红外热辐射。

大气辐射的方向是朝向四面八方的，其中投向地面的那一部分大气辐射因与地面辐射的方向相反，称之为大气逆辐射，用 E_a 表示。

大气能让大部分太阳辐射透过而到达地面，使地面获得热量，却把地面辐射几乎全部吸收，从而阻止地面热量向外散失；同时还以大气逆辐射的形式把一部分能量再传回地面，补偿了地面因辐射形式而损失的热量，从而对地面起到了保温作用，这种作用如同玻璃温室的保温效应，所以称之为大气的温室效应（大气热效应）。据估计，如果没有大气，地表面的平均温度应降至-23℃左右。可见，大气的温室效应对人类和动植物的生活具有很重要的

意义。

1.3.3　地面有效辐射

在自然条件下，地面辐射和大气逆辐射这两种方向相反的辐射总是同时存在的。地面辐射（E_e）与大气逆辐射（E_a）之差，称为地面有效辐射，用 E 表示：

$$E=E_e-E_a \tag{1-5}$$

一般情况下，地面温度高于大气温度，所以 $E_e>E_a$，$E>0$，即地面放出的热量多，得到的补偿少，这就意味着地面有效辐射将使地面损失热量而降温。

影响地面有效辐射因子很多，分析如下。

（1）水汽　空气中水汽含量增加，大气逆辐射增加，地面有效辐射减小，所以当天空中有云、雾存在时，地面有效辐射较小，云层越厚，地面有效辐射越小。在浓密的低云下，几乎可以使地面有效辐射减小到零。

（2）风　有风时，能促进空气对流，加强上下层空气热量的交换混合作用，所以夜间有风，地面有效辐射会减小。

（3）温度　当地温高于气温时，地面有效辐射为正值，且随着地气温差的增大而增大。（这种情况一般发生在白天）；当地温低于气温时，地面有效辐射为负值，且地气温差越大，地面有效辐射越小（这种情况一般发生在夜间）。

（4）海拔高度　随着海拔高度的增加，大气中水汽含量减少，大气逆辐射减小，所以地面有效辐射值增大。

（5）覆盖　对越冬植物，采用薄膜、草垫等材料覆盖，可使地面有效辐射减小，以避免或减轻霜冻危害。

（6）下垫面性质　有植被覆盖的比无植被覆盖的裸地地面有效辐射小；平坦光滑、潮湿的地面较起伏不平、干燥粗糙的地面有效辐射小。

在实际生产中，人们可以根据需要，采取多种措施，减小地面有小辐射，使作物免受冻害。

1.3.4　地面辐射差额

地球表面在任何时刻，既有辐射能的收入，又有辐射能的支出。单位面积的地表面辐射能的收入与支出之差，称为地面辐射差额或辐射平衡。用 R 表示，即：

$$R=(S'+D)\times(1-r)-E \tag{1-6}$$

由公式（1-6）可看出，地面辐射差额是地面吸收的太阳总辐射与地面有效辐射之差，由于公式中各项因子均有其日、年变化规律，所以 R 也有日、年变化规律。

观测表明：一天中，白天地面吸收的太阳辐射远远大于地面有效辐射，地面辐射差额（R）为正值，地面得到热量，地温升高。一般情况下，太阳直接辐射强度大于散射辐射强度（$S'>D$），所以白天以 S' 为主，则辐射差额 R 的日变化与直接辐射 S' 的日变化基本一致，在中午前后达到最大值。夜间，$(S'+D)\times(1-r)=0$，$R=-E$，所以，地面辐射差额为负值，即 $R<0$，地面失热而降温。地面辐射差额 R 正负值转变的时间为：一般情况下，在日出后约 1h，R 由负值转变为正值；日落前 1h，R 由正值转变为负值。但天气状况的改变会破坏这个规律。

一年中，夏季，太阳辐照度较强，地面辐射差额 R 为正值；冬季，太阳辐照度较弱，

地面辐射差额 R 为负值。正负值转换的月份因为纬度而异。纬度越低，地面辐射差额维持正值的时间越长；纬度越高，地面辐射差额维持正值的时间越短。

地面辐射差额不仅决定着地面的热状况，而且也决定着近地气层的热状况。因此，它在农田小气候和大气候的形成中起着重要作用。

1.4 太阳辐射与农业生产

太阳辐射的光谱组成、光照强度以及光照时间长短是植物生长、发育、产量和地理分布的决定性因素之一，在农业生产上都有重要意义。

1.4.1 光谱成分与植物生长发育

太阳辐射光谱中的三个光区，对植物生长发育所起的作用是各不相同的。

1.4.1.1 紫外线光谱区对植物生长发育的影响

不同波段的紫外线对于植物的影响是不同的。

波长小于 0.29μm 的紫外线对植物的有机体有致伤作用，大多数高等植物或真菌在这种辐射的照射下几乎立即死亡。

0.29～0.315μm 的较短紫外线对大多数植物有害，但这部分紫外线杀菌力很强，人们利用这部分紫外线可对土壤和空气进行消毒，减少植物病虫害。

紫外线中波长较长的部分（0.315～0.4μm）对植物生长有刺激作用。可使植物敦实矮小，叶片变厚，如高山上植物形态茎部矮小，毛茸发达，茎叶有花青素存在，颜色特别艳丽；果品在成熟期间，缺少紫外线照射，果实含糖量会明显降低，而向阳的果实比较香甜且产量高，就是受到较多紫外线照射的缘故；在播种前晒种或用紫外线照射，还可提高种子的发芽率。

1.4.1.2 可见光谱区对植物生长发育的影响

可见光是绿色植物进行光合作用制作有机物质的原料。可见光也称为光合辐射（生理辐射）。绿色植物在进行光合作用时，对可见光中各种波长的吸收和利用是不同的，人们把绿色植物吸收的用来进行光合作用的这些辐射称为光和有效辐射。叶绿素吸收最多的是红橙光（0.60～0.70μm），其次是蓝紫光（0.40～0.50μm），对黄绿光（0.50～0.60μm）的吸收最少。红橙光有利于糖类的积累，蓝紫光促进蛋白质与非糖类的积累。

不同作物，对光谱要求不同，如水稻、小麦、玉米等谷类作物，在红橙光的照射下，迅速发育且早熟；黄瓜在红橙光的照射下，植株营养体小，产量低，但在蓝紫光的照射下能形成大量的干物质，产量增高。

可见光中蓝、紫光（0.30～0.50μm）光谱对植物（如向日葵）的向光性运动起着重要作用。植物的向光部分吸收了这部分光谱，生长受到抑制；背光部分生长较快，导致植物向光性弯曲。由此可知，可见光中的蓝、紫光具有防止植物茎叶徒长的作用，树木、花卉等向光部分长得慢，背光部分长得快，久而久之形成向光向弯曲。

不同纬度、不同季节、一天中不同时间，太阳辐射光谱成分均有所不同，对植物的影响也不同。清晨和傍晚，太阳高度角小，太阳光线斜射地面，到达地面中的太阳光谱成分中，红橙光占的比例大，对农作物的生长发育有利。谷类作物的叶片多与地面垂直，吸收侧面来

的光比在正面来得多，所以，充分利用这两段时间的光照，对提高谷类作物的产量有很大意义。比如，北方的玉米、高粱等比南方的粗壮、产量高，原因之一就是北方纬度高，受太阳斜射的时间较长，红橙光照射的机会较多。而蓝紫光能促进秧苗生长粗壮。据资料可知，用浅蓝色乙烯塑料薄膜覆盖的水稻秧苗比用无色薄膜覆盖的要健壮。

可见光还可用于诱杀害虫。昆虫的视觉范围为 0.25～0.70μm，敏感区偏向于短波光，而且多数昆虫具有趋光性，因此，就可以在夜间利用青色荧光灯发出的短波光谱诱杀害虫，判断虫情，及时发布虫情预报。

1.4.1.3　红外线光谱区与植物生长发育

红外线主要是产生热效应。可使植物的体温升高，从而使促进植物的蒸腾和物质的运输等生理过程，促进干物质的积累。果实在红外线照射下，成熟度趋于一致。在寒冷的条件下，叶温升高将补偿气温较低的缺陷。

1.4.2　光照度对植物生长发育的影响

1.4.2.1　对光合作用的影响

光照度对农作物光合作用和产量形成起着十分重要的作用。在一定的光照度范围内，随着光照度的增加，植物光合作用的速率也增加，但是，当光照度增加到一定程度以后，尽管其强度继续增加，光合作用的速率也不再增加，这时的光照度称为光饱和点。如果光照度提高到一定程度后，反而会使光合作用强度下降，原因是太阳辐射的热效应使叶面过热，一般在炎热夏季的中午前后会出现这种情况。

光照不足，光合作用的速率会降低，植株生长不良，根系不发达，当光照度减弱到一定程度时，光合作用的产物仅能补偿呼吸作用的消耗，这时的光照度称为光补偿点。当光照度低于光补偿点时，植物体内不能积累干物质，甚至消耗原来积累的养料，最后可导致植物死亡。

根据植物对光照度的要求，可分为喜光植物和耐阴植物。喜光植物的光饱和点较高，如水稻、小麦、柑橘、桃树、棉花、玉米、谷子、花生、高粱、大豆、甘薯、向日葵等；C4 作物的光饱和点比 C3 作物高。光饱和点高的作物对光能利用率比较高。耐阴作物的光补偿点比较低，如茶树、韭菜、白菜、甜菜、生姜、番茄等。表 1-5 为几种作物的单叶光饱和点和光补偿点。作物群体的光补偿点比单株、单叶为高，群体中光补偿点为上层叶片光和速率和下层叶片呼吸强度消耗达到平衡时的光照度。植物的光补偿点越低，对弱光的利用能力就越强。

表 1-5　几种作物的单叶光饱和点及光补偿点

作物 \ 指标	光饱和点	光补偿点
小麦	24000～30000	200～400
水稻	40000～50000	600～700
棉花	50000～80000	750 左右
玉米	30000～60000	1500～4000
烟草	28000～40000	500～1000

1.4.2.2　对作物发育进程的影响

强光有利于作物繁殖器官的发育，而弱光有利于营养生长。许多遮光试验证明：在强光下，小麦可以分化更多的小花和增加结实数；弱光下，小花分化减少，籽实数也降低。强光还有利于黄瓜雌花数增加，雄花数减少。光照度减弱时，由于营养体徒长和光合作用形成的营养物质减少，可以使棉花蕾铃大量脱落。

1.4.2.3 对作物品质的影响

喜光作物在光照不足时，营养物质含量减少。在自然条件下遮光试验表明，在水稻抽穗到收获前一段时间内遮光，可使籽粒蛋白质含量降低；糖用甜菜的含量也会因光照不足而减少；相反，采用遮光的方法，可以提高烟草、茶叶等耐阴作物的品质。

1.4.3 光照时间对植物生长发育的影响

1.4.3.1 植物的光周期现象和类型

光照与黑暗的交替，作为一个信息作用给植物，诱导了一系列的发育过程。例如，昼夜长短影响着作物开花、结实、落叶、休眠以及地下块根、块茎等营养器官的形成。植物对昼夜长短的这些反应，称为光周期现象。

根据植物对光周期的反应，把植物分为以下三种类型。

(1) 短日照植物　是指要求光照时间短于某一时数才能开花的植物，延长日照时数就不能正常开花结实，如棉花、水稻、玉米、大豆、高粱、向日葵、烟草和甘薯等原产于热带和亚热带的植物。

(2) 长日照植物　是指要求光照时间长于某一时数才能开花的植物，缩短日照时数就不能正常开花结实，如小麦、大麦、燕麦、豌豆、扁豆、葱、蒜、胡萝卜、菠菜等原产于高纬度的植物。

(3) 中性植物　短日照植物和长日照植物在原始种或接近原始种的栽培品种中表现得较为明显。由于人工选育和在纬度间进行引种的结果，许多作物品种在光周期上的反应已经不敏感了。即在长、短不同的日照条件下都能开花结实，如番茄、四季豆、黄瓜、菜豆及一些早熟的棉花品种等。

作物的光周期也是某些果树为了适应即将出现的不利环境而进行休眠、落叶的信息。在温带地区，日长的缩短预示着冬天的来临。所以当日长缩短到一定长度后，树体内便进行一系列生理改变，以做好休眠准备。落叶也是在短光照诱导下完成的。此外，在滞育型的昆虫中，大多数适宜于在长光照下生长发育，在短光照下滞育，这也是对冬季来临的反应。

1.4.3.2 光照时间与引种

在引种工作中，除考虑当地的热量条件、水分条件外，还要考虑日照条件是否符合要求。

(1) 长日照作物的引种　北方品种南引，南方的短日照植物条件将延迟长日照植物的发育与成熟，所以，宜选用在原产地表现为早熟的品种；南方品种北引相反，应选用在原产地表现为晚熟的品种。此类品种引种困难较小。因为如不考虑地势影响，我国一般南方比北方温度高，长日照作物由北往南引，南方的高温使植物加快发育，而短光照又使之延迟发育，光温对发育速度的影响有“互相抵偿”的作用；南种北引情况类似。

(2) 短日照作物的引种　南方品种北引，由于北方生长季内日照时间长，将使作物生育期延长，严重的甚至不能抽穗与开花结实。为使其能及时成熟，宜引用较早熟的品种或感光性较弱的品种。北方品种南引，由于南方春夏生长季内日照时间较短，使短日照作物加速发育，缩短生育期，如果生育期太短，过多地影响营养体的生长，将影响作物产量。为使向南引种保持高产，宜选用晚熟与感光性弱的品种，或调整播种期，以便在季节上利用南方相对较长的日照。短日照作物南种北引，光温对发育速度的影响有“互相叠加”的作用，因而增加了南北引种的困难。

1.4.4　提高植物光能利用率的途径

1.4.4.1　作物光能利用率

光能利用率是植物光合作用产物中储存的能量占所得到的太阳能量的百分比。一般是用单位面积上作物收获物中包含的能量与投射到该单位面积上的光合有效辐射（可见光）能量的比值来表示，即：

$$P=\frac{hM}{\sum(S'+D)}\times 100\% \tag{1-7}$$

式中，P 表示光能利用率；M 表示单位面积上植物产量干重，g/m^2；h 表示单位干物质燃烧时产生的热量，不同植物的 h 值是不同的，一般计算时采用 17.8kJ/g；$\sum(S'+D)$ 表示生长季内太阳辐射日总量之和。

投射到作物层的太阳辐射，一部分被作物反射到空间，一部分漏射或透射到地面，其余部分被作物（主要是叶片）所吸收。但是，在被作物吸收的这部分辐射中，大部分转化为热量释放出来，而只有一小部分用于光合作用，制造碳水化合物，所以作物的光能利用率是很低的。

目前，按经济产量计算太阳总辐射能利用率的话，水稻产量为每公顷 7500kg，其光能利用率为 0.5%；如按生物学产量计算其光能利用率，也不过 2%；北方 1 公顷产量 15000kg 的地块为 4%。可见，提高作物能利用率增加农作物的产量是有很大潜力的。

1.4.4.2　影响光能利用率提高的因素

影响光能利用率提高的重要因素如下。

（1）光能转化率低　投射到田间的光和有效辐射浪费很多。据资料可知，田间漏光、农耗热，叶片反射损失、衰老叶片不参与光合作用等损失约占 36%。而光合作用中消耗于呼吸作用的物质及其他损失，占光合作用的 20%～30%。

（2）环境温度　高温（35℃以上）条件下，会使叶片气孔关闭，抑制作物光合作用的进行，甚至会使其停止。植物生长期间，温度偏低，植物体生长矮小，没有足够的叶面积，也影响光能利用率。此外，自然界高低温灾害，使植物生长状况变坏，降低了光能利用率。

（3）水分　植物生长所需水分得不到满足，蒸腾减少，会使叶片气孔关闭，使植物光合作用的效率降低。

（4）二氧化碳　田间二氧化碳浓度不足，光合作用的速率会明显下降。据资料表明，水稻田二氧化碳浓度经常比大气常量低 10%～20%，光合作用的速率也相应下降 10%～20%。

1.4.4.3　提高光能利用率的途径

提高农作物光能利用率，是当前农业气象研究的一个重要课题。它对于发展农业生产、提高农作物总产量和单产量都具有十分重要的意义。从气象角度考虑，提高作物光能利用率的途径主要有以下几个方面。

（1）改变农作物种植制度和种植方式　主要包括作物间作、套种和复种，这对于提高光能利用率来说，其好处是能充分利用生长季节，使地面上经常有一定的作物覆盖。比如小麦、玉米、高粱和大豆多茬套作，全年叶面积此起彼伏、交替兴衰，这样就增加了作物光合作用的效果。通过间、套、复种，使田间作物有高秆、矮秆互相间隔，宽行、窄行互相间隔，从而使作物密度增大，叶面积增大，边行增多，这就增加了边行受光与多层受光，增加了直接光照面积。此外，还要根据地形，合理安排作物行向、行距，提高光能利用率。

(2) 培育高光效作物品种　选育光合作用能力强、呼吸消耗低，叶面积适当、株型和叶型合理、适合高密度种植不倒伏的品种，这也是提高光能利用率的有效途径之一。

(3) 采用合理的栽培技术措施　在不妨碍田间二氧化碳流动的前提下，扩大田间叶面积系数（绿色叶面积和农田面积之比），使作物形成合理的空间结构，增加对太阳光能的吸收部分，减少反射、透射的部分，减小顶层光强超过饱和而下层光强不足的矛盾，这样有利于农作物干物质的积累，从而提高农作物产量。

(4) 提高叶绿素的光合效能　利用人造光源补充田间光照，可提高光合效能，还可以通过调节播种时间，改变光照时间，也能影响作物的开花和结实时间，有效地增加产量。

复习思考题

1. 为什么地面上接受的太阳辐射远小于太阳常数？
2. 为什么晴天的夜间比阴天的夜间更冷些？
3. 为什么早晨的太阳呈红色？正午时呈白色？
4. 为什么晴朗的天空呈现蔚蓝色？空气混浊时天空呈现乳白色？
5. 太阳光谱成分对植物生长发育有何影响？
6. 光照度对植物生长发育有何影响？
7. 地面辐射差额和地面有效辐射有何区别和联系？
8. 植物的向光性弯曲如何形成的？
9. 简述光照时间与作物引种的关系。
10. 为何长日照植物比短日照植物引种更容易成功？
11. 目前提高光能利用率的途径有哪些？你所在的地区可采用哪些措施提高光能利用率？

第2章 温　度

学习目标

了解地面热量平衡方程及各分量的意义；熟悉土温、气温周期性变化（日变化、年变化）和随空间变化的特点以及土壤温度的垂直分布类型、三基点温度；掌握土温、气温与植物生长发育的关系、土壤热容量、土壤导热率、较差、逆温、活动积温、有效积温的概念、温度的调节方法以及积温的计算和在农业上的应用。

地球上的热量主要是来自于太阳辐射。当地表吸收了太阳辐射能之后，不仅升高了其本身的温度，而且还把热量下传到各层土壤，向上传递给低层大气。导致土壤温度和空气温度发生变化；同时还影响着大气中许多物理过程的发生和发展。土壤温度和空气温度是植物生命活动所必需的重要因子，气候上常用它们来表示一个地区的热量供应水平。

2.1 土壤温度

2.1.1 影响土壤温度的因子

土壤温度的变化，决定于土壤表面的热量收入与支出的差额（地面热量差额），同时还受土壤热特性的影响。

2.1.1.1 地面热量差额（热量平衡）

地面温度的变化，主要是由地面热量收支不平衡引起的。地面热量的收入与支出之差，称为地面热量平衡，又称地面热量差额（Q_s）。十分明显，当地面热量差额为正值时，即热收入大于热支出，土壤就会增热升温；相反，地面热量差额为负值时，土壤就会冷却、降温。

地面热量的收支，可以归纳为四个方面的因素：一是以辐射的方式进行的热交换，即辐射差额（R）；二是地面与下层土壤的热量交换（B）；三是地面和近地气层之间的热量交换（P）；四是通过水分蒸发或凝结进行的热量交换（LE），L 为蒸发（或凝结）潜热，E 为蒸发（或凝结）速度。

白天，地面吸收的太阳辐射超过地面有效辐射，辐射差额（R）为正值，地面获得热量，地面温度升高，同时还把热量向下传给下层土壤（B），向上传给上层空气（P），使得下层土壤和上层空气的温度升高。同时土壤水分蒸发也要消耗一部分热量（LE）（图 2-1 白天）。

夜间，辐射差额（R）为负值，地面失去热量，温度低于临近气层温度时，P 和 B 项的

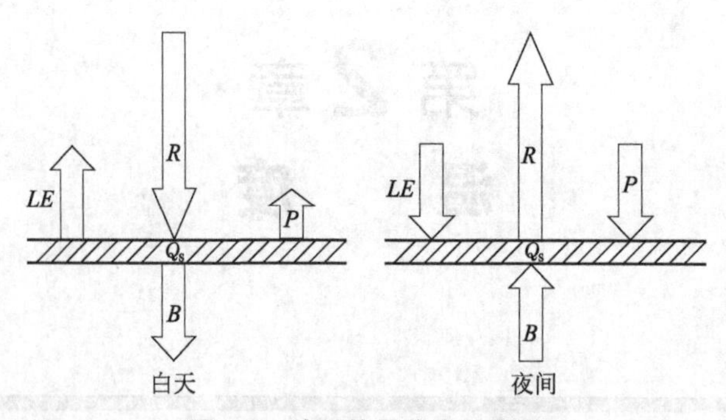

图 2-1 地面热量收支示意图

热量输送和白天相反。同时，水汽的凝结也要释放热量（LE）给地面（图 2-1 夜间）。所以，白天和夜间，地面热量平衡表达式中，各项符号正好相反。我们规定，以地面、空气、土壤、水分得到热为正，失去热为负。

根据能量守恒定律，地面热量收支状况可以用下列方程表示：

$$R=P+B+LE \tag{2-1}$$

公式（2-1）的情况，是把地面看成一个几何平面。实际上我们现在讨论的地面是有一定厚度和一定热容量的薄层土壤。我们可以把 B 项分解为表层土壤的热量收入或支出 Q_s 和下层土壤的热量收入和支出 B'。因此，公式（2-1）可以写成：

$$R=P+B+Q_s+LE$$

所以，

$$Q_s=R-P-B'-LE \tag{2-2}$$

式中，Q_s 为正值时，地面得热大于失热，地面温度升高；$Q_s=0$ 时，地面热量收支相等，地面温度保持不变；Q_s 为负值时，地面得热小于失热，地面温度下降。

显然，土壤表面热量差额 Q_s 的绝对值越大，土壤的升温或降温就越多，至于土壤温度变化的幅度还受着土壤本身热特性影响。

2.1.1.2 土壤热特性

土壤的热特性是指土壤的热容量（容积热容量）和土壤的导热率。不同性质的土壤，吸收或放出相同的热量，其温度的变化并不相同。

（1）土壤热容量（C） 土壤热容量是表示土壤容热能力大小的物理量。是指单位容积的土壤温度升高（或降低）1℃所需要吸收（或放出）的热量。单位是 J/(m³ · ℃)。

当不同的土壤吸收或放出相同的热量时，热容量大的土壤，升温或降温慢，即温度变化小；反之，热容量小的土壤温度变化大。而土壤的热容量的大小主要取决于土壤各组成成分的热容量（表 2-1）。

表 2-1 土壤各组成成分的热容量

热特性 / 成分	容积热容量/[J/(m³ · ℃)]	导热率(λ)/[J/(m · s · ℃)]
土壤固体	$(2.06\sim2.43)\times10^6$	0.8～2.8
空气	0.0013×10^6	0.021
水	4.19×10^6	0.59

土壤是由固体、水及空气组成。从表 2-1 可看出，土壤中各固体成分的热容量差别不大，水的热容量最大，空气的热容量最小，水的热容量约为空气热容量的 3300 多倍。所以，土壤热容量的大小，主要是决定于土壤空隙中水分和空气的含量。一般来说，土壤热容量，

随着土壤含水量的增加而增大，随着土壤空气的增加而减小。因此，潮湿紧密的土壤热容量大，白天的升温和夜间的降温都缓和；干燥疏松的土壤，热容量小，白天的升温和夜间的降温都比较剧烈。

(2) 土壤导热率 (λ) 土壤导热率是解释土壤传热能力大小的物理量。在数值上等于上下两层土壤厚度为1cm，温度相差1℃时，每秒钟所通过的热量，单位是J/(m·s·℃)。

在其他条件相同时，土壤的导热率越大，土表温度的升降就越缓和。而土壤导热率的大小，取决于土壤的组成成分（表2-1)。

从表2-1可看出，土壤水分的导热率较大，土壤空气的导热率最小，土壤水分的导热率约为土壤空气的24倍。因此，土壤导热率的大小也随土壤孔隙中水分和空气含量的多少而变化。即土壤水分含量越多，其导热率越大，土壤空气含量越多，导热率越小。所以，干燥疏松的土壤，白天得热后，热量不容易下传，表层温度较高；夜间土表冷却时，深层热量不易上传补偿，表层温度较低。这样，干燥疏松的土壤昼夜温差大；同理，潮湿紧密的土壤，昼夜温差小。在农业生产中，常采用松土、镇压、灌溉等农业技术措施改变土壤的热容量和导热率，从而调节土壤温度，以利于作物生长。如耕翻可提高土壤昼夜温差，有利于春天时越冬作物及时恢复生长；而灌溉可减缓夜间土壤的降温作用，有利于作物防寒。农谚“锄头底下有火又有水”道理即在于此。

2.1.2 土壤温度的变化

由于地球的自转和公转，使得到达地球表面的太阳辐射具有周期性的日变化和年变化。所以土壤温度和空气温度也有着周期性的日变化和年变化。其变化特征常用最高温度和最低温度出现的时间以及最高温度和最低温度之差（称为较差或变幅）来描述。

2.1.2.1 土壤温度的日变化

在一天中，土壤温度随时间的连续变化，称为土壤温度的日变化。

观测表明，土壤表面温度在一天中具有一个最高值和一个最低值。最高温度出现在13时左右。最低温度出现在接近日出的时候。在这两个时刻，地面热量收支达到平衡（即$Q_s=0$)，热量积累分别达到最大值和最小值。

一天中，土壤的最高温度与最低温度之差，称为土壤温度日较差（或土壤温度日变幅)。观测表明，土壤温度日较差以土壤表面最大，随着深度的增加，日较差逐渐减小，在中纬度地区，大约在1m左右的深度，日较差为零，该深度称为日变消失层（日恒温层)。同时，随着深度的增加，最高温度和最低温度出现的时间也逐渐落后，大约每增加10cm，落后2.5～3.5h，如图2-2所示。产生上述现象的原因是：由于热量在向土壤深层传递的过程中，各层土壤均需消耗热量；同时还需要传递时间的缘故。

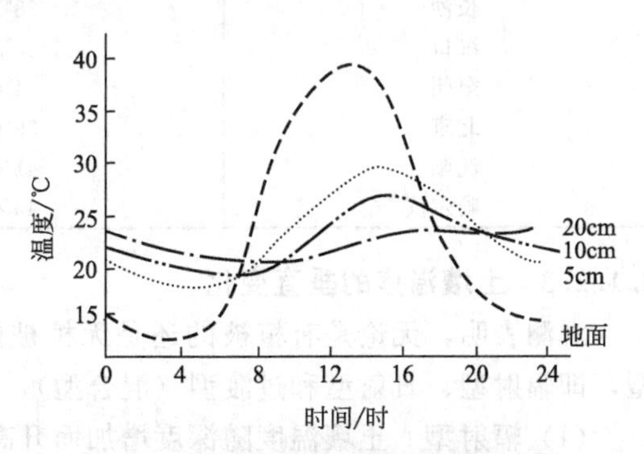

图2-2 地面和浅层土壤温度的日变化

土壤温度日较差的大小主要决定于地面热量平衡和土壤特性。同时还受季节、纬度、地形、土壤颜色、天气状况、自然覆盖等因素的影响。如中高纬度的陆地上：春季日较差最大，冬季最小；纬度越高日较差越小；晴天大于阴天；凹地大于平地；阳坡大于阴坡；深色土大于浅色土；裸露地面比有植被或有积雪的土壤大。灌溉可使土壤温度日较差趋于缓和；耕翻却使土温日较差加大等。总之，所有影响地面热量平衡和土壤热特性的因素都能影响土壤温度的日较差。在实际中，土壤温度日较差的大小是由上述因子综合作用的结果。

2.1.2.2 土壤温度的年变化

一年中土壤温度的周期性变化称为土壤温度的年变化。在中高纬度地区，土壤表面月平均温度的最高值出现在7月，月平均温度的最低值出现在1月。在低纬度地区，由于太阳辐射的年变化较小，所以土壤温度的年变化主要受云和降水的影响。

一年中，土壤月平均温度最高值与月平均温度最低值之差，称为土壤温度的年较差。土壤温度年较差也是以土壤表面最大，随土壤深度的增加而减小，到一定深度，年较差消失，称为年温不变层或常温层。

一般来说，高纬度地区年较差消失在20～25m深处，中纬度地区，约消失在10～20m深处，低纬度地区约消失在5～10m深处。同时，在中纬度地区最高温度和最低温度出现的时间也随深度的增加而推迟，大约每深1m落后20～30d，如图2-3所示。

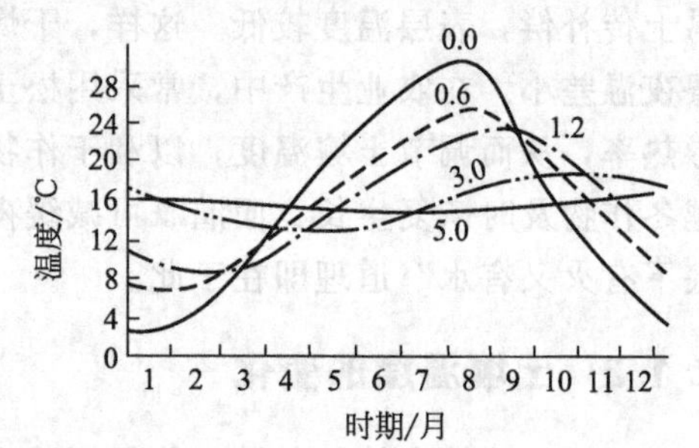

图2-3 不同深度（m）土壤温度年变化

了解土壤温度的年变化规律，在农业生产中有很重要的指导意义。如北方冬季利用地窖储藏蔬菜、薯类等，可防止冻害。在夏季，将肉类和禽蛋等窖藏，可延长保鲜时间。

土壤温度年较差的大小，受纬度、地表状况和天气等因素的影响。土壤温度年较差随纬度的升高而增大（表2-2）。与土壤温度日较差相反。这是由于太阳辐射的年变化随纬度增加而增大的缘故。其他因子对年较差的影响与日较差大体相同。

表2-2 不同纬度土壤温度年较差

地　方	纬度(N)	年较差/℃
广州	23°08′	13.5
长沙	28°12′	29.1
汉口	30°38′	30.2
郑州	34°43′	31.1
北京	39°48′	34.9
沈阳	41°46′	40.3
哈尔滨	45°41′	46.4

2.1.2.3 土壤温度的垂直变化

观测表明，无论是有植被的还是无植被的土壤，土壤温度的垂直分布可归纳为三种类型，即辐射型、日射型和过渡型（混合型），如图2-4、图2-5所示。

(1) 辐射型　土壤温度随深度增加而升高，热量由下向上传递。其原因是土壤表面首先冷却而引起的。一般出现在一天的夜间和一年的冬季。可用一天中02时和一年中的1月份的土壤温度垂直分布为代表。

(2) 日射型　土壤温度随深度增加而降低，热量由上向下传递。原因是由于土壤表面首先增温引起的。一般出现在白天和夏季。可用一天中13时和一年中7月份土壤温度的垂直分布为代表。

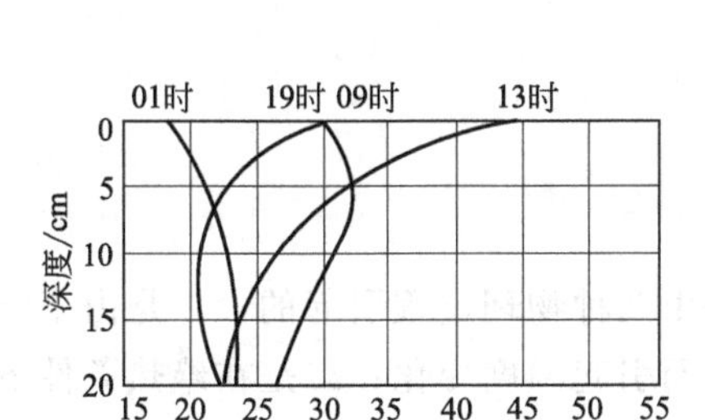

图 2-4　一天中土壤温度的垂直分布

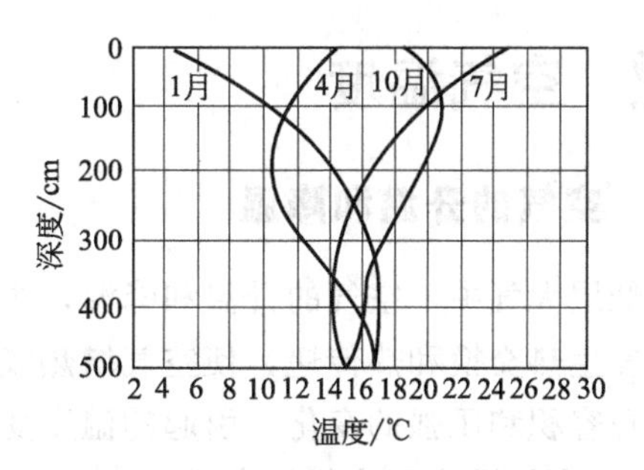

图 2-5　一年中土壤温度的垂直分布

（3）过渡型（混合型）土壤上下层温度的垂直分布分别具有日射型和辐射型特征。一般出现在昼与夜（或冬与夏）的交替时期。分别以 09 时、19 时和 4 月、10 月份的土壤温度垂直分布为代表。

2.1.2.4　土壤的冻结与解冻

（1）土壤的冻结与解冻　在寒冷的季节，当土壤温度降低到 0℃以下时，土壤中的水分冻结成冰，冰固了土粒，使土壤变得非常坚硬，叫做土壤冻结。冻结了的土壤又叫冻土。由于土壤水分中含有不同浓度的盐类，盐分会使冰点降低，所以只有当温度低于 0℃时才发生土壤冻结。

土壤冻结与天气、地势、土壤结构、自然覆盖及土壤温度等因素有关。如寒冷的地方比温暖的地方冻结要深；高山比低地冻结深；有积雪和有植被覆盖的土壤冻结较浅，甚至不发生冻结；湿度大的土壤冻结晚而浅。从地理位置上看，冻结深度由北向南变浅，我国东北地区可达 2～3m，西北地区 1m 以上，华北平原约在 1m 以内，长江以南和西南部分地区不超过 5cm。

春季，由于太阳辐射增强和土壤深处的热量向上传递，使冻土融解，称为土壤解冻。在少雪而寒冷的冬季，土壤冻结很深，土壤解冻时，是由上而下和由下而上两个方向同时进行。但是在多雪的冬季，土壤冻结不很深，解冻仅依靠土壤深层上传热量，是从下而上进行的。

在土壤刚开始解冻时，由于冻土还未化通，上层解冻后的水分不能下渗而造成地面泥泞，称为返浆。早春的这种现象，会影响田间作业的进行。

（2）土壤冻结与解冻对农业生产的影响　土壤冻结对土壤的物理性质影响很大。土壤冻结时，冰晶的体积膨胀，能使土壤破裂，孔隙增大，土壤变得疏松，有利于土壤空气流通和水分渗透性的提高。

土壤冻结对作物的影响很大，在土壤解冻过程中，由于早春温度很不稳定，会使土壤时化时冻，冻融交替，造成表层土壤连同植物根系一起被抬出地面而使植物受害的现象称为掀耸或冻拔害。掀耸发生时易将浅根植物的根拉断，分蘖节暴露在土壤外面，使植物根部不易吸收到土壤中的水分，因而造成植物的生理干旱而死亡。这种现象在秋季也会发生。为防止这种现象的出现，在实际生产中可采取预防措施，如播种分蘖节较深的品种；进行种子深覆土；播种前镇压土壤，在春天积雪融化后进行镇压，减少土壤孔隙；对育苗地，可采取培土、增高畦面等。窖藏农产品时，应把窖深挖到当地最大冻土深度以下。北方为越冬作物浇冻水的时间，最好在土壤“日化夜冻”时期进行。

2.2 空气温度

2.2.1 空气的升温和降温

在低层大气中，空气的升温和降温，主要是由两种物理过程引起的：一是由于空气和其他物质发生热交换和热传递，使空气增热或冷却而引起温度变化；二是在绝热条件下，由于空气本身容积和压强的变化，引起的温度变化过程。

2.2.1.1 空气增热和冷却的方式

空气和周围物质的热传递和热交换，主要是发生在地面和低层空气、空气和空气之间。

（1）辐射　地面辐射是低层大气的主要热源。地面辐射被大气吸收，使空气增热。而大气辐射又使本身冷却。辐射是地面与大气之间热量交换的主要方式。

（2）对流　不同性质的下垫面受热不同，使临近的空气受热也不同，较暖的空气作上升运动，相邻较冷的空气下沉补充，这样就产生了大规模、有规律升降运动，称为对流。对流是大气上下层之间热量输送的最重要的一种形式。

（3）平流　空气在水平方向上大规模、有规律的运动，称为平流。当冷空气流经较暖的地区时，可使当地温度下降；反之，当暖空气流经较冷的地区时，可使当地温度升高。所以，平流是水平方向上热量传递的主要方式。

（4）乱流　当空气流经冷热不均或粗糙不平的下垫面时，在气流内部产生的一种小规模的、无规则的升降气流，称为乱流。乱流可在各个方向进行，并伴随着热量的交换。乱流所能达到的高度只有 1km 左右，所以乱流是摩擦层中热交换的重要方式之一。

（5）分子传导　空气是热的不良导体，所以地面和空气、空气和空气之间靠分子传导作用传递的热量较少。但是在靠近地面的空气层中，温度却有明显变化。

（6）水分相态变化　地面水分蒸发（升华）时，要吸收地面一部分热量，当这部分水分在空气中凝结（凝华）时，又把热量释放出来给大气。大气便间接地从地面获得了热量。反之当空气中的水汽在地面凝结（凝华）时，地面获得了热量。这种热量交换的方式不仅在地面与空气间进行，在空气和空气间也可以进行。

2.2.1.2 空气的绝热变化

空气块在运动变化过程中，既不从外界环境获取热量，也不把热量传递给外界环境，这就是空气的绝热过程。空气在绝热过程中产生的温度变化，称为空气的绝热变化。

当大块空气在绝热条件下作上升运动时，因外界大气压力随高度的升高而减小，空气块的体积会膨胀，也就是空气块对外界做功，消耗本身的内能，因此，空气块的温度就会降低。这种因气块绝热上升而使其本身温度降低的现象叫做绝热冷却。反之，气块在作绝热下沉过程中，外界压力会随高度降低而增大，气块被压缩，即外界压力对气块做功，增加气块的内能，而使气块的温度升高。这种因气块绝热下沉而使其本身温度升高的现象叫做绝热增温。

由于空气中的水汽含量不同，空气在作垂直运动时，其温度变化也不同。

（1）干绝热直减率　一团未饱和的空气（干空气块），在绝热上升（或下沉）过程中温度的变化，称为干绝热变化。干空气块每上升（或下沉）100m，温度降低（或升高）的数值，叫做干绝热直减率，用 γ_d 表示。据计算，$\gamma_d=1℃/100m$。

(2) 湿绝热直减率 饱和空气（湿空气块）在绝热上升（或下沉）过程中温度的变化，称为湿绝热变化。湿空气块每上升（或下沉）100m，温度降低（或升高）的数值，叫做湿绝热直减率，用γ_m表示。据计算，γ_m约为0.5℃/100m，γ_m一般小于γ_d。其原因是，湿空气上升冷却时，会发生水汽凝结现象，放出热量，缓和了气块温度的降低。湿空气在下沉时，由于蒸发耗热，增温比干绝热增温也要少。γ_m的大小不是固定不变的，它随着外界气温和气压的不同而变化。

一般情况下，空气处于不饱和状态。不饱和的空气块，在绝热上升初期，温度按干绝热直减率下降，上升到某一高度后由于空气冷却而达到饱和状态，再继续上升，温度按湿绝热直减率下降。而当饱和的湿空气作下沉运动时，由于绝热增温，使空气由饱和变为不饱和状态，这时空气温度又按干绝热直减率升高。

2.2.2 空气温度的变化

由于低层大气的热量主要来自于地面，所以气温的变化规律和土温的变化相似，也具有周期性的日变化和年变化。这种变化在50m以下的近地气层里表现得最为显著。

2.2.2.1 气温的日变化

气温的日变化和土温的日变化相似，在一天中也有一个最高值和一个最低值。但是出现的时间都比土温稍有落后，通常最高温度出现在14～15时，最低温度出现在日出前后。当然，季节和天气的影响，也可能使之提前或推后。例如，夏季气温的日变化中，最高值多在14～15时，而冬季则在13～14时。由于纬度不同，日出时间也不同，所以最低值出现时间随纬度的不同而有差异。

一天中，最高气温和最低气温之差，称为气温的日较差。气温的日较差比土表温度的日较差为小，并且离地面越高，日较差越小。在1500m高度以上的自由大气，气温日较差为1～2℃或更小些。

气温日较差是表示一个地区天气和气候状况的特征量。它的大小受纬度、季节、天气、下垫面性质、地形等因素的影响。其中天气和下垫面性质的影响最为明显。

(1) 天气状况 晴天气温的日较差比阴天的大；干燥天气的气温日较差比潮湿天气的大。这是因为晴朗和干燥的天气，空气的透明度较大，白天到达地面的太阳辐射较强，致使地面和空气都增温显著；而夜间地面强烈有效辐射冷却，使空气明显降温，所以，晴朗干燥天气的日较差比阴天的日较差大，如图2-6所示。

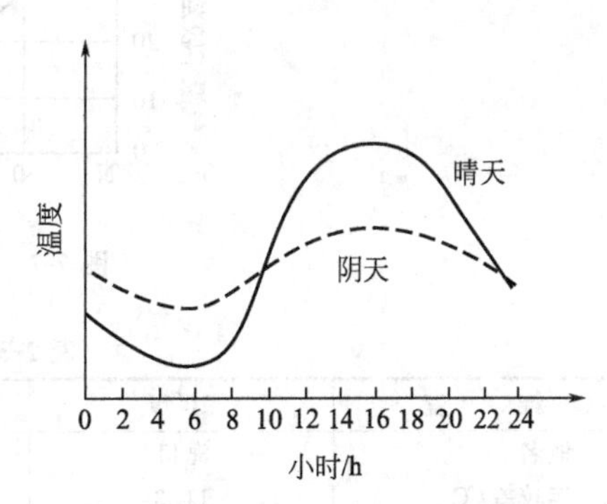

图2-6 阴天和晴天的气温日较差

(2) 下垫面性质 由于下垫面热特性的不同和对太阳辐射吸收能力的不同，致使气温日较差大为不同。陆地上气温日较差大，海洋上的日较差小，而且距海越远，气温日较差越大。例如，海洋上的只有2～3℃，而陆地上的日较差可达20～22℃左右。温度变化剧烈的下垫面气温日较差大。如沙土、深色土、干松土上空的气温日较差大；而黏土、浅色土、潮湿土上空的气温日较差小。裸地上的气温日较差大，有植被的地方气温日较差小。

（3）纬度　由于太阳辐射的日变化是随纬度的增高而减小，造成气温日较差也随纬度的升高而减小。据统计，平均日较差在低纬度地区为10～12℃，中纬度地区为8～9℃，高纬度地区为3～4℃。

（4）季节　在中纬度地区，夏季太阳高度角大，太阳辐射强，而且白昼时间长，所以夏季气温日较差大于冬季。但是一年中气温日较差最大值不在夏季，而是在春季。其原因是，夏季中纬度地区昼长夜短，地面冷却时间不够长，最低温度不太低，使得夏季气温日较差不如春季大。例如，北京地区7月份气温日较差为10.2℃，而春季4月份则为13.9℃。

（5）地形　凹陷地形气温日较差大，凸出地形气温日较差小。其原因是：凹陷地形上的空气与地面接触面积大，白天增热较多，加之地形闭塞，通风不良，热量不易散失，故白天气温比平地、凸地都高。夜晚凹地又是冷空气的聚积地，气温比平地、凸地为低。所以凹地气温日较差大。而凸出地形的上空，风速比平地、凹地大，空气的乱流混合作用较强，所以能得到较高气层和邻近空气的调节，故气温日较差较小。

2.2.2.2　气温的年变化

在北半球中高纬度的大陆上，一年中最热月和最冷月分别出现在7月和1月；在海洋上和海岸地区最热月和最冷月出现的时间，比大陆落后一个月左右，分别出现在8月和2月。一年中，最热月平均气温和最冷月平均气温之差，称为气温年较差。气温年较差的大小决定于下列各因素。

（1）纬度　由于太阳辐射的年变化是随纬度的升高而增大，所以气温的年较差也是随纬度的升高而增大。例如我国的西沙群岛（16°50′N）气温年较差只有6℃，上海（31°N）为25℃，海拉尔（49°13′N）达到46.7℃。总体上说，我国华南和云贵地区为10～20℃，华北和东北南部为30～40℃，东北北部在40℃以上，如图2-7和表2-3所示。

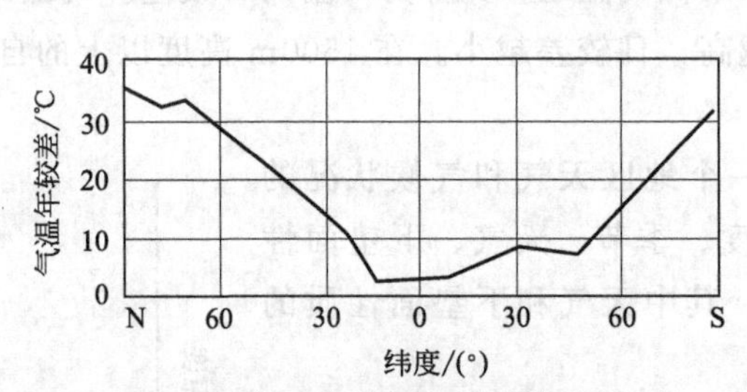

图2-7　纬度与气温年较差的关系

表2-3　纬度和年较差的关系

纬　度	20°N	30°38′N	39°56′N	49°13′N
地名	海口	汉口	北京	瑷辉
年较差/℃	11.3	25.0	30.7	46.3

（2）距海的远近　气温年较差还和距海远近有关。水的热特性决定了海洋升温和降温缓和的特点。所以距海洋近的地方受海洋的调节，年较差小，越向大陆中心，年较差越大（表2-4）。

表2-4　距海远近与气温年较差

纬　度	39°N		40°N	
距海远近	远	近	远	近
地点	保定	大连	大同	秦皇岛
年较差/℃	32.6	29.4	37.5	30.6

(3) 天气状况　云量多的地区比云雨少的地区气温年较差小。另外，雨季出现的时间，会影响最热月和最冷月出现的时间。

2.2.2.3　气温的非周期性变化

气温除了由于太阳辐射的作用引起的周期性日、年变化外，在大气水平运动的影响下还会发生非周期性的变化。例如，春季正值气温回升、越冬植物恢复生长的季节，若有北方冷空气南下，会使气温大幅度下降，发生倒春寒，影响植物生长甚至造成冻害；秋季，正是气温下降的时候，若有南方暖空气北上，会使气温突然上升，称为“秋老虎”现象。

气温非周期性变化，能够减弱甚至改变气温的周期性变化。事实上，一个地方气温的变化是由周期性变化和非周性变化共同作用的结果，如果非周期性变化的作用大，则表现为周期性变化；相反，就表现非周性变化。但是，从总的趋势来看，气温日、年周期性变化还是主要的。

从农业上来讲，掌握气温的非周期性的变化规律，具有重要的指导意义。例如，在春季气温回升过程中，常有较强冷空气侵袭，造成气温骤然下降，冷空气过后气温又稳定回升，如能抓住“冷尾暖头”的时机，及时播种，便可使种子在气温稳定回升的时期顺利出苗，避免烂种、烂秧等现象发生，不至于延误农时。

2.2.3　气温的垂直变化

在对流层中，气温的垂直分布特点一般是随高度的增加而降低，其原因主要有两个方面：一方面地面是大气增温的主要和直接热源，对流层主要依靠吸收地面长波辐射增温，因而距离地面越远，获得的地面长波辐射能也越少，气温越低；另一方面，距离地面越近，大气中能够强烈吸收地面长波辐射的水汽和气溶胶粒子也就越多，气温也就越高，越远离地面，水汽和气溶胶粒子越少，则气温越低。

2.2.3.1　气温垂直梯度

在对流层中气温的垂直变化用气温垂直梯度表示，简称气温直减率。气温垂直梯度是指高度每变化100m，气温变化的数值（℃/100m），常用γ表示。据观测，在对流层中，气温垂直梯度的平均值约为0.65℃/100m。但实际上气温垂直梯度随时间和高度的不同而变化。

应该特别指出的是，气温垂直梯度γ和前面学过的干绝热直减率γ_d、湿绝热直减率γ_m在物理意义上完全不同。γ_d和γ_m是指某气块升降过程中，气块本身的温度变化率，γ则表示实际大气层中温度随高度的变化率。

2.2.3.2　对流层中的逆温现象

在对流层中，总的来看气温是随着高度的增加而递减的。但在一定条件下，对流层中也会出现气温随高度的增高而升高的现象，这种现象称为逆温。我们把出现逆温的气层叫做逆温层。当发生逆温时，冷而重的空气在下，暖而轻的空气在上，不易形成对流运动，气层处于稳定状态，从而阻碍了空气垂直向上运动的发展，所以在逆温层下部常聚集大量的烟尘、水汽凝结物等，使能见度变坏，降低空气质量。

逆温按形成原因可分为辐射逆温、平流逆温、下沉逆温、锋面逆温等类型，下面主要介绍常见的辐射逆温和平流逆温。

(1) 辐射逆温　由于地面强烈辐射冷却而形成的逆温，称为辐射逆温。在晴朗无云或少云的夜晚，地面因强烈的有效辐射而很快冷却，使得贴近地面的气层也随之降温，由于越靠近地面的气层受地面的影响越大，降温也就越剧烈，越远离地面气层受地面影响越小，降温也就缓慢，于是自地面开始形成了逆温。随着地面有效辐射的不断继续，逆温逐渐向上扩展，黎明时达最强；日出后，随着太阳辐射的逐渐增强，地面很快增温，近地面气层受地面影响，也开始增温，于是逆温便自下而上消失。辐射逆温常年可出现在陆地上空，冬季最强，逆温层也较厚，可达数百米，消失也较慢。夏季最弱，厚度也较薄，消失较快。在山谷与盆地区域，由于冷却的空气还会沿斜坡流入低谷和盆地，因而常常会使低谷和盆地的辐射逆温得到加强，往往持续数天而不会消失。

(2) 平流逆温　当暖空气平流到冷的地面或冷的水面上时，由于近地气层空气受冷地面影响大，降温较多；而上层空气受地面影响小，降温较少，于是就产生了逆温现象。例如在冬季，当海上的暖空气移到冷的大陆上时，常形成这种逆温。

逆温现象在农业生产上有很多应用。例如，在有霜冻的夜晚，常常会有逆温存在，气层稳定，此时采用熏烟法防霜，效果较好。因为燃烧柴草、化学物质等所形成的烟雾会被逆温层阻挡而弥漫在贴地气层，使大气逆辐射增强，减小地面有效辐射，缓和近地气层温度的降低，使植物不至于受到冻害。农业上喷洒农药防治病虫害的最佳时间应选在清晨进行，此时由于逆温层的存在可使喷洒的药剂停留在贴地气层，并向水平方向及向下方扩展，均匀地洒落在植株上，能有效地防治病虫害。寒冷季节需要晾晒一些农副产品时，为避免地面温度过低受冻，可将晾晒的东西置于一定高度之上，一般2m高度处的气温可比地面高出3～5℃。在果树栽培中，也可利用逆温现象进行高嫁接，避开低温层，使嫁接部位恰好处于气温较高的范围之内，这样果树在冻害严重的年份就能够安全越冬。山区的逆温程度往往比平地强，可把喜温怕冻的果树种植在离谷地一定距离的山腰上，由于山腰处夜间气温高于谷地，果树不容易遭受低温危害。在山区，进行农业综合规划时，也必须考虑地形逆温而加以利用。

2.3 温度对农业生产的意义

温度对农业生产具有重要的意义，它是作物生活重要的环境条件之一。它不仅影响着农作物生长发育的速度和农产品的数量、质量；同时各项农事活动的进行、种植制度、作物布局等，都要根据温度的变化进行。另外，温度还影响着作物病虫害的发生发展情况。

2.3.1 土壤温度与农业生产

2.3.1.1 影响植物根系对水分和矿物质营养的吸收

由于土壤溶液的黏度随着温度的降低而增加，当土温较低时，可降低细胞的透性，减少作物对水分的吸收。

据资料表明，当土温降低到20℃以下时，黄瓜的吸水作用显著降低，引起严重伤害。低温影响着作物对水分的吸收，又间接影响气孔的阻力，从而限制光合作用的进行。另外，土温过高或过低，影响根系对养分的吸收。低温会明显减少作物对多数矿物质营养的吸收等，如图2-8所示。例如，向日葵在土温低于10℃和高于25℃时，其呼吸作用都会明显减弱。同时高温使根系木质化，降低了吸收的表面积，并抑制细胞内酶的活动，破坏根的正常代谢过程。

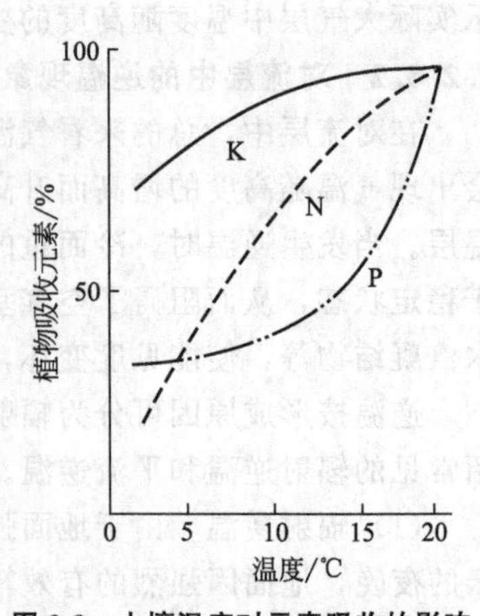

图2-8　土壤温度对元素吸收的影响

2.3.1.2 影响种子的发芽、出苗

不同植物的种子发芽所要求的土壤温度是不同的。如：小麦、油菜种子发芽所要求的最低温度为1～2℃；玉米、大豆为8～10℃；棉花、水稻为10～12℃。当其他条件适宜时，在一定的温度范围内，土壤温度越高，种子发芽速度越快，土温过高或过低对种子发芽不利，甚至停滞或死亡。种子发芽所需要的最低土温是确定作物适宜播期的依据之一。目前，作物播种时要求的最低温度指标，一般是以5cm土温为标准。

2.3.1.3 影响作物地下储藏器官的形成

土温的高低直接影响作物地下储藏器官的形成。如10cm土温对马铃薯的影响表现为土温低（8.9℃），则块茎个数多，但小而轻；土温过高（28.9℃）则块茎个数少而小，块茎变成尖长形，大大减产；土温适宜（15.6～22.2℃），则块茎个数少而大，马铃薯产量最好。再如，萝卜肉质根生长的适宜温度为10cm土温13～18℃；高于25℃，植株长势弱，产品质量差。

2.3.1.4 影响地下微生物和昆虫的活动

土温的高低影响着土壤微生物的活动、土壤气体的交换、水分的蒸发、各种盐类的溶解度以及腐殖质的分解等，而这些理化性质与植物的生长有密切关系。同时，地下昆虫的活动直接受土温的影响，从而间接影响作物的生长发育。如沟金针虫的活动规律是：当10cm土温升高到6℃时，开始往上活动，当10cm土温达到17℃左右时活动最旺盛并危害作物的种子和幼苗，而当土温高于21℃时又向土壤深层活动。在实际生产中，掌握土壤温度的变化和土壤中昆虫的活动规律，就可以更好地预报和防治害虫，减轻害虫对植物的危害。

2.3.1.5 影响耕作和肥效

土温的高低，直接影响着土壤中水分的蒸发快慢。所以对于黏重土壤，应抓紧耕翻，避免因土壤水分蒸发较多造成板结而影响耕作。土壤中有机磷的释放需要较高的温度条件。而早春土温偏低，土壤中有机磷释放缓慢，有效磷含量低，夏季高温促使土壤中的迟效磷转化为速效磷，因此在华北平原地区一般将磷肥集中施在小麦上，下茬玉米不施，依靠土壤中释放的速效磷就够了。

2.3.2 空气温度与农业生产

2.3.2.1 三基点温度

众所周知，植物必须在适宜的气温条件下才能够生长发育。在这个温度范围内，有一个最适温度，植物生长发育速度最快。因此，对于植物的每一个生命过程来说，都有三个基点温度，即最适温度、最低温度和最高温度。

在最适温度下，作物生长发育迅速而良好；在最高和最低温度下，作物停止生长发育，但仍维持生命。如果温度继续升高或降低，就会对作物产生不同程度的危害，直至死亡。所以在三基点温度之外，植物还有受害或致死的最高与最低温度指标，如图2-9所示。通常维持作物生命的温度范围大致在－10～50℃之间，而适宜农作物生长的温度在5～40℃，农作物发育要求的温度在10～35℃。在发育温度范围外，作物发育将停止，但生长仍可维持；当温度不断降低，达到一定程度后，不但作物生长停止，而且生命

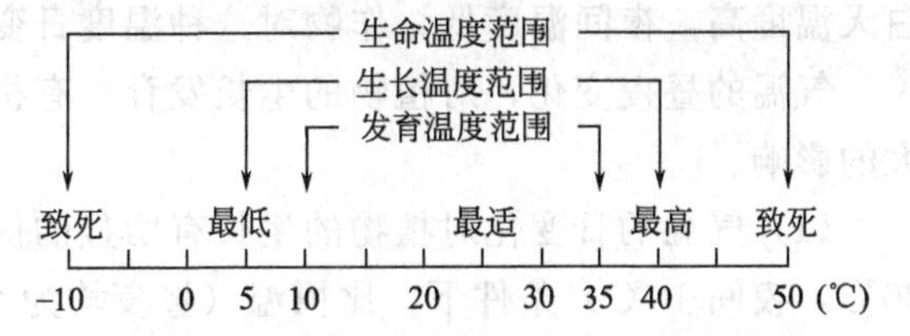

图2-9 植物生命活动基本温度示意图

活动亦受到阻碍，受低温危害，甚至受冻致死，大多数作物生命活动的最高温度为40～50℃之间（表2-5）。

同一作物不同生育时期的生理过程也有差别，其三基点温度也是不同的（表2-6）。

表2-5 几种作物生长的三基点温度/℃

作物种类	最低温度	最适温度	最高温度
小麦	3～3.5	20～22	30～32
水稻	10～12	20～32	40～42
玉米	8～10	30～32	40～44
棉花	10～13	28	35
烟草	13～14	28	35
油菜	4～5	20～25	30～32

表2-6 水稻主要生育期的三基点温度/℃

生育期	最低温度	最适温度	最高温度
种子发芽期	10～12	20～30	40
苗期	12～15	26～32	40～42
分蘖期	15～16	25～32	40～42
抽穗成熟期	15～20	25～30	40

此外，作物生长发育时期不同生理过程，如进行光合作用、呼吸作用时的三基点温度也不同。光合作用最低温度为0～5℃，最适温度为20～25℃，最高温度为40～50℃；而呼吸作用分别为－10℃，36～40℃与50℃。各种作物生命活动的三基点温度仍有如下一些共同的特征。

① 最高温度、最低温度和最适温度都不是一个具体的温度数值，而有一定的变化范围。

② 无论是生存、生长还是发育，其最适温度基本上是同一个变动范围。

③ 各种作物所要求的最低温度不同，其温度的最低点之间差异很大，耐寒作物可以忍受－20～－10℃以下的低温，而喜温作物甚至不能安全度过0℃左右的温度，最低温度距最适温度的离差范围较大。

④ 与最低温度比较，各种作物的最高温度指标彼此差异较小，而且最高温度与最适温度的数值相对比较接近。

⑤ 最高温度在作物实际生育期中并不常见，在作物生育期中，最低温度比最高温度更容易出现，所以对最低温度的研究相对来说较为重要。

三基点是最基本的温度指标，它在确定温度的有效性、确定作物种植季节与分布区域，在计算作物生长发育速度、光合潜力与产量潜力等方面，都得到广泛的应用。

2.3.2.2 周期性变温对植物的影响

自然界的温度是有周期性变化的。植物生长对外界的温度变化也已经适应，即它们要求白天温度高，夜间温度低，作物对这种温度日变化的反应，称为温周期现象。

气温的昼夜变化，对植物的生长发育、有机物质的积累、产量形成以及产品质量等有很大的影响。

（1）气温的日变化对植物的生长有明显的促进作用　有试验表明，燕麦田在变温（白天20℃，夜间10℃）条件下，比恒温（昼夜均为20℃）条件下，干物质净累积明显增多，增产达30%左右。

(2) 气温日变化对植物有机物质的积累有重要意义　在一定的温度范围内，气温日较差大的地区，作物的产量和质量均好。例如，西藏高原种植的白菜、萝卜等比内地的大得多。小麦的千粒重也特别高，可达 40～50g。这是由于该地白昼的高温配合着充足的太阳辐射能，以及其他农业气象条件适宜的结果。还有新疆的哈密瓜、吐鲁番的葡萄香甜等都与当地的气温日较差大有直接关系。

虽然作物的生长需要一定的昼夜变温条件，但并不是温差越大越好。夜间温度和白天温度都必须在不超过植物所能忍受的范围内。如对番茄进行处理：在昼夜恒温条件下，(10℃、15℃、25℃三种恒温条件)，10℃番茄生长量最少，只有 3mm，25℃生长量最多，20mm。再进行变温处理，白天 26.5℃，夜间 17℃，番茄的日生长量为 28mm；而白天 26.5℃，夜间 10℃时，每日生长量只有 7mm。实验表明，10℃的夜间低温，对番茄已有损伤作用了。通过实验证明，白昼 26.5℃的温度配以夜晚 17℃的温度是获得番茄最大生长量最适宜的温度指标。

(3) 变温能提高植物种子的萌发率　夜间降温后可增加氧在细胞中的溶解度，从而改善了种子在萌发中的通气条件，提高细胞膜的透性，从而促进植物种子萌发。

(4) 变温促进植物生长开花和结实，影响植物产品的质量　如水稻在昼夜温差大的地区不仅稻株健壮，并且籽粒充实，产量高，米质好。而云南伊兰香含香精 2.6%～3.5%，比海南岛 (2.45%) 和国外 (2%～3%) 的都高，这与云南地处高原，温度日较差较大有密切关系。

变温对植物的有利作用，其原因是白天适当高温有利于光合作用，夜间适当低温有利于减弱呼吸作用，光合产物消耗较少，净积累增多。

2.3.3　农业界限温度

温度与农业生产有着密切的关系。在分析气候对农业生产的影响时，除使用日平均气温和三基点温度外，还使用农业界限温度。农业界限温度是指具有普遍意义的，标志某些重要物候现象或农事活动的开始、终止或转折的温度。该温度的出现日期、持续日数和持续期中积温的多少，对一个地方的作物布局、耕作制度、品种搭配和季节安排等，都具有十分重要的意义。农业上常采用的界限温度(用日平均温度表示) 有 0℃、5℃、10℃和 15℃等，其农业意义如下。

0℃：春季，日平均气温稳定通过 0℃的日期标志着土壤开始解冻，积雪融化，田间作业开始进行等。秋季，日平均气温稳定通过 0℃的日期标志着土壤开始冻结，田间作业停止。所以，一年中日平均气温在 0℃以上的持续期称为农耕期。

5℃：春季和秋季日平均气温稳定通过 5℃的日期，与农作物及多数果树恢复或停止生长的日期相吻合，所以，一年中日平均气温 5℃以上 (小麦采用 3℃) 的持续期称为作物生长期。

10℃：大多数作物要在日平均气温稳定通过 10℃，生长才能活跃，所以，一年中日平均气温在 10℃以上的持续期称为作物生长活跃期。

15℃：春季，日平均气温稳定通过 15℃以后，喜温作物开始积极生长，所以，日平均气温高于 15℃的持续时期，作为对喜温作物如棉花、水稻、玉米、烟草等是否有利的判断指标。

农业界限温度在实际生产中具有很重要的意义。例如，分析与对比年代间、地区间稳定通过某界限温度日期的早晚，以比较其回暖、变冷的早晚及对作物的影响；分析与对比年代间、地区间春季到秋季稳定通过某界限温度日期之间的持续日数，可作为鉴定生长季长短的标准之一。

2.3.4 积温

2.3.4.1 积温的概念

在作物生活所需要的其他因素都得到基本满足时，在一定的温度范围内，气温和生长发育速度成正相关，而且只有当温度累积到一定总和时，才能完成其发育周期。这一温度总和，称为积温。它表明作物在其全生长期或某一发育期内对热量的总要求。计算积温一般对该时期内逐日的日平均气温求和获得。

2.3.4.2 种温的种类

积温有两种：活动积温和有效积温。这两种积温的计算都以生物学下限温度为起点温度。所谓生物学下限温度是指植物有效生长的最低温度，又称生物学零度，用 B 表示。一般来说，生物学下限温度，就是作物三基点温度中的最低温度。

(1) 活动积温　高于生物学下限温度的日平均温度为活动温度。作物（或昆虫）某一生育期或全部生育期内活动温度的总和称为活动积温，其表达式为：

$$Y=\sum_{i=1}^{n}t_i\geqslant B \tag{2-3}$$

式中，Y 表示活动积温；B 表示生物学下限温度；$t_i\geqslant B$ 表示高于生物学下限温度的日平均气温；$\sum\limits_{i=1}^{n}$ 表示该生育期始日至终日（$1\sim n$）之和。

例如，以日平均温度10℃为起点温度，假如某地连续五天的日平均气温分别为11℃、9.5℃、10.5℃、11.5℃和13℃，这五天中，9.5℃不是活动温度，其余四天的日平均气温均在10℃或以上，那么这四天的日平均气温就是活动温度，则该地这五天大于等于10℃的活动积温为：11＋10.5＋11.5＋13＝46（℃）。

(2) 有效积温　活动温度与生物学下限温度之差称为有效温度。作物（或昆虫）某一生育期或全部生育期内有效温度的总和称有效积温，其表达式为：

$$A=\sum_{i=1}^{n}[(t_{i\geqslant B})-B] \tag{2-4}$$

式中，A 表示有效积温；$(t_{i\geqslant B})-B$ 表示有效温度；$\sum\limits_{i=1}^{n}$ 表示该生育期始日至终日（$1\sim n$）之和。

在上例中，把四天的活动温度各减去生物下限温度10℃，然后求和，就得到这几天10℃以上的有效积温。即：(11－10)＋(10.5－10)＋(11.5－10)＋(13－10)＝6℃。

由上可知，活动积温和有效积温的不同点是：活动积温包括了低于生物学下限的那部分无效积温，计算比较方便；有效积温则排除了低于生物学下限温度的无效温度，所以有效积温比较稳定，用有效积温表示植物生长发育对温度的要求，其数值更稳定。

在实际工作中，如进行农业气候分析、农业气候区划时，多采用活动积温。研究作物对热量的要求，预报作物生育期的到来日期，以及对病虫害预测预报时，多采用有效积温。各种作物所需积温是不同的，而且还因不同类型和品种而不同（表 2-7）。大多数作物在 10℃以上才能活跃生长，所以大于等于 10℃的活动积温是鉴定一个地区对某一作物的热量供应是否满足的重要指标。

2.3.4.3　积温的应用

积温在农业上有广泛的应用，归纳起来，有以下几个方面。

① 积温是作物与品种特性的重要指标之一。积温常用于表征作物生长发育的热量要求和某地区热量条件，农业气象工作者把按作物物候期计算的积温，称为“生物积温”；把以某一农业指标温度初、终日为界限计算的积温，称为“气候积温”。前者表征作物生长发育的热量要求；后者表征地区热量条件。通过对比某作物的生物积温和地区气候积温，便可评价地区热量条件对该作物的满足程度。所以，积温也是农业气候专题分析与区划的重要依据之一。

表 2-7　各种作物不同类型所需大于等于 10℃的活动积温（℃）

作物＼类型	早熟型	中熟型	晚熟型
水稻	2400～2500	2800～3200	
棉花	2600～2900	3400～3600	4000
冬小麦		1600～1700	
玉米	2100～2400	2500～2700	＞3000
高粱	2200～2400	2500～2700	＞2800
谷子	1700～1800	2200～2400	2400～2600
大豆		2500	＞2900
马铃薯	1000	1400	1800

② 为作物引种服务，以避免引种或推广的盲目性。积温是作物品种特性的重要指标之一。依据作物品种所需积温，对照当地可提供的热量条件，进行引种或推广，可以避免盲目性。

③ 为农业气象预报服务。作为物候期、收获期、病虫害发生时期预报等的重要依据。可以根据杂交育种、制种工作中父母本花期相遇的要求，或农产品上市、交货期的要求，利用积温推算适宜播种期。

对于感光性弱、感温性强的作物或品种，在水分供应基本满足，温度环境适宜情况下，作物完成某一发育阶段所需要的热量（有效积温）为一定值，即：

$$N=\frac{A}{t-B} \tag{2-5}$$

式中，N 为该发育阶段所经历的天数；A 为完成该发育阶段历程所需要的热量（有效积温）；B 为该发育阶段的生物学下限温度；t 为该发育阶段的日平均温度。

据此，利用式（2-6）即可预报发育期所出现的日期：

$$D=D_1+\frac{A}{t-B} \tag{2-6}$$

式中，D 为预报的发育期出现的日期；D_1 为前一发育期出现的日期；A 为由前一发育时期到预报发育期之间的有效积温；t 为两发育期间的平均气温；B 为生物学下限温度。

2.3.4.4　积温的稳定性

积温在某种程度上基本上反映了作物发育速度与热量条件的关系，目前在生产上得到了广泛的应用。但积温学说还有不完善的地方。例如，求作物全生育期的有效积温时，往往只采用一个生物学下限温度为起点，而作物在不同的生育期生物学下限温度是有差别的；求算积温时，一般都没考虑生物学上限温度，而实际上，高温往往抑制或损害作物的生长发育。一般情况，即使在未超过生物学上限温度（40℃），但30℃以上的高温对植物已有抑制作用了；积温学说也没考虑气温日较差对作物的影响；此外，作物的感光性品种和感温性品种对温度的反应也不一样，计算积温时未考虑到光周期对作物发育速度的影响。

在实际工作中，为了避免使用积温所出现的问题，人们尝试使用一些补救和修正的方法。如计算积温时，考虑剔除高于生物学上限温度的日平均气温；进一步地确定各种作物、各种作物品种及各发育期的生物学下限和上限温度，在计算积温时逐段分别计算，将作物的光周期和温周期的反应予以考虑等，修正温度对作物发育速度的影响。

复习思考题

1. 土壤的热容量和导热率主要由土壤的什么成分决定？在生产上如何利用这一特点进行土壤温度的调节？

2. 试分析：为什么在正常天气下一个地方的最低气温出现在接近日出时？最高温度出现在中午以后，而不是太阳辐射最强的正午？

3. 何谓温度的日较差和年较差？分析影响气温日较差和年较差的因子有哪些？

4. 什么是空气的绝热变化？为何空气绝热上升时降温，绝热下降时升温？为何 r_m 小于 r_d？

5. 在清晨逆温较强时，喷施农药防治病虫害效果更好，为什么？

6. 气温日变化对植物有什么影响？根据三基点温度说明，气温日较差越大对植物生长发育越有利是否正确？

7. 解释：三基点温度、农业界限温度、活动温度、有效温度、活动积温、有效积温。

8. 假设某地某旬逐日平均气温为：21.2℃，19.5℃，17.4℃，13.6℃，10.9℃，9.1℃，8.5℃，10.0℃，11.8℃，14.0℃，试计算该地该旬0℃以上的活动积温、10℃以上的活动积温和有效积温。

9. 某黏虫发育期起点温度为9.6℃，完成一个世代需要的有效积温为685.2℃，计算该黏虫在你地一年能发生几代？（提示：参照当地大于等于10℃的有效积温资料计算）

10. 甘蔗萌芽的起始温度是13℃，所需有效积温为200℃，若某地9月2日下蔗种，已知该地9月份平均温度为26.7℃，问该地甘蔗何时萌芽？

第3章 大气水分

学习目标

掌握空气湿度的概念、表示方法及变化规律。了解水面蒸发、植物蒸腾的过程；土壤蒸发及农田蒸散的过程；各种水汽凝结物及其形成原因、成云致雨的条件以及常用的土壤水分指标。掌握降水的表示方法及提高水分利用率的途径。

大气中水分来自于地球表面的江、河、湖、海、潮湿土壤、植被等潮湿物体表面的蒸发和蒸腾。大气中的水分有三种形态：固态、液态和气态。在大多数情况下，是以气态存在于大气中。但其状态和含量都极不稳定，经常发生相变。在相变过程中就产生了云、雾、雨、雪、露、霜等天气现象，并以降水的形式返回地面，构成了自然界的水分循环。

水分对农业具有重要意义。一方面是作物进行光合作用合成碳水化合物的原料之一，是作物体内输送养分的载体；另一方面，是作物生长发育的重要的环境因子之一，它对植物的生长发育和产品的数量品质都起着决定性作用。

3.1 空气湿度

3.1.1 空气湿度的概念和表示方法

空气湿度是表示空气潮湿程度或大气中水汽含量多少的物理量。在气象学上常用水汽压、绝对湿度、相对湿度、饱和差和露点等来表示。

3.1.1.1 水汽压和饱和水汽压

（1）水汽压（e） 空气中水汽所产生的压力，称为水汽压（e）。水汽压是大气压的一部分。水汽压的大小，决定于空气中水汽含量的多少。空气中水汽含量增多，水汽压增大；反之，水汽压减小。所以，水汽压的大小可以衡量空气中水汽含量的多少。水汽压的单位和大气压单位相同。用百帕（hPa）或毫米汞柱（mmHg）表示。

（2）饱和水汽压（E） 空气中的水汽含量与温度有密切关系。温度越高，空气能容纳的水汽就越多。但在一定的温度条件下，一定体积的空气中所能容纳的水汽量是有一定限度的。如果水汽含量恰好达到该温度条件下的最大限度，这时的空气称为饱和空气，此时的水汽压为饱和水汽压（E）。如果未达到这个限度，则称为未饱和空气。如果空气中水汽含量超过这个限度值，则称为过饱和空气。一般情况下，超出的水汽会发生凝结现象。所以，在温度一定时所对应的饱和水汽压是一定的。

饱和水汽压和温度密切相关。温度越高饱和水汽压越大，温度越低，饱和水汽压越小

(表 3-1)。所以，当温度升高时，原来饱和的空气即可变成未饱和空气，当温度降低时，原来未饱和的空气可以变成饱和空气。

表 3-1 饱和水汽压和温度的关系

温度/℃	−30	−20	−10	0	10	20	30
饱和水汽压/hPa	0.5	1.2	2.9	6.1	12.3	23.4	42.4

饱和水汽压还与蒸发体表面的形状和纯度有关。在同一温度条件下，冰面上的饱和水汽压比过冷却水面上的饱和水汽压小（表 3-2）。

表 3-2 冰面和过冷却水面饱和水汽压比较表

蒸发面	温度/℃				
	0	−4	−10	−16	−24
过冷却水面	6.11	4.54	2.87	1.76	0.88
冰面	6.11	4.37	2.60	1.51	0.69

凸面上饱和水汽压最大，平面次之，凹面最小，如图 3-1 所示。纯水的饱和水汽压比溶液的大，溶液浓度增加，饱和水汽压减小。

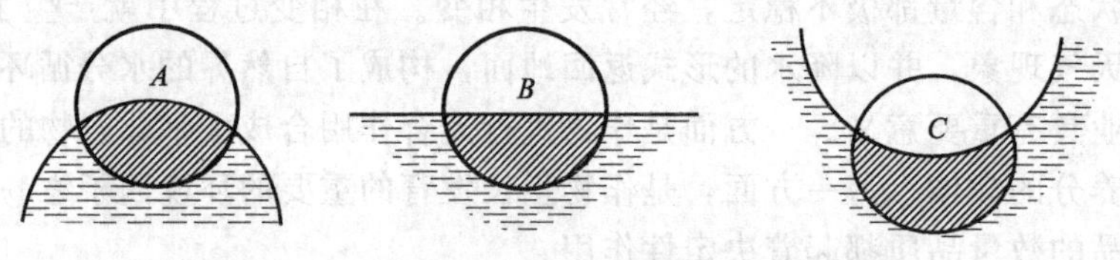

图 3-1 不同形状蒸发面上的饱和水汽压比较

3.1.1.2 绝对湿度（a）

单位体积的空气中所含水汽量的多少，称为绝对湿度（a）。实际上就是空气中水汽的密度，单位为克/米³（g/m^3）。空气中水汽含量越多，绝对湿度就愈大，绝对湿度能直接表示空气中水汽的绝对含量。

当绝对湿度以 g/m^3 表示，水汽压以 mmHg 表示时，计算表明，二者在数值上相差很小，当 $t=16.4$℃时，$a=e$；若水汽压以 hPa 为单位，则两者在数值上的关系为：$a=3/4e$，由于绝对湿度的直接测量比较困难，所以，在实际工作中，习惯上把水汽压看作绝对湿度。

3.1.1.3 相对湿度（r）

空气中实际水汽压（e）与同温度下饱和水汽压（E）的百分比，称为相对湿度（r），即：

$$r=\frac{e}{E}\times 100\% \tag{3-1}$$

相对湿度是反映当时温度下空气距离饱和的程度。当空气处于饱和状态时，$e=E$，$r=100\%$；当空气处于未饱和状态时，$e<E$，$r<100\%$；当空气处于过饱和状态时，$e>E$，$r>100\%$。当空气中水汽含量一定时，即水汽压（e）不变，随着温度的升高，E 变大，相对湿度变小；反之，如果气温下降，E 变小，则相对湿度变大，当气温下降到一定程度时，使 $e=E$，$e=100\%$，则空气达到饱和状态，气温继续下降，使 $E<e$，这时 $r>100\%$，空气处于过饱和状态，通常会有凝结现象发生。

3.1.1.4　饱和差（d）

在一定温度条件下，饱和水汽压与当时的实际水汽压之差，称之为饱和差（d），单位为百帕（hPa）。

$$d = E - e \tag{3-2}$$

饱和差可以间接表示空气中水汽含量的多少。$d=0$，$r=100\%$。在讨论水面蒸发强度时，多用饱和差，因饱和差的大小能反映水分的蒸发能力，气温越高，饱和差越大，蒸发进行的越强烈；气温越低，饱和差越小，蒸发进行缓慢。

3.1.1.5　露点温度（T）

当气压和空气中水汽含量不变时，气温降低到使空气达到饱和状态时的温度称露点温度，简称露点，单位℃。

露点温度形式上是温度值，但实质上是表示空气中的水汽含量。露点温度高，表示空气中水汽含量多；反之，表示空气中水汽含量少。空气一般是处于不饱和状态，露点温度比气温低，只有空气达到饱和时，露点温度才和气温相等。空气温度降低到露点温度及其以下，是水汽发生凝结现象的重要条件之一。

3.1.2　空气湿度的变化

3.1.2.1　绝对湿度的变化

（1）绝对湿度的日变化　绝对湿度的日变化有两种形式：单波型和双波型。

① 单波型：与气温的日变化一致，即一天中有一个最大值和一个最小值。最大值出现在气温最高的 14 时左右。最小值出现在气温最低的清晨。这是因为空气中的水汽来源于蒸发（蒸腾），而蒸发强度又与温度成正比。这种变化多发生在海洋、海岸、寒冷季节的大陆和暖季潮湿的地区，如图 3-2 所示。

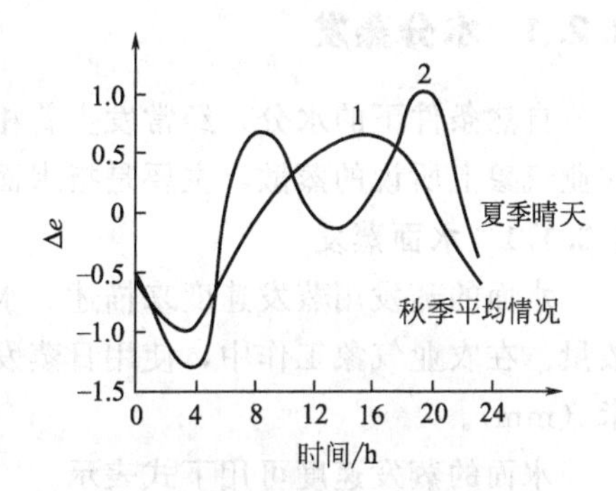

图 3-2　绝对湿度的日变化

1—单波型；2—双波型

② 双波型：在一天中有两个最大值和两个最小值。两个最小值分别出现在日出之前和 15～16 时；两个最大值，一个在早晨 8～9 时，另一个在 21～22 时。造成这种双波型日变化的原因是：日出前，气温最低，空气中水汽含量最少，绝对湿度出现第一个最小值；日出以后，蒸发加强，到 8～9 时，空气中水汽含量迅速增加，绝对湿度出现第一个最高值；中午温度继续升高，蒸发量继续增加，但是由于中午对流加强，把水汽从低层大气带到高层，到 14～15 时，对流最强，近地气层水汽急剧减少，绝对湿度出现第二个最小值；此后，温度渐降，对流减弱，这时地面蒸发出来的水汽又集中在低层大气，水汽压又开始增大，到 21～22 时绝对湿度出现第二个最高值。

（2）绝对湿度的年变化　绝对湿度的年变化与气温的年变化相似。在陆地上，最高值出现在蒸发强的 7 月，最低值出现在蒸发弱的 1 月；在海洋及近海地区，最高值在 8 月，最低值在 2 月。

3.1.2.2　相对湿度的变化

（1）相对湿度的日变化　相对湿度的日变化与气温的日变化相反。一般最大值出现在气温最低的清晨，最小值出现在气温最高的 14～15 时。其原因是：温度升高时，水汽压和饱和水汽压都会增大，但饱和水汽压增加的速度要快一些，结果相对湿度会随温度的升高而减小，如图 3-3 所示。

但在近海地区，白天（特别是午后）的风向是由海洋吹向陆地，大量水汽带到陆地。因此，这时的相对湿度较高。夜间和清晨，风向是由陆地吹向海洋，阻止了湿空气进入陆地上空，因此相对湿度较低。所以滨海地区的相对湿度的日变化表现为日高夜低，与气温的日变化一致。

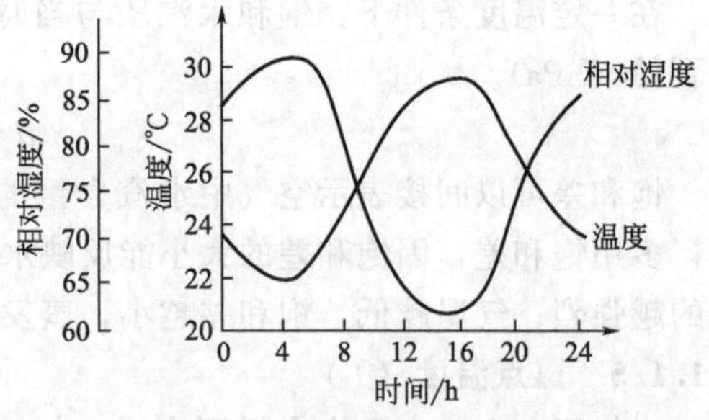

图 3-3　相对湿度的日变化

（2）相对湿度的年变化　空气相对湿度的年变化一般与气温的年变化相反，夏天气温高，相对湿度小，冬天气温低，相对湿度大。

在季风气候区例外，由于夏季海洋季风吹来潮湿空气，冬季大陆季风带来干冷空气，因此，湿度的年变化与上述情况相反。最大值出现在夏半年的雨季或雨季之前，最小值出现在冬季。

3.2 蒸发与凝结

3.2.1 水分蒸发

自然条件下的水分，经常发生着相变。水由液态或固态变为汽态的过程统称为蒸发。在农业气象上所说的蒸散，主要是指水面蒸发、土壤蒸发和植物蒸腾。

3.2.1.1 水面蒸发

水面的蒸发用蒸发速度来描述。水面蒸发速度是指单位面积上，单位时间内水分蒸发的数量。在农业气象工作中，使用日蒸发量，即以一日中因蒸发而损失的水层厚度，单位为毫米（mm）。

水面的蒸发速度可用下式表示。

$$V=k\frac{E-e}{P} \tag{3-3}$$

此公式为道尔顿蒸发定律，从公式可以看出，水面蒸发的大小完全由气象因子决定。k 为风速系数；$E-e$ 为饱和差；P 为大气压力。蒸发速度的大小同风速、饱和差成正比，同气压成反比。

3.2.1.2 土壤蒸发

土壤水分蒸发与水面蒸发情况不同。它一方面决定于气象因子，另一方面决定于土壤本身的结构和理化性状、土表状况、土壤含水量及地势等因子。

土壤水分蒸发可分为以下三个阶段。

第一阶段，当土壤潮湿时，蒸发是在土壤表面进行的，土壤中的水分沿毛细管上升，到达土壤表面进行蒸发。此时，土壤的蒸发速率近似于水面蒸发速率，蒸发强度主要决定于土壤温度、饱和差、风等气象因子。

第二阶段，土壤含水量减小到田间持水量的 70% 以下，土壤表层变干，含水量减少，表层形成一个干涸层。水分在土壤中进行蒸发之后，通过土壤孔隙扩散到土壤表面。由于水汽在土壤中的扩散比大气中慢得多，所以，这时的蒸发速率要比水面小些，土壤水分的蒸发速率主要决定于土壤中的含水量。

第三阶段，当土壤表层非常干燥时，土壤毛细管的供水作用基本停止，蒸发仅发生在深层土壤中，水汽通过土壤孔隙，再扩散到大气中去，蒸发的速率比同样条件下水面的蒸发小得多。

土壤结构对土壤蒸发有很大影响，与疏松土壤相比，紧密的土壤毛管丰富，毛管水分上升的高度高，使较深层的土壤水分也能上升到土壤表面蒸发，所以土粒紧密的土壤有利于第一阶段的蒸发，且蒸发速率大；但在土壤表层比较干燥时，由于疏松土壤孔隙比较大，有利于水汽扩散，所以疏松的土壤处于第三阶段时蒸发速率大。

在生产上要想抑制土壤蒸发，根据土壤水分蒸发所处阶段不同，可采取不同保水措施。在第一阶段，采取中耕的方法，切断土壤毛细管，以阻止深层水分损失；在第二和第三阶段，土壤较干燥时，可采取中耕松土与镇压结合的方法，使表层土形成细碎的干土层，减少土壤孔隙，防止土壤水分向大气扩散。

此外，所有影响土壤水分和热状况的因素，如地形、方位、土壤颜色、植被等都能影响土壤蒸发。

3.2.1.3　植物蒸腾

植物通过其体表面向外蒸发水分的过程称为植物蒸腾。植物蒸腾不单纯是物理过程，可以认为是一种物理加生物的过程。因植物蒸腾而散失的水分是相当多的。一株玉米由出苗到结实的一生中，大约需要消耗 200kg 以上的水分。其中仅 1% 保留在植物体内参与生理过程，而 99% 的水分均通过蒸腾转移到大气中，这种水分消耗并不是浪费，而是为了顺利进行光合作用而进行养分的输送以及植物体温的维持。

植物腾速度随空气湿度的变化而变化，空气湿度小，则蒸腾速度大；反之，空气湿度大，则蒸腾速度小；当空气湿度小于植物气孔内的空气湿度时，植物才会蒸腾水分。

植物蒸腾所消耗的水分，用蒸腾系数来表示。蒸腾系数是作物形成 1g 干物质所消耗的水量，即：

$$K=\frac{w}{y} \tag{3-4}$$

式中，K 表示表示蒸腾系数，蒸腾系数无单位；w 表示单位面积土地上植物消耗于蒸腾作用的总水量，g；y 表示单位面积土地上获得干物质重量，g。

不同的植物蒸腾系数是不同的，蒸腾系数大的作物表示耗水大，用水不经济，蒸腾系数小，表示用水经济。

3.2.1.4　农田蒸散

(1) 蒸散的概念　农田中植物的需水量，是指植物蒸腾和土壤蒸发之和，即农田总蒸散量，又称农田蒸散。

蒸散与单纯土壤蒸发和植物蒸腾不同。蒸散不仅限于土壤表面水分的蒸发，还包括植物根层的水分。植物通过叶面气孔的张开和关闭，可以调节植物的蒸腾。蒸腾作用主要在白天进行，而蒸发日夜都在进行。蒸散中的蒸发面，不仅是土壤表面，而且还包括植物的叶面。

蒸散量的多少，与土壤水分、土壤毛管传导能力、辐射差额以及植物本身等因素有关系。

(2) 可能蒸散与实际蒸散　在矮小植物覆盖，充分供水条件下的蒸散称可能蒸散，也称蒸腾蒸发势，是在1948年由桑斯韦特和彭曼两人提出来的。可能蒸散只表示一种蒸散能力，它不受土壤水分的限制，只受可利用能量的限制。最大蒸散指在一定气候条件下充分给水时，受植物的发育与生理所规定的最大蒸散量。最大蒸散等于或小于可能蒸散。它们的关系表示为：

$$ET \leqslant ET_m \leqslant ET_0 \leqslant E_w \tag{3-5}$$

式中，ET 为实际蒸散；ET_m 为最大蒸散；ET_0 为可能蒸散；E_w 为自由水面蒸散。

$ET \leqslant E_w$ 只适合于湿润区。在干旱区的小块灌溉地，由于平流热很强，作物有可能比自由水面消耗更多蒸散潜热。蒸发更多的水分，而可能蒸散 ET_0 的假定条件忽略了平流热，这是不能反映实际最主要的一条。可能蒸散比自由水面蒸发更接近农田条件，它排除了一些植物与土壤的特殊性，故具有普遍比较的可能，常用于鉴定不同地区农田蒸散的能力。特别是与降水量作比较，分别代表水分收入与支出项，较之单用降水量鉴定一地不同季节的水分资源则更为全面，在气候学与农业气象学上广泛应用。

3.2.2 水汽凝结

3.2.2.1 凝结的概念

凝结是与蒸发相反的物理过程。空气中水分由汽态转化为液态的过程称为凝结，由液态直接转化为固态的过程称为凝华。在气象学上统称为凝结。

3.2.2.2 水汽凝结条件

大气中水汽需在一定条件下才能发生凝结。其凝结条件有两个：一是空气中水汽必须达到饱和或过饱和状态；二是大气中必须有凝结的核心物质（凝结核）存在。两者缺一不可。

(1) 空气中水汽达到饱和或过饱和状态　要满足这个条件，有两个途径：一是增加空气中的水汽含量，使水汽压增大到超过饱和水汽压；二是降低空气温度，使饱和水汽压减小到实际水汽压。在自然界中，通过增加水汽含量达到饱和，只有在具有充足的蒸发源泉，而且蒸发面温度高于气温的条件下才有可能。例如，冷空气移到暖水面上，暖水面迅速蒸发，使冷空气达到饱和。但这种情况为数不多。绝大多数是使空气温度降低，降低到露点温度或以下，使水汽达到饱和或过饱和状态。大气中常见的冷却过程，有以下几种。

① 辐射冷却。在晴朗无风或微风的夜晚，地面强烈辐射而引起的近地气层的冷却。当冷却到露点以下时，空气中的水汽便达到饱和或过饱和状态。

② 接触冷却。当暖空气与较冷的下垫面接触时，暖空气变逐渐冷却，当冷却到露点以下时，空气中的水汽达到饱和或过饱和状态。

③ 混合冷却。两团空气温度相差很大，且比较湿润时，经过混合后，可以达到饱和或过饱和状态。

④ 绝热冷却。当空气上升时，因绝热膨胀而冷却，这是大气中重要的冷却方式。

(2) 凝结核　大气中水汽凝结，除满足 $e \geqslant E$ 外，还必须有液态或固体微粒作为水汽凝结的核心。这些微粒叫做凝结核。实验证明，在纯洁的空气中，虽然温度降低到露点以下，相对湿度超过了100%，仍不能发生凝结现象。此时，如投入少量尘埃，该空气中的水汽立刻发生凝结。这就说明大气中水汽凝结必须要有凝结核的存在。

大气中的凝结核按其性质可分为两类：一类是吸水性很强且能溶解于水的，叫做吸湿性凝结核，如氯化钠、三氧化硫、一氧化氮等；另一类是不能溶解于水但能被水湿润的，叫做

非吸湿性凝结核，如悬浮于空气中的黏土、砂粒和烟粒等，这类凝结核，凝结效能较差，只能在相对湿度较大的情况下才能形成水滴。

3.2.2.3 水汽凝结物

（1）地面凝结物

① 露和霜。日落之后，近地气层空气因辐射冷却，温度降低，当气温降到露点以下时，与下垫面接触的水汽就凝结在地面或地面物体上。若当时露点温度高于0℃，就形成露；若露点温度在0℃以下，则形成霜。可见，露和霜的成因是相同的，凝结状态只取决于当时露点温度的高低。

形成露和霜的有利天气条件是：晴朗微风的夜晚；导热率小的疏松土壤表面，辐射表面大的粗糙地面、夜间冷却较为强烈，易于形成露和霜；低洼的地方和植物的枝叶表面上夜间温度低而湿度大，露霜较重。

② 雾凇和雨凇。雾凇是一种白色松脆的固体凝结物。形成于地面物体（如电线、电杆、树枝等）的迎风面上，东北和华北称之为树挂。当雾凇受到轻微振动时，很容易掉落。

雾凇常见于有雾的天气，微风把雾滴吹到冷地物的垂直面上时，就迅速凝结而成。所以雾凇在一天的任何时间都可以形成。

雾凇积聚过多时，可导致电线、树枝折断，对交通、通信、输电等造成不利影响。

雨凇是过冷却雨滴降到0℃以下的地面或物体上冻结而成的透明的或毛玻璃状的冰层。它是在寒冷天气或早春气温为－5～0℃时，毛毛雨滴在下降过程中碰到树枝、电线或其他冷物体等在其表面上冻结而成。

雨凇对农林业，交通运输均能造成危害。常常导致电线折断，影响铁路和公路交通运输；还会压死越冬作物，破坏牧草，使牲畜因缺草而大批死亡。

（2）近地气层的凝结物　当近地气层空气中的温度降低到露点以下时，空气中的水汽便凝结成水滴或冰晶，飘浮在空中，使能见度降低到1km以下的现象，称为雾。

雾按其形成原因，可分为以下三种。

① 辐射雾。由于地面辐射冷却，使近地气层空气冷却降温，水汽达到饱和状态时凝结而成的。这种雾最易在晴朗、微风的夜晚或早晨形成，日出后消散。辐射雾的出现，一般标志着当天天气晴好，所以有“十雾九晴”的说法。冬天的山腰、大陆春天或秋天潮湿地区或低洼的地方常有辐射雾出现。辐射雾一般出现的范围小，危害也不大。

② 平流雾。当暖而潮湿的空气移到较冷的下垫面上时，由暖湿空气下层辐射冷却降温，降到露点温度以下时形成的雾称为平流雾。例如，冬季低纬度的暖湿空气向高纬度移动时，或暖季大陆上的暖空气移到较冷的洋面时，都能形成平流雾。平流雾昼夜都能出现，而且范围大，浓度大，日出后并不易消散，所以危害重。如英国伦敦多雾，属于此类型。

③ 混合雾。平流和辐射因素共同起作用而形成的雾称为混合雾或平流辐射雾。

雾在农业上的意义是多方面的。雾天削弱太阳辐射，减少日照时数，抑制了白天温度的增高，减少了蒸发，限制了根系的吸收作用；雾天，空气湿度大，影响作物授粉结实，给病源菌孢子提供水分，有利病虫害的发生发展；大雾还影响交通。雾对生产也有有利的方面，如“高山云雾出浓茶，生姜长在瓜棚下”等谚语，说明有雾时，对耐阴湿环境的植物生长发育是有利的。

（3）自由大气中的凝结物——云　云是自由大气中的水汽凝结或凝华而形成的水滴、过冷却水滴、冰晶或它们混合形成的混合体。云和雾没有本质上的区别，所不同的是凝结高度的不同。

① 云的形成。形成云的主要原因是空气的上升运动。空气在上升过程中，发生绝热冷却，当其温度下降到露点温度以下时，空气中的水汽达到饱和状态，这时水汽便以凝结核为核心，凝结成小水滴或冰晶，云就是由这些小水滴或小冰晶组成。反之，空气的下沉运动，会使云滴蒸发而消散。可见，形成云的条件有三个：一是有充足的水汽；二是有足够的凝结核；三是使空气中的水汽发生凝结的冷却条件。

② 云的分类。天空中的云，不仅高度不同，颜色各异，而且形状多样，瞬息万变。云的变化既能表明现在的天气状况，又可预示未来天气的变化。所以，对云的识别，在天气预报中具有重要意义。根据云的形状、云高进行分类，我国出版的《中国云图》将云分为低、中、高三大族，各族云按形态特征、结构等分为十一属，每一属分为若干种（表 3-3）。

表 3-3　云的分类及形状特征

族类	云低高度	云属	国际简写	构造	形　状	特征及预兆的天气
低云	2.5km 以下	积云	Cu	水滴	云体向上发展，孤立发展，底平色暗，边界分明，顶凸成弧形，可重叠像花椰菜	有降水
		积雨云	Cb	顶部冰晶底部水滴	浓厚像山、塔、花椰菜形，向上发展旺盛，上部有纤维结构，常扩展成砧状	强烈的阵性降雨或雪，常有雷暴，间或有雹，云低可有雨幡、雪幡
		层云	St	冰晶水滴	低而均匀的云层，像雾幕状	可降毛毛雨或小冰粒降落，无雨幡
		层积云	Sc	冰晶水滴雪花	薄片、团块或滚轴状云条组成的云层或分散，个体相当大，常成群、成行、成波状	云块柔和，或灰白色，部分阴暗，个体间常露青天，转浓并合，常有雨
		雨层云	Ns	冰晶水滴	低而暗，漫无定形的降水云层，云低混乱，有时很均匀	云底常有黑色碎雨云，常伴有雨幡，常降连续性雨雪
		碎雨云	Fn	冰晶水滴	出现于 As、Ns 或 Cb 之下的破碎的低云	低而移动快，形状多变
中云	2.5～5km	高积云	Ac	过冷水滴	薄层状、扁球状、排列成群、成行、成波状	影可有可无，个体边缘薄而半透明，常有彩虹，浓时有阵雨
		高层云	As	冰晶水滴	条纹或纤维结构的云幕，云底无显著凸起状	光辉昏暗，可下阵雨
高云	5km 以上	卷云	Ci	冰晶	纤维状、絮状、勾状、丝缕状、羽毛状	分离散处，无影，常有柔丝般光泽，久晴出现，预兆天气变化
		卷层云	Cs	冰晶	薄如丝绢般的云幕，有纤维结构，隐约可辨、似乱发	日月轮廓分明，常有晕，预兆天气有风雨
		卷积云	Cc	冰晶	鳞片状、薄球状、排列成群、成行、成波状	一般无影，常有丝缕状组织，久晴转阴征兆

3.3 降水

3.3.1 降水的形成

3.3.1.1 降水的概念

地面从大气中获得的各种形态的水分，在气象学上统称为降水。但对土壤水分的供应来

说，具有最大意义还是雨和雪。因此，通常把从云中降落到地面的液态水或固态水（包括雨、雪、霰、雹等）称为降水。

3.3.1.2 降水的条件

降水来自于云中，但有云不一定就有降水。因为云滴（云中的水滴和冰晶）通常是非常小的，半径一般小于20μm，由于受空气浮力和上升气流的作用而悬浮于空中。只有当云滴的重量增大到能克服这种作用，并在下降过程中不被蒸发掉时，才能形成降水。因此，降水的过程实际上是云滴增大的过程。云滴增大的过程有两种：一是凝结增长，即小云滴蒸发的水汽在大云滴上凝结而增长，在冰水共存的云中最有利于这种过程的进行；二是碰并增长，云内部云滴的碰撞合并而增长，云内发生涡动时最有利于这种过程的进行，“云腾致雨”就是这个道理。这两种过程往往是同时进行的。但云滴增长的初始阶段以凝结增长为主，云滴增大后以碰撞合并增长为主。

3.3.2 降水的种类

3.3.2.1 按降水的物态形态分

按降水的物态形态可分为：雨、雪、霰、雹等。

（1）雨　雨是从云中降落到地面的液态水，其直径一般为0.5～7mm。

（2）雪　雪是从云中降落到地面的各种类型冰晶的混合物。在冰水混合组成的云中，由于冰晶的饱和水汽压小，水滴的饱和水汽压大，水汽由水滴表面向冰晶表面移动，并在冰晶的角上凝华形成各种形状的雪花，雪花逐渐增大，由于重力作用，慢慢飘向地面，如此时低层气温低于0℃，降落到地面便是雪；若低层空气温度接近0℃，降落到地面的便是雨夹雪。

冬季，中高纬度地区，常有积雪。雪的导热率很小，所以农田中有积雪可以保护越冬作物安全越冬；同时，来年春天融化的雪水渗入土壤中，有利于越冬作物恢复生长。因此有“瑞雪兆丰年”的谚语。

（3）霰　白色不透明的圆锥形或球形的颗粒固态降水，直径约2～5mm，下降时常呈阵性，着硬地常反跳，松脆易碎，常见于降雪之前。

（4）雹　又叫冰雹，是从发展旺盛的积雨云中产生的，坚硬的球状、锥状或形状不规则的固态降水。雹核一般不透明，外面包有透明和不透明相间的冰层。雹块大小不一，其直径由几毫米到几十毫米，最大雹块直径可达十几厘米。常从积雨云中降下，并伴有雷暴出现。

3.3.2.2 按降水的性质分

（1）连续性降水　持续时间长、降水强度变化小、范围较大。通常降自雨层云中。

（2）阵性降水　降水持续时间短、强度大、而且分布不均匀，通常降自积雨云中。

（3）毛毛状降水　是极小的滴状液体降水，雨滴呈飘浮状，形如牛毛，降水强度很小，通常降自层云或层积云中。

3.3.2.3 按降水的成因分

按降水的成因分为地形雨、对流雨、气旋雨和台风雨等。

（1）地形雨　暖湿气流在前进途中，遇到地形阻碍，在迎风坡上被迫抬升，经绝热冷却而形成的降水，称为地形雨。因此，山的迎风坡常成为多雨中心，如喜马拉雅山南坡的乞拉朋齐，年雨量可达12666mm，成为世界著名的多雨地带。

（2）对流雨　暖湿空气由于剧烈受热而引起的强烈对流所形成的降水。常伴有雷电现象，又称热雷雨。

(3) 气旋雨　气旋又称为低压。在低压控制范围内，空气从四周流向中心，在垂直方向上形成空气的辐合上升运动，上升气流绝热冷却，水汽凝结形成的降水，称为气旋雨。气旋雨是我国最主要的降水之一。

(4) 台风雨　形成于热带洋面上极为猛烈的热带气旋称为台风，台风登陆伴随的降水，称为台风雨。台风雨也是我国最主要的降水之一。

3.3.2.4　按降水的强度分

按降水强度分，有小雨、中雨、大雨、暴雨、大暴雨、特大暴雨、小雪、中雪、大雪等（表 3-4）。

表 3-4　降水强度等级的划分标准

降水形式	日降水量/mm	降水强度等级
降雨	0.1～10.0	小雨
	10.1～25.0	中雨
	25.1～50.0	大雨
	50.1～100.0	暴雨
	100.1～200.0	大暴雨
	＞200.0	特大暴雨
降雪	＜2.5	小雪
	2.5～5.0	中雪
	＞5.0	大雪

3.3.3　降水的表示方法

3.3.3.1　降水量

降水量是表示降水多少的特征量，指在单位时间内从云中降落到地面的水分，未经蒸发、渗透、流失而积聚在水平面上的水层厚度，单位是毫米（mm）。在一天中，降水量达 0.1mm 以上，记作一个雨日。

3.3.3.2　降水强度

降水强度是反映降水急缓的特征量，指单位时间内的降水量。单位为毫米/日（mm/d）或毫米/小时（mm/h）。按降水强度的大小，可降水划分为若干个等级（表 3-4）。

降水强度越大，雨势越猛烈，则被土壤和植物吸收利用的雨水越少。尤其是暴雨，它不仅能破坏土壤结构，形成土壤表面大量径流，冲刷掉表层沃土，而且还易造成洪涝灾害，淹没农田。实践证明，中等强度的降水，对土壤和植物最为有利。

3.3.3.3　降水变率

降水变率是表示降水变动程度的特征量。有绝对变率、相对变率和平均相对变率。

(1) 绝对变率　又称降水距平，是指某地实际降水量（x_i）与多年同期平均降水量（$\overline{x}$）之差（d_i）。

$$d_i = x_i - \overline{x} \tag{3-6}$$

绝对变率值可正可负，正值表示比多年平均降水量多，负值表示比多年平均降水量少。

(2) 相对变率　相对变率是绝对变率与多年平均降水量的百分比，用 u_i 表示。

$$u_i = \frac{d_i}{\overline{x}} \times 100\% \tag{3-7}$$

相对变率越大，表示平均降水量的可靠程度越小，发生灾害的可能性越大。

在分析降水量的历年平均变动情况时，常采用平均相对变率，即历年年雨量与平均年雨量的绝对值相加除以记录年数，求得平均降水距平。平均降水距平与多年平均降水量的百分比，即为平均相对变率。

3.3.3.4 降水保证率

降水保证率是表示某一界限降水量可靠程度大小的特征量。某一界限的降水量在某一段时间内出现的次数与该段时间内降水总次数的百分比，称为降水频率。降水量高于或低于某一界限降水量的频率之和称为高于或低于该界限降水量的降水保证率。

3.4 水分与农业

3.4.1 水分对植物生长发育的影响

水是植物有机体生命活动中重要的组成成分。一般植物体内含水量可达60%～80%，有的甚至达到90%。植物只有在充足的水分条件下光合作用才能正常进行，水分还能影响植物对营养物质的吸收和输送。所以，水分对粮食作物和经济作物都有着十分重要的意义。

3.4.1.1 降水量与作物

降水是土壤水分的主要来源。降水过多或排水情况不良，会造成土壤水分过多，土壤中空气减少，植物根系处于缺氧状态，会窒息死亡；但降水过少，又会引起土壤干旱，导植物体内水分失调，出现萎蔫甚至死亡。

适宜的降水，有利于植物的正常发育，有利于产量和品质的提高。在无灌溉条件的农田，降水多少是决定作物产量高低的主要因素，降水量与产量成正相关。在湿润地区，降水量低于常年平均情况，会使作物高产。果树在水分供应不足时，果实小，果胶质减少，淀粉含量减少，而木质素和半纤维素增加，糖的含量略有增加。麦类作物在降水少的地区，蛋白质含量高，品质较好；油料作物的含油率则往往与降水量的多少成正相关。

3.4.1.2 降水时期与作物

降水对作物的影响，不仅取决于作物整个生育期的需水量，还取决于不同发育时期降水量的分配。作物在不同的生长发育时期，对水分的敏感程度是不一样的，作物对水分最敏感的时期，叫做作物的水分临界期。在这一时期，水分不足或过大，对产量的影响最大，如表3-5所示，为几种作物的水分临界期。

表3-5 几种作物水分临界期

作　物	水分临界期	作　物	水分临界期	作　物	水分临界期
冬小麦	孕穗到抽穗	水稻	孕穗到开花	甜菜	抽穗到开花
春小麦	孕穗到抽穗	棉花	开花到成铃	番茄	结实到果实成熟
高粱、谷子	孕穗到灌浆	大豆、花生	开花	向日葵	花盘形成到开花
玉米	开花到乳熟	马铃薯	开花到块茎形成	瓜类	开花到成熟

从表3-5可知，大部分作物的水分临界期，都是构成产量的穗花形成发育阶段，若此时因大气降水不足而发生干旱，对产量形成影响非常大，如果能及时灌溉，增产会十分显著。例如，果园中水分过多或不足都会加速果树衰老，缩短结果年限。一般土壤水分保持田间持水量的60%～80%，根系可正常生长。各物候期对水分的要求也不相同。一般，落叶果树

在春季水分不足时会延迟萌芽或萌芽不整齐；花期干旱或降雨过多引起落花落果。大气湿度过低，可缩短花期，影响授粉受精。新梢生长期为需水临界期，如此时供水不足，则削弱生长，以至提前停止生长。花芽分化期需水相对减少，水分过多则削弱花芽分化，尤其是龙眼、荔枝等果树，在花芽生理分化前后需要一段时间的日照充足、大气干旱的天气，以促进营养积累和进入休眠，使之顺利进行花芽生理分化。而幼果期缺水，则会影响果实膨大，引起落果。到秋季（果实生长后期）雨水过多，枝梢停止生长晚，抗寒力减弱，越冬安全性降低。冬季缺水，会使幼树因失水而干枯，俗称“抽条”。

3.4.2 空气湿度对植物生长发育的影响

植物需要在适宜的湿度条件下才能正常生长。空气湿度直接制约植物体内的水分平衡。

当相对湿度小于60%时，土壤蒸发和作物蒸腾明显增强，如果长期无雨或缺少灌溉条件，就会引起干旱，影响作物的生长发育和产量。在作物开花期，日平均相对湿度小于60%就影响开花授粉，结实率降低，引起落花、落果现象；在灌浆期，空气湿度太小，会使籽粒不饱满、产量降低；成熟期，空气湿度较小，则可以促使作物提早成熟，提高产量和品质。到了收获期，干燥的空气环境，有利于作物的收割、翻晒、储藏和加工等。

当空气相对湿度大于90%时，会使植物茎叶嫩弱容易倒伏。开花期，湿度太大，会影响植物授粉。

病虫害的发生发展与空气湿度有密切关系。潮湿的天气有利于真菌和细菌的繁殖。如水稻的稻瘟病、小麦的赤霉病、橡胶树的白粉病、稻麦的黏虫病等，都是在空气湿度较大的情况下发生的。

不同作物和植物的病虫害，同作物的不同生育期，对空气湿度的要求是不同的。对作物来说，一生需水规律是：生长前期少，中期多，后期少。在作物生长季节，通常以日平均相对湿度在70%～80%为适宜，高于90%或低于60%都不利。高于95%或低于40%更为有害。

3.4.3 水分利用率及提高途径

3.4.3.1 水分有效利用率

单位面积土地上收获的干物质重量与该面积上蒸散量之比，称为水分有效利用率。水分有效利用率高，表示蒸散一定水分所收获的干物质多，则用水经济，反之，则用水浪费。

3.4.3.2 提高水分利用率的途径

（1）灌溉　在水分临界期适宜灌溉比其他时期灌溉收效更高。据资料，玉米在吐丝到雄穗发育期间，缺水4～8d，会减产40%，此时灌溉增产效果最佳。灌溉次数及灌水量，应因地制宜，做到不失时机和不过其量。目前常用的灌溉方式有畦灌、沟灌、淹灌、喷灌和滴灌等。

（2）种植方式　水分充足时，适当密植与缩小行距有利于提高水分利用率；干旱情况下，密植因农田总蒸发量大，不利于水分利用；土壤水分不足时，窄行距种植，水分利用比较经济。行向对水分利用也有影响。一般东西行向种植，获得的净辐射较多，温度偏高，水分散失会增加。

（3）风障　风障可减少乱流交换，从而明显减少障内水分消耗，可明显提高水分的有效利用率。

(4) 作物种类的选择　据资料表明，C3植物比C4植物的蒸腾量大。如高粱的水分有效利用率是大豆的3倍。所以，针对不同的气候选用适宜的作物种类，可以大大提高水分利用率。

(5) 染色　作物喷洒染色剂，增加反射率，减少植物体的净辐射，从而减少水分消耗。但反射的主要是可见光部分的能量，会在某种程度上影响光合作用。

(6) 地膜覆盖　在作物层上方采用适宜的覆盖物，不仅可以提高地温，而且大大减少土壤蒸发，保存土壤水分，使土壤中的有效水分能较长时间供给作物对水分的需要，从而大大提高水分的有效利用率。

复习思考题

1. 空气湿度的表示方法有哪些？
2. 解释相对湿度和空气温度的关系。
3. 土壤蒸发有哪几个过程？如何抑制土壤水分蒸发，以保持土壤墒情？
4. 大气中水汽凝结的条件有哪些？常见的大气冷却方式有哪些？
5. 什么是蒸腾系数？蒸腾系数的大小说明什么问题？
6. 雾是怎样形成的？根据其形成原因，可分为几种？
7. 什么是降水量？如何划分降水等级？
8. 试分析我国山区迎风坡多雨、背风坡少雨的原因。
9. 土壤水分、空气湿度、雾对作物生长有哪些主要影响？
10. 什么是水分临界期？多数作物的水分临界期处在作物发育的哪一阶段？
11. 如何提高水分有效利用率？

第4章 气压和风

学习目标

理解气压的概念及其随高度的变化；掌握气压场的基本形式；熟悉作用于空气上的四个力；明确地方风、季风的形成；熟悉风与农业生产的影响。

气压和风也都是很重要的气象要素，气压在水平方向上分布不均，引起空气的水平运动就产生了风，从而反映出未来天气变化的趋势。风既能输送大气中的水分、热量和二氧化碳，调和冷暖不同的空气，同时还影响天气的变化，并且影响农业生产。

4.1 气压及其变化

4.1.1 气压的概念及单位

4.1.1.1 气压的概念

大气由于受地球引力的作用而具有重力，因而大气对地面和地面上的物体产生压力；同时，由于空气分子的无规则运动，也会对地面和地面上的物体产生撞击力。大气的重力及其分子撞击力综合作用就产生了大气压强，简称气压。

气压的高低等于观测点单位横切面积上铅直大气柱的重量，单位为百帕（hPa）。显然，观测点的海拔越高，则其大气柱长度变短，空气密度也减小，气压就会越低。

4.1.1.2 气压的单位及换算

测定气压的单位，通常用百帕（hPa）和毫米汞柱（mmHg）。换算关系如下。

1 百帕(hPa)＝3/4 毫米汞柱(mmHg)≈0.75 毫米汞柱(mmHg)

国际上规定，在纬度为45°的海平面上，气温为0℃时，单位面积上所承受的大气压力为760mmHg，相当于1013.3hPa，称这个数值为标准大气压。

4.1.2 气压的变化

气压的大小决定于空气柱的重量，而空气柱的重量又由空气柱的长短和空气密度的大小决定。观测点的海拔高度决定了空气柱的长短，而空气的温度和水汽含量的多少决定着空气密度的大小。我们知道，空气温度存在着周期性的变化，所以气压在时间上也存在着周期性的变化。

4.1.2.1 气压随时间的变化

气压随时间的变化有周期性和非周期性两种。周期性变化主要是气压的日、年变化；非周期性变化则与气压系统的移动有关。

（1）气压的日变化 在一天中，气压有两个高值和两个低值。最高值和最低值分别出现在 9～10 时和 15～16 时；次高值和次低值分别出现在 21～22 时和 3～4 时。当有天气系统活动时，这种日变化规律会被掩盖。

（2）气压的年变化 在大陆上，冬季气压最高，夏季气压最低。在海洋上，夏季气压最高，冬季气压最低。这种变化是由于海陆的热力性质不同而决定的。

（3）气压的非周期性变化 在大气中常发生南北空气的交换，由于南、北方空气的温度、密度不同，因而在交换的过程中，引起地面气压的变化，这种变化，称为非周期性变化。如寒潮来临时，气压很快升高，冷空气一过，气压又缓慢降低。因此气压的非周性变化往往是天气即将变化的预兆。

4.1.2.2 气压随高度的变化

气压随高度的升高而减小。其原因是随高度的升高，大气柱变短，同时空气密度也随着高度的增高而迅速减小。表 4-1 为空气柱平均温度是 0℃，地面气压近似为 1000hPa 时，地面气压随高度的升高而降低的情况。

表 4-1 气压与海拔高度的关系

高度/km	0.0	1.5	3.0	5.5	11.0	16.0	30.0
气压/hPa	1000	850	700	500	250	100	12

从表 4-1 可以看出，在 5.5km 的高度上，气压已减小为海平面的 1/2；在 11.0km 高度上气压降低为海平面的 1/4；而在 16.0km 的高度上则降低为海平面的 1/10。在农林业调查和野外勘测中使用的高度表，就是利用这种关系，把空盒气压表的气压刻度换算成对应的高度度而制成高度表。

4.1.3 气压的水平分布

4.1.3.1 气压场的概念及表示

气压在空间上（垂直方向、水平方向）的分布称为气压场。气压场可用等压线图表示。

在同一水平面上，由于地表面性质的不同，使得各地温度变化快慢不同，空气密度和水汽含量不同；另一方面，各地的海拔高度不同，测得的气压值无法进行比较，必须把各地的气压值修正到同一海拔高度上（一般修正到海平面上），这样才可以比较各地气压值的大小。首先将各地在同一时刻内观测到的气压值修正后填在同一张天气底图上，然后按着一定的绘图规则将气压值相等的各点连接在一起，即绘出一系列等压线。由一系列等压线构成的天气图称为等压线图。从等压线图就可以了解水平方向上气压的分布情况，如图 4-1 所示。由图可以看出，等压线分布多种多样，等压线有闭合的，有不闭合的；气压分布有的中心气压高，有的四周气压高；等压线的疏密和弯曲程度也不尽相同。

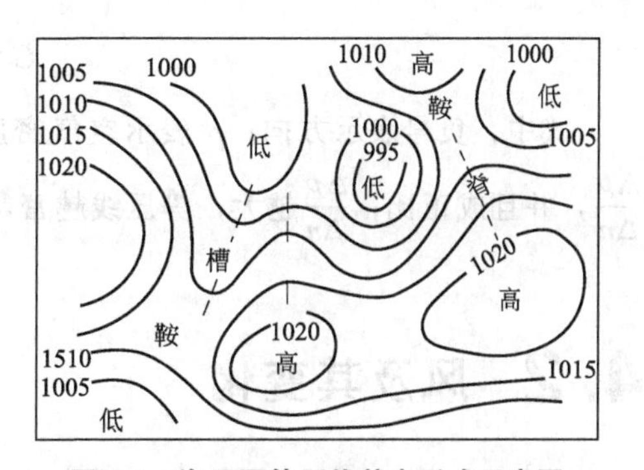

图 4-1 海平面等压线基本形式示意图

4.1.3.2 气压场的基本类型

（1）低压 由一系列闭合等压线构成的气压区域，气压从中心向四周增高，其附近空间等压面的形状，类似下凹的盆地。低压区的空气辐合上升，它影响一地时多阴雨天气。

(2) 低压槽　从低压区向高压区伸出的狭长区域，或一组未闭合的等压线向气压较高的一方突出的部分，称为低压槽，简称槽。槽附近空间等压面的形状类似谷地。槽中各条等压线曲率最大点的连线叫做槽线，槽线上任意一点的气压都低于两侧。在北半球，槽总是由高纬度指向低纬度，若指向东西方向称之为横槽；若开口朝南，称之为倒槽；并且根据槽移动的方向，分为槽前和槽后。低压槽中气流流动方向类似低压区，天气特征也相近。

(3) 高压　由一系列闭合等压线构成的，气压从中心向四周降低，其附近空间等压面的形状，类似凸起的山丘。高压区内空气下沉辐散，它影响一地时多晴好天气。

(4) 高压脊　从高压区向外伸出的狭长区域，或一组未闭合的等压线向气压较低的一方突出的部分，称为高压脊，简称脊。脊附近空间等压面的形状类似深入平川的山脊。脊中各条等压线曲率最大点的连线称为脊线，脊线上任意一点的气压较两侧为高。根据脊移动的方向，分为脊前和脊后。高压脊中气流流动方向类似高压区，天气特征也相近。

(5) 鞍形场　由两个高压和两个低压交错相对的中间区域，其空间等压面的形状类似马鞍，故名鞍形场，如图 4-2 所示。

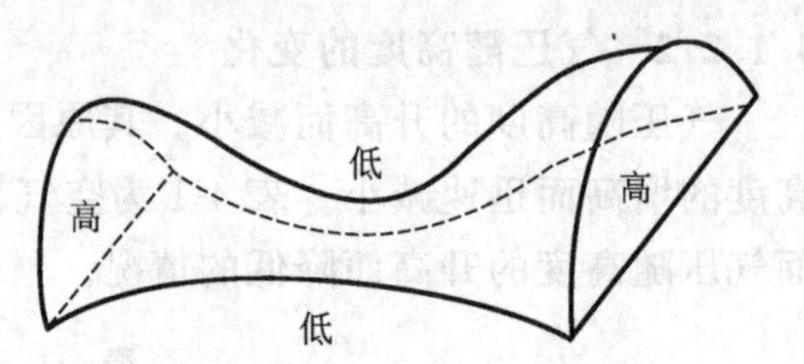

图 4-2　鞍形场的空间分布

上述几种气压场的基本形式，统称为气压系统。不同的气压系统具有不同的天气特征，因而也称为天气系统。天气系统的移动和演变规律，是天气预报的重要依据之一。

4.1.3.3　水平气压梯度（G）

由于各地地表性质的不同，造成水平温度分布不均，温度高的地方空气受热膨胀上升，温度低的地方空气冷却收缩下沉，因此，在同一高度上，气压在水平方向上分布不均匀，存在着水平气压差值。在等压线图上，我们不仅可看出各地气压的分布状况，同时也能了解气压变化的变化和程度。水平方向上气压的变化用水平气压梯度（G）表示，即水平方向上单位距离内的气压差值，可用式（4-1）表示。

$$\vec{G}=\frac{\Delta P}{\Delta N} \tag{4-1}$$

式中，$\vec{G}$ 表示水平气压梯度；ΔN 表示两条等压线间的垂直距离；ΔP 表示相应的气压差值，单位是百帕/纬距。水平气压梯度是个矢量，其方向是垂直于等压线，从高压指向低压。

由于水平气压梯度的存在，空气受到力的作用从高压流向低压，这个力称为水平气压梯度力，表达式为：

$$G=-\frac{1}{\rho}\frac{\Delta p}{\Delta n} \tag{4-2}$$

式中，负号表示方向；ρ 表示空气密度，ρ 在水平方向上变化不大，故 G 主要取决于 $\frac{\Delta p}{\Delta n}$，并且成正比；$\frac{\Delta p}{\Delta n}$越大，等压线越密，则 G 越大。

4.2　风及其变化

空气时刻处于运动状态，空气在水平上的运动叫做风。风是矢量，包括风向和风速。风

向是指风的来向，通常用8个或16个方位来表示。风速是指风在单位时间内的行程，单位是米/秒（m/s），有时也用风力等级来表示。

4.2.1 风的成因

4.2.1.1 热成风

风是由于水平方向上气压分布不均而引起的。当相邻两处气压不同时，就会有水平气压梯度的存在，空气在水平气压梯度力的作用下，就会沿着垂直于等压线的方向由高压区流向低压区。所以，水平气压梯度的存在是形成风的直接原因。而水平气压梯度一般是由于温度分布不均造成的，因此，水平面上的温度不均是形成风的根本原因。现从热力原因来分析风的形成过程。

在地面 AB 上，如果大气中各个高度上的温度和气压在水平面上各处都相等，则等压面就与地面平行，在同一水平高度上没有气压差值存在，空气保持静止状态，即静风，如图4-3所示。如果近地面 A 处温度高，而 B 处温度低，A 处的空气便受热膨胀上升，使得其上空的等压面上凸；B 处的空气冷却收缩下沉，使得其上空的等压面下凹。如图4-4所示。因此，在 AB 的上空就产生了水平气压梯度，促使空气由 A 的上空流向 B 的上空，结果造成 B 处上空空气质量增加，地面气压升高，而 A 处上空空气质量减少，地面气压降低。于是在近地面 A、B 间就产生了与上空相反的水平气压梯度，促空气由 B 处流向 A 处，即形成了风。上述各个方向气流的综合构成了空气环流，由于这种环流是热力原因引起的，故称为热成环流，这种风叫做热成风。

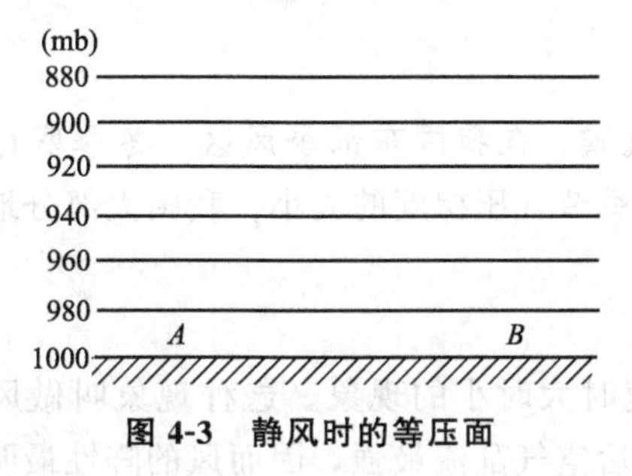

图 4-3　静风时的等压面

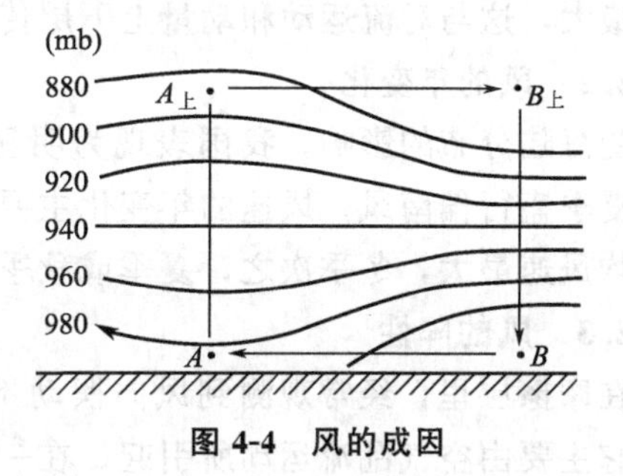

图 4-4　风的成因

4.2.1.2 作用于空气上的力

风是空气在水平方向受力的结果，风形成以后，还有其他力在起作用，才使得风的方向、大小会发生变化。作用于空气上的力主要有以下四个。

（1）水平气压梯度力（G）　G 的大小决定于水平气压梯度的大小，水平气压梯度越大，水平气压梯度力越大。在水平气压梯度力的作用下，空气产生运动。所以水平气压梯度力是空气运动的原始动力。

（2）水平地转偏向力（A）　如果空气只受水平气压梯度力的作用，风应沿着水平气压梯度力的方向，从高压吹向低压，作加速运动，风速越来越大。但实际上，风的方向往往基本上是和等压线平行的，风速也不是无限制的加大。这是因为，空气一开始运动，立即受到由于地球自转造成的水平地转偏向力的影响。水平地转偏向力的大小可用式（4-3）表示：

$$A=2\omega v\sin\phi \tag{4-3}$$

式中，A 表示水平地转偏向力；ω 表示地球转动的角速度；v 表示空气运动速度；ϕ 表示地理纬度。水平地转偏向力的大小同 ω、v、ϕ 成正比，风速越大，地转偏向力越大，纬度越高，地转偏向力越大，赤道上没有水平地转偏向力。

（3）惯性离心力（c） 当空气作曲线运动时，还要受到惯性离心力的作用。其大小为：

$$c=\frac{v^2}{r} \tag{4-4}$$

式中，c 表示惯性离心力；v 表示空气运动的切线速度；r 表示曲线运动的半径。

（4）摩擦力（R） 空气与空气之间运动受到的阻力称内摩擦力，空气与地面之间的运动受到的阻力称外摩擦力。内摩擦力加外摩擦力称总摩擦力。摩擦力的大小用下式表示

$$R=-kv \tag{4-5}$$

式中，R 表示摩擦力；k 表示摩擦系数；v 表示风速；负号表示摩擦力与空气运动的方向相反。在自由大气中，摩擦力可以忽略不计。

上述四个力中，水平气压梯度力是空气运动的原始动力，其他三个力只有在空气运动时才起作用。不同情况下，四种力的作用截然不同。如赤道上，风不受地转偏向力的影响；做直线运动的空气不受惯性离心力影响；1.5m 以上自由大气的风不受摩擦力的影响等。

4.2.2 风的变化

4.2.2.1 风的日变化

在没有较强的天气系统影响时，气压形势稳定，可以观测到风有明显的日变化。日出后风速逐渐增大，午后最大；夜间风速减少，清晨为最小。这种日变化仅发生在离低面 50～100m 以下的近地气层里。在这个高度以上，风速的日变化则相反。午后风速最小，清晨或晚上最大，这与对流运动和动量上下层传递有关。

4.2.2.2 风的年变化

受海陆分布的影响，我国表现为明显的季风气候。在我国东部季风区，冬季盛行偏北风，夏季盛行偏南风。风速的年变化主要取决于各季节气压梯度的大小。我国大部分地区春季平均风速最大，冬季次之，夏季或秋季最小。

4.2.2.3 风的阵性

在摩擦层里，经常观测到风向摆动不定、风速时大时小的现象。这种现象叫做风的阵性。它主要由空气乱流运动所引起。在一日内，午后空气乱流最强，因而风的阵性最明显。

4.3 季风和地方风

4.3.1 季风

季风是指以一年为周期随着季节的改变而改变风向的风。它是一种较大范围的空气环流。

季风的形成主要是由海陆热力差异引起的。由于陆地的增热和冷却比海洋快而剧烈，所以，冬季陆地上容易形成高压，海洋上容易形成低压，从而形成由陆地指向海洋的水平气压梯度，低层空气由高纬度的大陆吹向海洋；而高空，海洋上空的气压高于陆地上空的气压，空气由海洋流向陆地，形成了与低空相反的气流，形成了冬季的季风环流。夏季则相反，大陆上形成低压，海洋上形成高压，形成了由海洋指向陆地的水平气压梯度，低层空气由海洋

流向陆地，而高空，则形成了相反的气流，构成了夏季的季风环流。我国位于欧亚大陆的东南部，东部面临广阔的太平洋，季风表现极为明显。冬季大陆为强大的蒙古冷高压控制，海上为阿留申低压控制，盛行寒冷而干燥的西北风；夏季大陆为印度低压控制，海上为太平洋高压控制，盛行温暖而湿润的东南风。我国的西南地区还受印度洋的影响，夏季吹西南风，冬季吹东北风。

4.3.2　地方风

由于受局部地理环境的影响，常常形成某些地方性的空气环流，称为地方风。地方风种类很多，影响范围也不一。最常见的地方风有海陆风、山谷风、峡谷风和焚风等。

4.3.2.1　海陆风

海陆风是指以一天为周期，风向随昼夜的交替而发生显著变化的风，如图 4-5 所示。

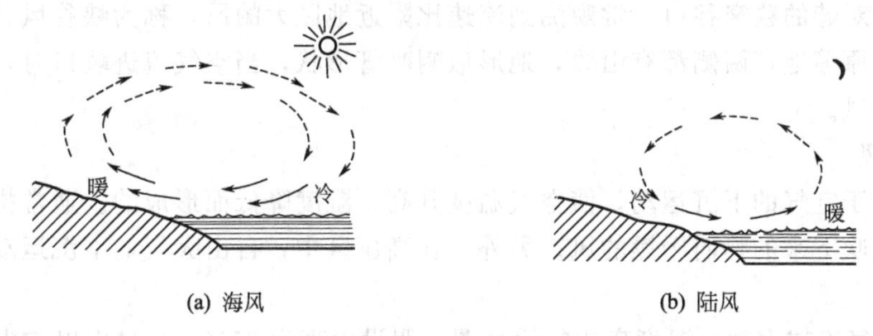

(a) 海风　　(b) 陆风

图 4-5　海陆风

热力因素是形成海陆风基本原因。在海岸附近，太阳辐射到达地面时，由于海陆的热力性质不同，陆地增热比海洋强烈，陆地上的空气受热膨胀上升。同时，海上的空气温度较低，密度较大，空气下沉，并由低空流向陆地，以补偿陆地上升的气流，这就是海风。陆地上升的空气，在上空流向海洋，以补充海上的下沉气流，构成一个环流。夜间，辐射冷却时，陆地冷却比海面快。陆地上空气冷而密度大；海面上空气暖而密度小。海面空气上升，而陆地空气下沉，并由低空流向海上，形成陆风。

海风一般在上午 9～11 时开始出现，13～15 时最强，风速 5～6m/s。伸入大陆为 50～60km；陆风一般在 17～20 时开始，风速只有 1～2m/s，伸入海上为 10～20km。如这种规律遭到破坏，预兆天气要发生变化。

季风与海陆风都是由海陆的热力差异引起的，这是它们相同之处，但又有不同之处。季风是由于海陆之间气压的季节变化引起的，是以一年为周期，风向随季节的变化而改变的现象；海陆风是由于海陆之间气压的日变化引起，是以一日为周期，风向随昼夜交替而改变的现象。

4.3.2.2　山谷风

在山区，常出现一种风向随着昼夜交替而发生改变的风，称为山谷风，如图 4-6 所示。白天，风从山谷吹向山坡，称为谷风；夜间风从山坡吹向谷地，叫做山风。山谷风的形成也是由山坡与谷中受热差异引起的。白天，山坡上空气的增热比同一高度上自由空气的增热要强烈得多。空气受热膨胀上升便成为谷风；夜间山上空气由于辐射冷却密度增大，冷空气沿山坡流入谷中成为山风。

山谷风的交替可影响山区的天气。白天谷风将谷中的水汽带到山顶，使谷中湿度减小，

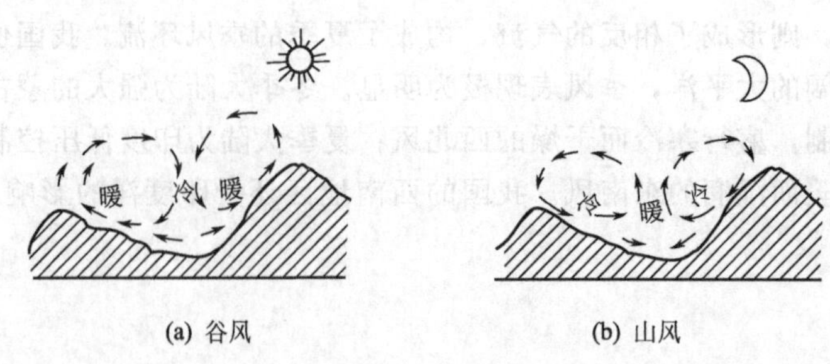

图 4-6 山谷风

山上湿度增加，加上空气上升冷却，常易形成云和降水。夜间，冷空气下沉，云雾易消散。在冬季，谷地由于冷空气聚集，容易发生霜冻。

4.3.2.3 峡谷风

在两高地对峙的狭窄谷口，常观测到流速比附近地区大的风，称为峡谷风。如我国台湾海峡、东辽平原等地，两侧都有山岭，地形似喇叭管形状，当空气流进峡口时，经常出现大风，即为峡谷风。

4.3.2.4 焚风

焚风是由于空气的下沉运动，使空气温度升高、湿度降低而形成的。通常指气流越过山顶后又从山上吹下来的热而干燥的风。另外，在高压区中，自由大气的下沉运动也可以产生焚风。

图 4-7 为气流越山时，温度变化的示意图。假设山高为 2500m，过山以前山脚处气流温度为 20℃，相对湿度为 60%，据计算可知，气流上升到 800m 处开始凝结（此高度为凝结高度），在该高度以下，气流按干绝热直减率降温，即每上升 100m，温度降低 1℃，到 800m 处气温降为 12.0℃。800m 以上，空气上升时不断有水汽凝结成云致雨，气温按湿绝热直减率下降（$\gamma_m = 0.5℃/100m$），则到山顶时温度降为 3.5℃，过山以后，假设气流中未携带云块，下沉时气流则按干绝热直减率增温，每下沉 100m 增温 1℃，温度由山顶的 3.5℃，到地面时增加到 28.5℃。比越山前升高了 8.5℃。而气流中携带的水汽已在山坡迎风面凝结成云致雨，水汽含量明显减少，相对湿度减小到 20%。所以，气流下滑到山脚下时，就形成了高温低湿的焚风。

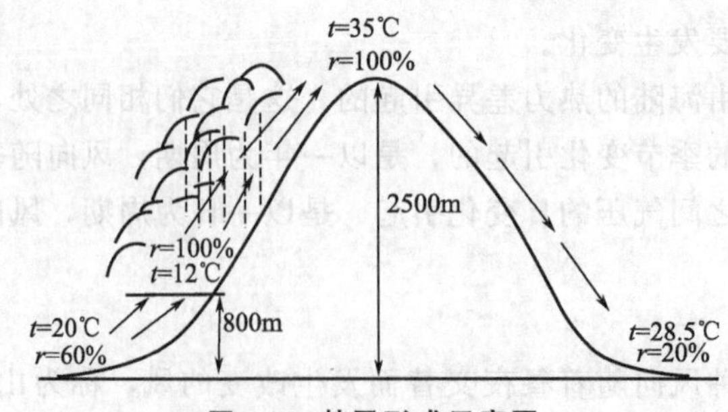

图 4-7 焚风形成示意图

我国幅员辽阔，地形起伏，不少地方都有焚风效应。尤其在高大山脉的背风坡，少雨干燥，很容易引起焚风，造成森林火灾。如我国喜马拉雅山、大、小兴安岭，经常发生森林火灾，大多数是由焚风引起的。另外，焚风效应在早春可使积雪提早融化，利于灌溉；夏末可加速谷物的成熟等。

4.4 风与农业

风能改变大气的物理状况，也能改变植物外界生长环境。风对农业生产，即有有利的影响，又有不利的作用。

4.4.1 风对农业生产的有利影响

4.4.1.1 风对农田小气候的影响

适宜的风力，使空气乱流加强，由于乱流对热量和水分的输送，使作物层内各层次之间的温度和湿度都得到调节，避免作物层中温、湿度过高（或过低），形成良好的小气候环境，以利于植物生长发育。

4.4.1.2 风与光合作用

农作物光合作用所必需的二氧化碳，是靠风来输送的。据测算，一亩农作物对二氧化碳的用量，相当于（8～12）万立方米的空气中二氧化碳的含量，在大田作物中，只能靠风把作物周围空气中的二氧化碳源源不断地送到叶片附近。另外，单位时间内二氧化碳进入叶片气孔的量与风速也有密切关系，所以农作物边行结实率会高些。

4.4.1.3 风与蒸腾作用

通风能加快植物体蒸腾作用，从而吸收潜热，降低叶温，调节植物体温，使植物在高温情况下不易被灼伤，同时促进植物吸水、吸肥，有利于植物正常生长。

4.4.1.4 风对花粉、种子传播的影响

风是植物花粉的传播者，让一些异花授粉植物的雌花获得花粉，形成种子和果实。目前世界上 50 多万种植物中，有 10 多万种是靠风当“红娘”传播花粉，称之为“风媒花”。风媒花一般很小，花丝细长，易被风吹摆动，而且花朵产生的花粉粒多，小而轻，适于乘风远播；风还能帮助许多植物传播种子，如柳、榆、蒲公英等的种子，可随风飘荡，随处安家，繁衍后代；风还能帮助植物散播芬芳，招引昆虫为“虫媒花”传播花粉。

4.4.2 风对农业生产的不利影响

4.4.2.1 风害

风害是指风对农业生产造成的危害。直接危害主要是造成土壤风蚀沙化、对作物的机械损伤和生理危害，同时也影响农事活动和破坏农业生产设施；间接危害是指传播病虫害和扩散污染物质等。对农业生产有害的风主要是台风、季节性大风（如寒潮大风）、地方性局地大风和海潮风等。

4.4.2.2 风沙害

风沙分为扬沙和沙尘暴两种。扬沙是由大风将地面尘沙吹起，使空气能见度降到 1～10km，尘土和细沙在空中分布较均匀；沙尘暴是强风将大量沙尘吹到空中，使空气能见度不足 1km，其范围通常要比扬沙大得多。风沙害就是指风沙造成的危害。

复习思考题

1. 气压是怎样随着时间和高度而变化的？
2. 什么是等压线？气压系统（气压场）的基本类型有哪些？各自有何特征？

3. 什么是水平气压梯度？它对风的形成有何作用？

4. 风是如何形成的？

5. 地方风包括哪些？它们各是怎样形成的？

6. 什么是季风？季风与海陆风有何区别？

7. 风对农业生产有哪些影响？

8. 设有一团空气，温度为24.7℃，相对湿度为74%，翻越3000m高的山岭。如果这团空气中的水汽含量在未达到饱和时，随高度升高不变，并且这团空气在达到山顶时，其水汽凝结物在迎风坡全部造成降水，但其本身仍处于饱和状态。试计算这团空气越山后，在背风坡下滑到山脚时，温度升高了多少？相对湿度降低到多少？

【提示】

① 首先计算出凝结高度。

② 需使用《湿度查算表》。

③ 干绝热直减率按1℃/100m计算，湿绝热直减率按0.5℃/100m计算。

第5章
天气系统

学习目标

了解天气学基本知识；掌握各天气系统的天气特点；熟悉天气预报术语，看懂天气形势预报图；了解天气预报的制作过程。

天气系统是表示天气变化及其分布的独立系统。活动在大气里的天气系统种类很多。如气团、锋、气旋、反气旋、高压脊、低压槽等。这些天气系统都与一定的天气相联系。它们的活动和强度变化（如气团更替、锋面过境、气旋和反气旋的加强、减弱、移动等）是天气非周期性变化（如今天晴，明天阴，今年雨水多，明年雨水少等）的重要原因。这种天气的非周期性变化，对工农业生产和人们生活影响很大，所以它是天气学研究的主要对象。

5.1 气团和锋

5.1.1 气团

5.1.1.1 气团的概念

气团是指在水平方向上物理性质比较均匀，在垂直方向上变化比较一致的大块空气。气团的物理性质主要是指对天气有控制性影响的温度、湿度和稳定度三个要素。气团不稳定表示利于空气垂直上升运动的发展，气团稳定表示不利于空气垂直上升运动的发展。同一气团的物理性质在水平方向上变化很小。例如，一个气团内部在1000km范围内，温度只相差5～7℃，但从这一气团过渡到另一气团，在50～100km范围内，温度就相差10～15℃。一个气团占据的空间很大，纵横可达几百到几千千米，高度可达几千米到十几千米。

5.1.1.2 气团的形成和变性

气团的形成必须具备两个条件：一是要有范围广阔而且性质均匀的下垫面，如，广阔的海洋、巨大的沙漠、冰雪覆盖的大陆等；二是要有利于空气长时间停滞或缓行的环流条件。通过辐射、对流、蒸发和凝结等过程，使空气与下垫面之间发生充分的水分交换和热量交换，使空气温度、湿度的垂直分布与下垫面趋于一致，这样就形成了具有源地特性的气团。显然，下垫面的性质不同，会形成不同性质的气团。例如，在寒冷干燥的陆地上，形成干冷的气团，而在温暖潮湿的热带洋面上，则形成温高湿重的气团。我们把形成气团的下垫面所处的地理位置，称为气团源地。

当环流条件发生变化时，气团就会离开源地。在气团向新的下垫面移动过程中，其温度、湿度都会不断发生变化，从而产生新的物理属性，而改变原来性质，这种过程叫做气团变性。活动于我国境内的气团，因离发源地较远，多为变性气团。

5.1.1.3　气团的分类

(1) 按热力条件划分　有冷气团和暖气团之分。冷暖气团是相对而言的，如果一个气团温度高于其相邻气团，或者气团向较冷地区移动，其温度高于所到达地区，就称之为暖气团。反之，某气团温度低于相邻气团，或向较暖地区移动，其温度低于所到达地区，就称之为冷气团。

暖气团移到较冷的下垫面时，底层空气先变冷，气温直减率减小，气层处于稳定状态。有时可形成上热下冷的逆温状况，不利于对流的发展。因此，暖气团属稳定气团。若暖气团含水汽较多，常可形成低云，出现毛毛雨或小雨雪天气。当暖气团低层空气迅速冷却时，也可造成大范围的平流雾。冷气团移到较暖的下垫面时，底层空气先增温，气温直减率增大，使气层上冷下热，趋于不稳定，对流运动容易发展。因此，冷气团属不稳定气团。尤其在夏季若冷气团所含水汽较多，易产生对流云，常出现阵性降水和雷阵雨天气。

(2) 按气团形成源地划分　这种分类有北极气团（又称冰洋气团）、极地气团、热带气团和赤道气团四类，它们分别形成在北极圈以内、温带、热带和赤道地区。根据气团形成的下垫面性质的不同，又将极地气团和热带气团分为极地海洋气团和极地大陆气团，热带海洋气团和热带大陆气团。

(3) 按湿度和稳定度划分　可分为干气团和湿气团以及稳定气团和不稳定气团。

5.1.1.4　影响我国的主要气团

影响我国大范围天气的主要气团有两个，即，变性极地大陆气团和变性热带海洋气团；其次是热带大陆气团和赤道气团。

(1) 变性极地大陆气团　它是起源于西伯利亚和蒙古一带，性质干燥而严寒，当它南侵时，受所经地区影响，逐渐变性而成，我们常称之为西伯利亚气团。此气团全年影响我国，以冬季活动最为频繁，是冬季影响我国天气势力最强、范围最广、时间最长的一种冷气团。冬季，它可以从北方或西北方经陆路直接侵入我国，也可以在源地出海，再从东北方向进入我国东北、华北和华中地区。在它控制下，天气寒冷、干燥、晴朗、微风，温度日变化大、清晨常有雾或霜。但随着气团远离源地逐渐变性，天气逐渐回暖。夏季它经常活动于我国长城以北和大西北地区，在它控制下天气晴朗，虽是盛夏，也凉如初秋。有时也南下到达华南地区，它的南下是形成我国夏季降水的重要因素。

(2) 变性热带海洋气团　它是形成于太平洋热带洋面，性质湿热，在我国登陆后变性而成。它全年影响我国，以夏半年最为活跃，是夏季影响我国大部分地区（除我国西部高原山地以及北部少数地区外）的湿热气团。夏季，当这种气团刚刚在我国南部或东南部海上登陆时，常出现显著的不稳定天气。在它控制下，早晨晴朗，午后对流旺盛，常出现积状云，产生雷阵雨；此气团若长期控制我国，则天气炎热久晴，往往造成大面积干旱。但它与变性极地大陆气团交绥是构成我国盛夏区域性降水的重要原因。秋季此气团南退，到冬季退至东南沿海一带，活动于华南，天气缓和，阴沉多低云，它与极地大陆气团常交绥于江南陵北地区，使那里成为我国冬季雨水最多的地带。

春季上述两种气团在我国分据南北并相互推移造成多变天气。秋季变性极地大陆气团不断加强逐渐南扩，而变性热带海洋气团则向我国东南沿海退缩，两气团交绥区，常造成秋雨，直至变性极地大陆气团占优势时，我国大部分地区就出现秋高气爽的天气。

此外，起源于西亚干热大陆的热带大陆气团，是非常干燥的气团，夏季主要影响我国西部地区（青藏高原附近）。在其控制下的地区往往烈日当空，酷热干燥，久旱无雨。赤道气团起源于高温高湿的赤道洋面，夏季影响我国华南、华东和华中地区，在其控制下，常潮湿、闷热、多雷阵雨。

5.1.2　锋

5.1.2.1　锋的概念

当冷气团和暖气团相遇时，两气团之间形成一个狭窄而倾斜的过渡带，这个过渡带称为锋面。因冷气团温度低、密度大，比较重；暖气团温度高、密度小，比较轻，所以锋面向冷空气一侧倾斜，暖空气在锋面上向上爬升，冷空气插入暖空气下部。锋面与地面之间的坡度很小，所以锋面所覆盖的地区很大，其宽度在地面约为 50～60km，在高空可达 200～400km。锋面与地面的交线称为锋线，锋面和锋线统称为锋。锋的高度从几千米到十几千米不等，如图 5-1 所示。

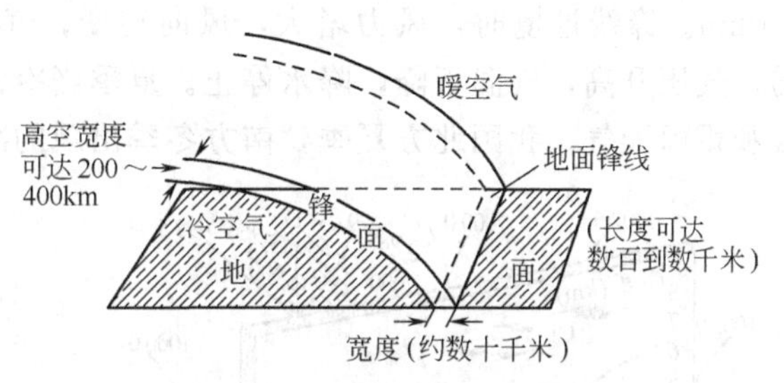

图 5-1　锋及锋面示意图

锋面既然是两种不同性质气团的交界面，因而在锋面两侧的气象要素（如气压、温度、湿度、风等）差异较大。由于冷空气凝重而稳定，暖空气轻浮而不稳定，所以暖空气沿锋面做上升运动，以致锋面过境时，常形成云系和降水，并伴随一次阴雨天气过程，称之为锋面天气。

5.1.2.2　锋的分类和锋面天气

根据锋移动方向、速度和结构的不同，将锋分为暖锋、冷锋、准静止锋和锢囚锋。不同的锋伴随不同的天气。在我国，一年四季都有锋面的频繁活动，其中冷锋最多，准静止锋次之，锢囚锋和暖锋最少。

（1）暖锋及其天气　锋面在移动过程中，暖气团势力强，占主导地位，推动锋面向冷气团一侧移动。这种锋称为暖锋，如图 5-2 所示。

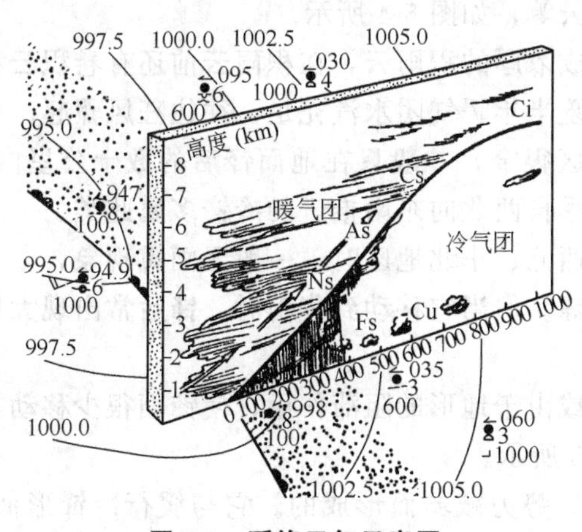

图 5-2　暖锋天气示意图

暖锋坡度较小，暖空气在推动冷空气的同时，会沿着锋面主动爬升，因上升气流绝热冷却和下层接触冷却而使气温降低，水汽凝结，从而形成广阔的层状云系，离锋线越远，云越薄越高，靠近锋线附近，云底最低，云层最厚，这就是暖锋面云系，以致在锋前造成大范围的云雨区。暖锋到来时，气压下降，在离锋面约 1000km 的高空，首先出现卷云，再依次出现卷层云、高层云、层云和雨层云，产生连绵降水，雨区出现在锋前，其宽度一般为 300～400km，而持续时间长。锋面之下的冷气团中，因雨滴蒸发使空气饱和，常有碎积云、碎层云等，夏季暖空气不稳定，锋面上偶尔有积雨云，出现雷阵雨天气。锋面过境，雨止天晴，气压少变，气温升高。

我国暖锋多在气旋中出现，冬半年在东北地区和江淮流域多见，夏半年在黄河流域和渤海湾附近常有。

(2) 冷锋及其天气　锋面在移动过程中，当冷气团势力强，起主导作用，冷气团推动锋面向暖气团一侧移动，暖气团被迫抬升，这种锋称为冷锋。根据冷锋移动速度和天气特征的不同，可将冷锋分为缓行冷锋和急行冷锋两种。

① 缓行冷锋。缓行冷锋移动速度较慢，暖空气在冷空气上面平稳爬升，锋的坡度较小(比暖锋大)，所以形成的云系和降水分布与暖锋相似，但云出现时的排列次序相反：在锋线附近为雨层云，锋线过后是高层云、卷层云和卷云，如图 5-3 所示。

缓行冷锋雨区主要出现在锋线后面，多为连续性降水，雨区较窄，平均宽度为 150～200km。锋线过境时，风力增大，风向转变，气压下降，气温升高；锋线过境后，风力减弱，气压升高，气温下降，降水停止。夏季当冷锋前暖气团不稳定时，在冷锋附近产生积雨云和雷雨天气。我国北方夏季，南方冬季出现的冷锋，多属此类型。

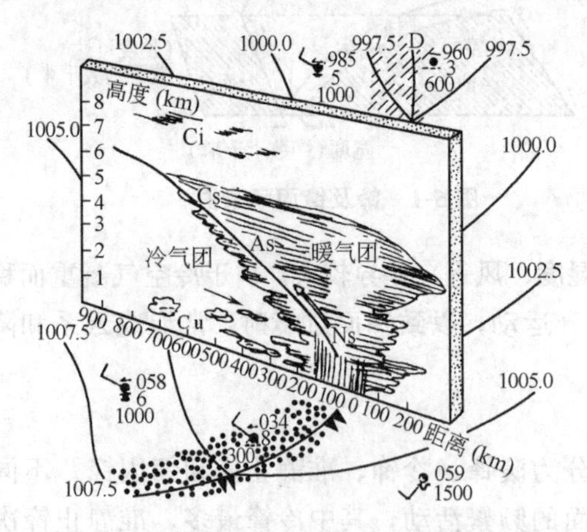

图 5-3　缓行冷锋天气示意图

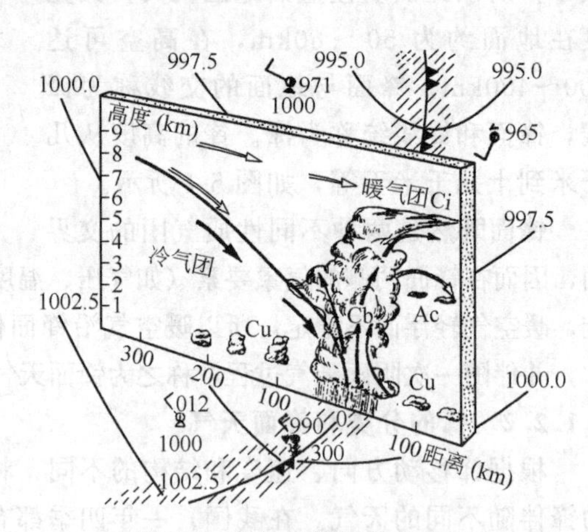

图 5-4　急行冷锋天气示意图

② 急行冷锋。急行冷锋移动速度快，锋面坡度大，冷空气前进的速度远远大于暖空气后退的速度，底层的暖空气被迫沿锋面急剧上升，而高层的暖空气却又沿锋面不断下滑。因此，在锋线附近产生积状云系，如卷积云、高积云等，如图 5-4 所示。

在夏季，暖气团比较潮湿，锋线附近，常形成浓厚的积雨云，在积雨云前还有卷积云和高积云，锋面过境时，出现剧烈的天气变化，因夏半年暖气团水汽充足，往往狂风骤起、乌云满天、暴雨倾盆、雷电交加，但时间短暂，雨区很窄，一般只在地面锋后的数十公里内。在锋面过境后气压上升，天气很快转晴。我国夏季自西北向东南推进的冷锋多属此类。

冬半年，暖气团中水汽较少，当强冷锋经过西北、华北地区时，一般无雨雹现象，主要是西北大风、降温，并伴有沙尘天气，即寒潮冷锋。但当它移动到华南时，锋后常出现大风和连续性降水。

(3) 准静止锋　锋两侧冷暖气团势均力敌，或由于地形的阻滞作用，使锋面很少移动或在原地来回摆动，这种锋称为准静止锋，如图 5-5 所示。

准静止锋多数是冷锋南下时冷气团逐渐变性，势力减弱而形成的。它与缓行冷锋形似，但因准静止锋坡度较小，沿锋面爬升的暖空气可伸展到距地锋线更高更远的空中，所以云区和雨区都比缓行冷锋宽，降水强度小、持续时间长，阴雨绵绵，可维持十天甚至半月之久。所以准静止锋是我国南方形成连阴雨天气的重要天气系统之一。

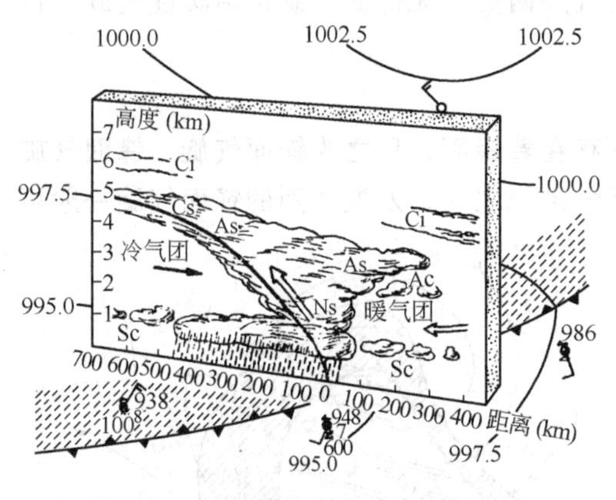

图 5-5　准静止锋天气示意图

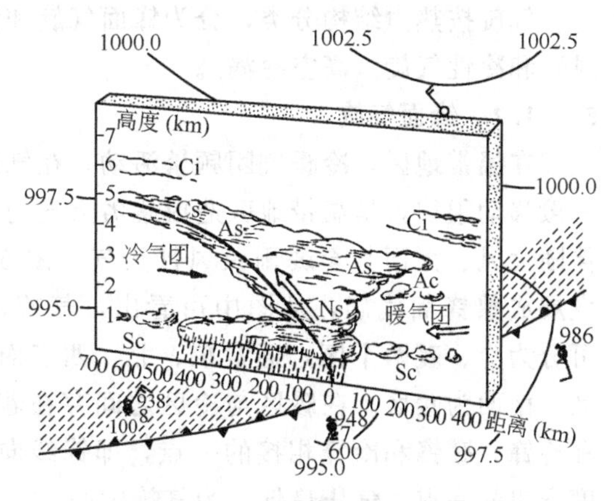

图 5-6　锢囚锋天气示意图

我国著名的准静止锋主要有：秦岭静止锋、天山静止锋、昆明静止锋、华南静止锋和江淮流域梅雨锋等。华南静止锋的位置如在南岭山脉一带，就称之为南岭静止锋；如在南海，就称之为南海静止锋。华南静止锋和江淮流域梅雨锋是由于冷暖气团势均力敌，相持而成，可造成华南和长江流域持续长时间和大范围连阴雨天气。昆明静止锋是由于冷空气南下时，受云贵高原山地的阻挡，而在贵阳和昆明之间静止下来，形成的地形静止锋，使锋面以东的贵州高原在冬季出现阴雨天气。

(4) 锢囚锋天气　锢囚锋是冷锋和暖锋，或者两条冷锋合并而成的，将暖空气抬离地面，锢囚在空中而成，如图 5-6 所示。由于锢囚后，暖空气被抬升的很高，所以，云层加宽增厚、降水增强、雨区扩大，风力介于冷锋和暖锋之间。但仍保留了原来冷锋和暖锋的一些天气特征。锢囚锋主要出现在东北和华北地区的冬春季节，以春季最多。

5.2 气旋和反气旋

5.2.1 气旋

5.2.1.1 气旋的概念

气旋即低压，它是一个中心气压低、四周气压高的水平空气涡旋，如图 5-7 所示。气旋的大小，用最外围一圈闭合等压线的直径表示，一般为 1000km 左右，大的可达 3000km，小的只有 200km，甚至更小些。气旋的强度用中心气压值表示，一般为 970～1010hPa，最低可低至 887hPa。气旋中心气压值愈低，气旋愈强；反之愈弱。气旋中心气压变低，称之为气旋加深；反之，中心气压增加，称之为气旋减弱或填塞。

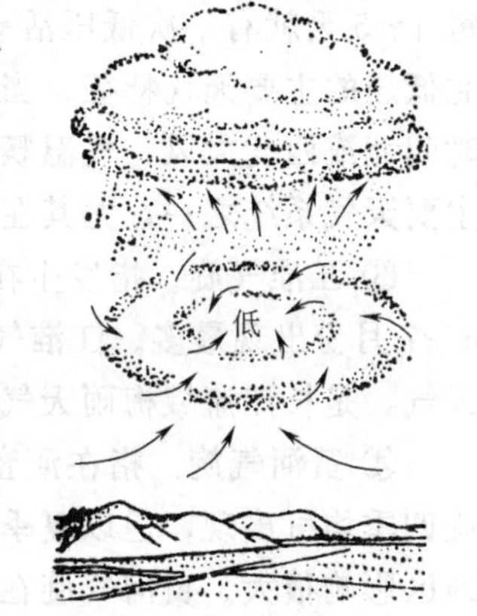

图 5-7　气旋及其天气

在北半球，气旋区域内，空气围绕低压中心作逆时针方向旋转，同时由四周向中心流入（气象上叫做辐合）。由于空气向中心辐合，使空气作上升运动引起绝热冷却，易发生水汽凝结，造成降水。因此，气旋内部多为阴雨天气。气旋前部（东部）吹偏南风，后部（西部）多偏北风。

气旋按热力结构分类，分为锋面气旋和无锋面气旋两类。无锋面气旋包括暖性气旋（台风）和冷性气旋（高空冷涡）。

5.2.1.2 锋面气旋

在温带地区，冷暖气团频繁活动，在气旋内部存在着锋面，称之为锋面气旋。锋面气旋一般移动很快，是温带地区造成恶劣天气的主要天气系统之一。发展强烈的锋面气旋一般可伴随大风、大雨甚至暴雨及风沙天气。图 5-8 为发展成熟锋面气旋，从图中可看出，气旋内部，可分为冷、暖两个区，通常东、北、西三面为冷区，南面为暖区。在暖区与冷区之间存在着暖锋和冷锋。暖锋和冷锋相接的一点，即锋线向高纬度突出的一点，气压最低，为气旋中心。

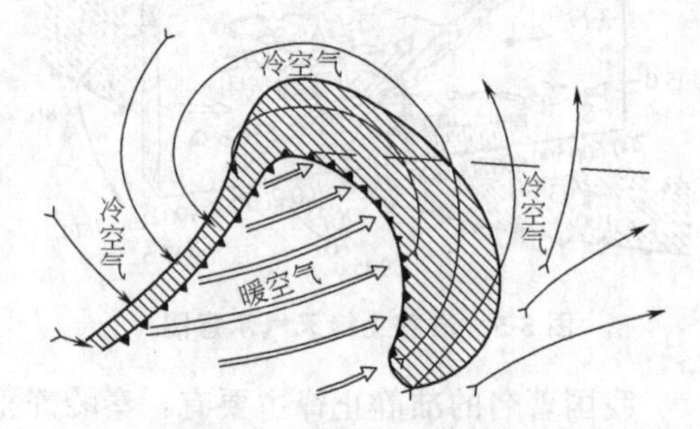

图 5-8 锋面气旋天气

锋面气旋的上述结构决定了它的天气特征：气旋的前部（东部）具有暖锋云系和降水特征，云系向前伸展很远，为层状云和连续性降水。气旋后部（西部）具有冷锋云系和降水特征，如果是缓行冷锋，则有层状云和连续性降水，如果是急行冷锋，则有积状云和雷阵雨。在气旋南部的暖区，天气特征主要决定于暖气团的性质。如果暖区为海洋气团控制，由于空气潮湿，靠近气旋中心的地方可能有层云、层积云，并伴有毛毛状降水，有时有雾；若暖区为大陆气团控制，则因空气干燥，通常没有降水，只有一些薄的云层。同时，锋面气旋发展成熟时，气压强烈下降，气旋中心附近空气有强烈的上升运动，气旋区域内风速普遍增大。由于锋面气旋处在西风带内，它会有规律的自西向东移动，当锋面气旋的各个部分经过某地时，就分别有相应的天气现象出现。

5.2.1.3 影响我国天气的主要气旋

（1）影响我国的锋面气旋　北方主要有蒙古气旋、东北低压、黄河气旋等；南方主要有江淮气旋、东海气旋等。

① 蒙古气旋。蒙古气旋对我国内蒙古、东北、华北和渤海春秋两季的天气有很大影响。蒙古气旋的重要天气特征就是大风，但降水不大。另外，蒙古气旋活动时总是伴有冷空气的侵袭，所以，降温、风沙、吹雪等天气现象都随之而来。

② 东北低压。活动于我国东北的低压。4～5 月份是东北低压活动最频繁的时期，平均每 4～5 天就有一次低压活动，对我国东北、内蒙古及华北地区的天气都有影响。大风是东北低压的主要天气特征。当东北低压出现西南大风时，常引起气温突升，冷锋过后可出现短时间北或西北大风，气温骤降。另外，来自华北和黄河下游的东北低压，是东北出现暴雨的主要天气系统之一，尤其在夏季。

③ 江淮气旋。指发生在江淮流域和湘赣地区的气旋。它在春夏两季出现较多，特别在 6～7 月份出现最多。江淮气旋对长江中下游及淮河流域天气影响最大，造成江淮地区暴雨天气，是长江流域梅雨天气形式。

④ 黄河气旋。指在河套北部、陕晋地区和黄河下游（河南、山东）生成的气旋。该气旋四季均可出现，但以夏季 6～7 月份为最多。它在向东或东北方向移动过程中，对所经过地区影响很大。黄河气旋在冬半年出现，不易产生大量降水，夏半年发展较强，可在内蒙古中部、华北北部和山东中南部形成降水和大风天气。

(2) 高空冷涡　高空冷涡是指高空等压面图上具有闭合的等高线，并有冷中心相配合的低气压天气系统，简称冷涡。高空冷涡一般出现在 1500m 或 3000m 高度上。对我国天气影响较大的有东北冷涡和西南冷涡。

① 东北冷涡。东北冷涡 5～6 月出现最多。东北冷涡出现时，对应地面上，有时是一个发展较强的气旋（东北低压），能造成东北地区的大风和降水天气。东北冷涡是影响东北、华北的主要天气系统。夏季，常出现连续几天的阵性降水，有时可能有雹。降水有明显日变化，多在午后到前半夜，东北、华北的谚语“雷雨三后晌”，就是指这种天气系统。冬季出现大风降温天气，有时有很大的降水。

② 西南冷涡。西南冷涡春末夏初最多，在它的影响下，一般为阴雨天气，当低涡向东移动时，造成暴雨等雷阵雨天气，是长江流域主要天气系统。

5.2.2 反气旋

5.2.2.1 反气旋的概念

反气旋又称高压，是中心气压比四周高的水平空气涡旋，如图 5-9 所示。反气旋的范围比气旋的范围要大得多，如冬季大陆的反气旋，往往占据整个亚洲大陆面积的 3/4。反气旋直径超过 2000km，小的可达数百公里。反气旋中心气压值越高，反气旋强度越强；反之越弱。反气旋中心强度可达 1020～1030hPa，最强的曾达到 1083.8hPa。

在北半球，反气旋范围内的气流自中心向四周作辐散下沉运动，绝热增温，湿度减小，不利于水汽凝结，所以，在反气旋影响下一般为晴朗少云、风力静稳的天气。反气旋前部（东部）吹偏北风，后部（西部）吹偏南风。

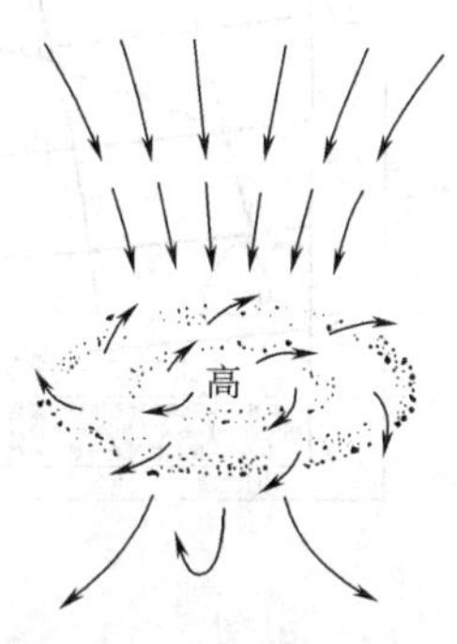

图 5-9　反气旋及其天气

反气旋可发生在高空，也可发生在地面，按地理位置，反气旋可分为副热带反气旋，温带反气旋和极地反气旋；按热力特征分可分为冷性和暖性反气旋两种。

5.2.2.2 影响我国的反气旋

影响我国的反气旋有蒙古高压（冷性反气旋）和太平洋副热带高压（简称副高，为暖性反气旋）。

(1) 蒙古高压　蒙古高压是一种冷性反气旋即冷高压。它是冬半年影响我国的主要天气系统。它活动频繁、势力强大。冷高压南下时，常常带来大量冷空气，所经地区形成降温、大风、降水等天气现象，当其强度达到一定程度时，就形成寒潮天气。其中心可深入到华东沿海。蒙古冷高压内盛行下沉气流，故多为晴朗少云天气。但其不同部位天气表现不一。在冷高压中心附近，下沉气流强、晴朗微风，夜间或清晨常出现辐射雾，能见度减小。当空气比较潮湿时，往往出现层云、层积云，有时会有降水。高压东部边缘为一冷锋，常有较大风速和较厚的云层，有时伴有降水。

(2) 太平洋副热带高压　副高是东亚副热带稳定少变的大型天气系统，简称副高。它是一个强大的暖高压，是夏半年影响我国的主要天气系统。

① 副高控制下的天气。在副高脊内部因有很强的辐散下沉气流，脊线附近的气压梯度又很小，所以副高内部是晴朗少云、炎热微风的天气。长期受它控制的地区，往往干旱严重。盛夏季节，副高脊线一直西伸到我国大陆上，甚至控制范围扩展到整个长江流域，造成长江流域 8 月份的伏旱。而在副高脊的周围，因与其他天气系统相互作用，却形成了与上所

述不同的天气。副高北侧，冷暖气团交汇，气旋、锋面活动频繁，上升气流强盛，因而多阴雨天气，造成大范围降水，从而构成我国主要的降雨带。副高西北侧，盛行西南暖湿气流，与西风带冷空气相遇，多阴雨天，副高南侧盛行东风，常有台风、热带低压、东风波等天气系统活动，造成雷暴、大风和暴雨等对流性天气。

② 副高的活动对我国天气的影响。太平洋高压的活动，主要表现在它的季节变化和短期变化两方面。一年中，副高的活动有着明显的季节变化。其位置冬季最南，夏季最北。从冬到夏副高由南向北推进势力逐渐增强，从夏到冬由北向南撤退，且势力逐渐减弱，如图 5-10 所示。

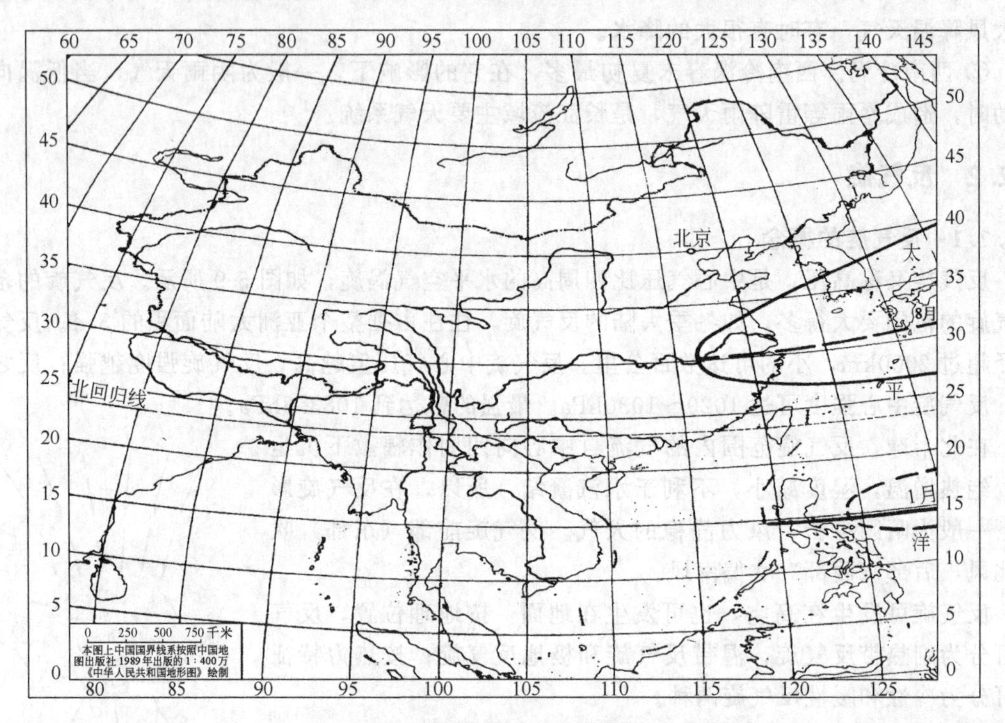

图 5-10 太平洋副热带高压位置示意图

副高的这种位置和强度变化与我国大陆主要雨带季节的南北位移是基本一致的。我国主要雨带一般在副高脊线以北 5～8 个纬度。从 4 月份起，副高开始活跃，5 月下旬到 6 月中旬，当副高脊线的位置北移到 20°N 以南地区时，华南地区出现雨季（称前汛期）。到 6 月中、下旬，副高脊线第一次北跳，越过 20°N，徘徊于 20°N～25°N 之间，其脊线端点位置已伸至 120°E 以西，并且非常活跃。此时华南前汛期结束，雨带北进到长江中下游和日本一带，该地区进入梅雨季节。7 月上、中旬副高脊线第二次北跳，脊线跳过 25°N，徘徊于 25°N～30°N 之间，雨带北推到黄河流域，长江流域梅雨结束，也标志着炎热盛夏的开始，黄河流域雨季开始。7 月底到 8 月初，副高脊线第三次北跳，副高脊线越过 30°N，东北、华北雨季开始，而江淮流域进入伏旱期。另一方面，副高南侧，不断有台风和热带低压登陆，造成台风雨，影响华南及东南沿海天气。9 月上旬，副高南退到 25°N 附近，长江中下游进入秋高气爽的天气。10 月上旬，副高再次南退到 20°N 以南地区，长江流域秋雨开始。11 月份，副高南退到太平洋，副高的北进南退决定着降水的起止。

以上是西太平洋副热带高压随季节活动的一般规律，个别年份的活动会有异常，这也正是造成我国大旱或大涝的主要原因。

5.2.3 天气预报

5.2.3.1 天气预报简介

天气预报就是根据气象观（探）测资料，应用天气学、动力学、统计学的原理和方法，对某区域或某地点未来一定时段的天气状况做出定性或定量的预报。随着科技的发展，以及气象卫星、大气廓线仪、多普雷达等先进探测技术的应用，天气预报越来越准确。目前我国的天气预报服务主要有四个方面：决策预报服务、公众预报服务、专业预报服务和专项预报服务。

（1）天气预报的种类　天气预报按时效可分为：超短期预报（若干小时）、短期预报（1～3d）、中期预报（3～15d）和长期预报（15d 以上，一个月、一季或一年），而一年以上的预报称为超长期预报。

超短期预报着重监视已出现的灾害性天气发出即将来临的天气警报；短期预报着重与具体天气发生的时间、地点和强度；长期天气预报着重于气候偏差，如雨量比正常偏多、偏少等。我国各级气象台站按时通过广播电台、电视台和报纸发布 24h 天气预报，发布台风、冷空气和发疯降温等灾害性天气预报和警报，并向有关部门提供所需的特殊天气预报服务或专项天气预报服务。

（2）天气预报的方法

① 天气图预报方法。世界各地气象台、站将同一时间观测的地面和高空气象资料集中到各国气象中心，由中心汇总后再向国内外发送。各地气象台收到国内外各地的气象资料后，用统一规定的各种天气现象符号，迅速填在一张专用地图上，然后画出等压线、等温线，标出天气区，分析高压区、低压区、降水区、大风区、锋区等，即成一张天气图（含高空、地面天气图），如图 5-11 所示。

由于各种天气系统是在地球上不断运行着的，从先后几张天气图，看它们的连续变化，就可以判断出它的强度、位置、移动速度和方向等。气象人员就是按照它的发展规律，同时根据各地天气变化，以及预报经验，经过分析、讨论，判断出未来大范围的天气将会怎样变化，制作出不同时间、不同地点的天气预报。

② 数值预报方法。数值天气预报方法是利用电子计算机，求大气动力学方程的数学解，来制作天气预报的。即根据流体力学和热力学原理来描述大气运动，建立起数学方程组，再将已知的起始条件和一定的边界条件输入高速电子计算机，用电子计算机求出各气象要素未来分布值的一种天气预报方法，称为数值预报法。这种方法具有客观定量化的优点。但由于探空资料的精度、密度不足，使数值预报含有一定的误差，但随着各种先进探测设备的问世，电子计算机的不断更新，预报模式的不断改进，预报误差会逐渐减小。因此，数值天气预报的指导地位在世界各国已得到普遍确认。目前，我国应用银河 2 号计算机进行数值天气预报，收到了很好的效果，这标志我国的天气预报已进入了一个新的发展阶段。

③ 统计学预报方法。这种方法就是采用大量的、长期的气象观测资料，根据概率统计学的原理，寻找出天气变化的统计规律，建立天气变化的统计学模型来制作天气预报的方法。这种方法主要用于制作中、长期预报。

（3）现代天气预报　20 世纪 50 年代，数值天气预报获得成功。从此天气预报进入了客观化、定量化的新时代。随着计算机技术的飞速发展、综合气象观测系统（尤其是气象卫星遥感探测系统和天气雷达探测系统）的建立和数值天气预报模式技术的不断改进，天气预报

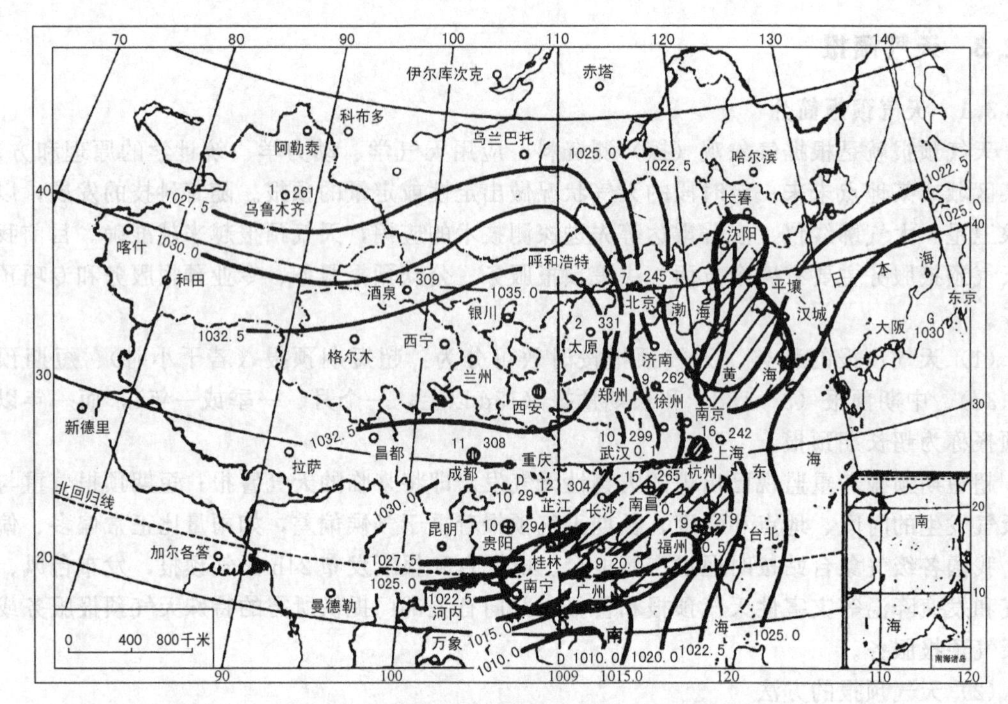

图 5-11 地面天气图

水平上了一个新台阶，形成了以数值天气预报为基础，同时结合其他方法而建立起来的现代天气预报。

5.2.3.2 收听收看天气预报

(1) 收听气象广播 天气预报广播一般是定时进行的。每天定时广播本地的短期天气预报，有时还进行灾害性天气（如寒潮等）和专业气象预报（森林火险预报等）。收听天气预报时，一定要注意预报时效，即这份天气预报在哪个时段有效，同时要注意某项天气现象将发生在哪个地域，并掌握天气预报中的专业术语及其含义等。

① 时间用语。我国气象广播统一用北京时间（表 5-1）。

表 5-1 天气预报时间用语

时间用语	时间范围	时间用语	时间范围
夜间	20 时～08 时	白天	08 时～20 时
上半夜	20 时～24 时	下半夜	0 时～05 时
上午	08 时～12 时	下午	12 时～18 时
早晨	05 时～08 时	中午	11 时～14 时
傍晚	18 时～20 时	半夜	23 时～02 时

② 天空状况用语。天空状况以云量（即把全部天空当做 10 份，有云部分占的份数为云量）的多少来区别。

晴天：指天空中无云或中低云量低于 1 成，或高云量低于 3 成。

少云：指天空中有 1～3 成中低云或 4～5 成高云。

多云：天空中有 4～7 成中低云或 6～8 成高云或者天空有一半以上的云层。

阴天：云层布满天空或占了绝大部分天空，看不见日、月、星。

③ 风的预报用语。按风力等级预报。预报风力时可有一级间隔，如，偏北风 3～4 级。

④ 降水预报用语。降水按降水等级预报。各种降水预报允许有一级间隔，如，“中到大雨”。

⑤ 辅助用语。间是“间或”之意，如，“晴间多云”；转是指天气由前者转变为后者，如，“多云转阴”。

⑥ 森林火险等级用语。按林业部门的需要，根据空气湿度、温度、风力及降水，结合植被状况等综合制定出森林火险等级。一般采用五级制火险等级（表5-2）。

表5-2 森林火险等级用语

火险等级	火险名称	燃烧特性	蔓延性	防火措施
1	不燃烧	不能燃烧	少蔓延	用火安全
2	低级燃烧	不易燃烧	可蔓延	用火较安全
3	中级燃烧	可以燃烧	易蔓延	用火应加强安全
4	高级燃烧	容易燃烧	最易蔓延	控制火源加强巡视
5	特级燃烧	很易燃烧	强烈蔓延	严格控制一切火源，昼夜加强巡视

（2）收看天气预报节目　中央电视台每天定时播放中央气象台录制的卫星云图演变情况和发布主要城市短期天气预报。各地气象台也通过当地电视台发布本地区的短期天气预报。

① 收看天气预报电视节目时，要了解常用天气符号及含义；同时要学会简单识别卫星云图的特征及对本地区天气状况的影响。

图5-12 电视天气预报常用天气符号

② 云图特征及识别。在观看卫星云图图像时，白色表示反射率大的云，其余为晴空。在晴空区内，蓝色表示海洋，绿色表示陆地，我们可以从云图特征识别来预报本地天气状况。当本地上空有云带出现时，地面多为阴雨天气；当本地处于密蔽云区，地面多有强降水；当本地上空无云时，一般为晴好天气。利用卫星还能监视热带风暴的动向。电视天气预报常用天气符号如图5-12所示。

复习思考题

1. 什么是气团？影响我国的气团主要有哪些？如何影响？
2. 什么叫锋？如何分类？各类锋天气特征如何？
3. 气旋和反气旋控制下分别有哪些天气特点？
4. 副高不同部位有哪些天气特点？副高的季节移动对我国的天气有何影响？

第6章 灾害性天气及其防御

学习目标

了解农业上常发生的灾害性天气；掌握当地主要灾害性天气发生的规律及其防御措施。

一些特殊的天气条件，如寒潮、霜冻、冷害、大风、冰雹、旱涝等，常使工农业生产和人民生活遭受不同程度的损失，这些天气称之为灾害性天气。但是，不同地区、不同生产部门和不同农作物，对于天气的要求是不同的，本章从农业生产的角度出发，介绍影响范围较大的主要农业气象灾害及其防御措施。

6.1 低温灾害

6.1.1 寒潮

6.1.1.1 寒潮标准

寒潮是一种低温灾害天气，是指来自高纬度地区的寒冷空气，在特定的天气形势下迅速加强并向中低纬度地区侵入，造成沿途地区剧烈降温、大风和雨雪天气。寒潮是一种大范围的天气过程，在全国各地都可能发生，可以引发霜冻、冻害等多种自然灾害。

寒潮一般多发生在秋末、冬季、初春时节，但冷空气活动必须达到一定强度才能成为寒潮。中国气象局规定：由于冷空气入侵，气温 24h 内下降 8℃以上，且最低气温下降到 4℃以下；或 48h 内气温下降 10℃以上，且最低气温下降到 4℃以下，作为寒潮预报标准。如果 48h 内气温下降 14℃以上，陆上有 3～4 个大行政区出现 7 级以上大风、沿海所有海区出现 7 级以上大风，则为强寒潮标准。各地根据工农业生产和国防建设的需要，对寒潮的标准做了各种补充规定。

6.1.1.2 寒潮路径

入侵我国的寒潮冷空气，其源地有两个：一是源于北冰洋，属于冰洋气团（北极气团）；另一个是来自欧亚大陆的极地大陆气团。既然寒潮发源地不同，冷空气入侵我国的路径也有所不同。寒潮冷空气在侵入我国以前，通过三条主路，即从新地岛以东、以西洋面和冰岛以南洋面分别到达关键区（43°N～65°N，70°E～90°E），在这里汇集并加强，然后再兵分三路进入我国各地，如图 6-1 所示。

（1）东路　冷空气主力从 115°E 以东南下时，称为东路。此路寒潮势力较弱，出现次数较少，主要影响东北、华北地区。

（2）中路　冷空气主力从河套地区（105°E～115°E）南下时，称为中路。此路寒潮势力

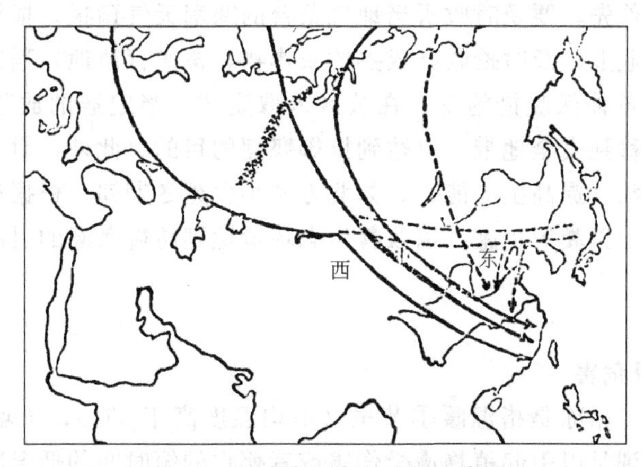

图 6-1　影响我国寒潮路径示意图

较强，出现次数较多，影响范围较广。冷空气入侵我国后，经河套、西安等地，直达长江流域，再折向东行出海，对内蒙古、华北、华东、华中等地区影响尤其重大。

(3) 西路　冷空气主力从河套以西（115°E以西）南下时，称为西路。此路寒潮势力较弱，仅对西南地区影响较大。

据统计，我国冬半年全国性寒潮平均每年约有3～4次，大约有2次是仅影响长江以北的北方寒潮或仅影响长江以南的南方寒潮。但各年之间差异很大，全国性寒潮多者达五次，少者一次也没有。但是一般强度的冷空气活动十分频繁，冬半年平均每3～4天就有一次冷空气活动。寒潮主要出现在11月到翌年4月，早的出现在9月，晚的出现在翌年5月。以秋末冬初和冬末春初最多，严冬反而较少。可见，寒潮天气对我国的影响范围大、时间长。

6.1.1.3　寒潮天气

寒潮在地面图上表现为一个强大的冷高压，中心强度常达1040hPa，有时达1080hPa。寒潮南下，实质上就是冷高压南移的过程，冷高压前沿为寒潮冷锋。其伴随的最突出的天气是剧烈降温、偏北大风和降水。

寒潮天气随季节、冷空气强度不同而有所不同。

冬季，冷空气南下，西北、内蒙古可出现沙尘；江南、四川盆地可见浮尘；淮河以北地区少雨，偶尔有降水。

春季，除普遍造成的大风和降温天气外，北方还有浮尘和沙尘暴等天气，华北有少量雨雪；长江流域和华南地区，常产生降水，并夹有雷电、冰雹等现象，降水范围比华北大。如华南地区冷锋转变为静止锋时，会造成大范围、长时间的连阴雨天气。

秋季寒潮南下，除大风降温外，在华北和长江流域均有降水，冷锋过后，常出现“秋高气爽”的天气。夏季，冷空气南下已达不到寒潮程度。夏季，冷空气活动主要是影响降水，尤其对我国东部地区影响较大。

6.1.1.4　寒潮的危害及防御

寒潮所造成的灾害主要是冷害、冻害和风害。

春季，可使作物幼苗和果树遭受冷害或冻害；秋季则影响作物的收成；冬季常使北方的越冬作物和果树冻死，使亚热带作物遭受冻害。寒潮大风所造成的沙暴能淹没田园。北方的暴风雪还会使牧区的牲畜因遭受冻饿而死亡。但是，不太强的低温和大雪，对冬小麦的越冬和消灭病虫害是有利的。

防御寒潮灾害，首先，要及时收听当地气象台的寒潮天气预报，根据不同情况，采取相应的防御措施。如农业上，及时抢收已成熟的农作物，覆盖育苗地，稻田施肥，灌水，对果树的主干及果实采取各种保暖措施等；在牧区采取定居、半定居的放牧方式，在寒潮到来时，能及时将牲畜转移到安全地带，以达到抗御寒潮的目的。此外，对大田作物应加强冬前管理，使作物生长健壮，提高抗冻能力。如北方冬小麦越冬期间，根据情况采取灌冻水、搂麦、松土、镇压、盖土盖粪等措施，以改善生态环境达到防御寒潮的目的。

6.1.2 霜冻

6.1.2.1 霜冻概念及危害

（1）霜冻的概念　霜冻是指温暖季节里（平均温度高于0℃），土壤表面、植物表层或贴地气层的温度下降到足以引起植物遭受伤害或者死亡的短时间的低温冻害现象。

霜冻对植物的危害，主要是当气温降到0℃以下时，植物体细胞间隙中的水分冻结成冰晶，而冰晶继续吸取细胞中渗透出来的水分，并逐渐膨胀，从而使细胞因受冰晶的机械挤压，遭受伤害，加上原生质脱水，引起胶体凝固，使植物萎蔫，甚至死亡。

霜冻和霜是两个不同现象。霜是一种天气现象，霜冻是一种生物学现象。当霜冻发生时，如果空气中的水汽达到饱和状态，即可在地面和植物表面凝华成白色的结晶物，则有霜出现；如果空气中的水汽未达到饱和状态，则没有霜出现，但植物仍然会遭受冻害（俗称黑霜）。

（2）霜冻的危害　霜冻对秋季北方作物的成熟危害最大，发生次数也较多；在冬季对南方的农作物、蔬菜、亚热带的长绿果树及热带经济作物的生长，会造成很大的经济损失。春季霜冻危害春播作物的播种和越冬作物的生长。

霜冻对农作物的危害程度，首先决定于霜冻的程度和持续时间的长短；同时还决定于农作物抗霜冻的能力。不同的农作物和不同品种，以及同一作物不同发育期抗霜冻的能力是不同的。主要作物受霜冻危害的指标如表6-1。

表6-1　主要作物受霜冻危害的温度指标（℃）

作物	发芽期	开花期	成熟期	作物	发芽期	开花期	成熟期
番茄	-1～0	-1～0	-1～0	大豆	-4～-3	-3～-2	-3～-2
水稻	-1～-0.5	-1～-0.5	-1～-0.5	甘蓝	-7～-5	-3～-2	-9～-6
棉花	-2～-1	-2～-1	-3～-2	向日葵	-6～-5	-3～-2	-3～-2
马铃薯	-3～-2	-2～-1	-2～-1	豌豆	-8～-7	-3～-2	-4～-3
谷子	-3～-2	-2～-1	-3～-2	大麦	-8～-7	-2～-1	-4～-2
玉米	-3～-2	-2～-1	-3～-2	冬小麦	-10～-9	-2～-1	-4～-2

6.1.2.2 霜冻的种类

霜冻的发生，一般是由冷空气侵入而引起的；另外还受地形、地势和土壤性质的影响。根据形成霜冻的主要条件的不同，可将霜冻分为平流霜冻、辐射霜冻和平流辐射霜冻三类。

（1）平流霜冻　大规模强冷空气入侵，致使所经地区温度下降而引起的霜冻，称为平流霜冻（又叫风霜）。这种霜冻影响范围广，持续时间比较长，但因其多发生于一年中早春和晚秋季节，所以对农业生产危害不是很大。

（2）辐射霜冻　在晴朗无风或微风的夜晚，由于地面或作物表面辐射冷却而引起的霜冻，称为辐射霜冻（又叫静霜）。这种霜冻一般发生在清晨和夜晚，日出后消失。该霜冻发

生的强度受地形、地势和土壤性质的影响，常见于谷地、洼地、干松的土壤等。这种霜冻具有局地性，发生的范围小，危害也较小。

(3) 平流辐射霜冻　这是由冷空气的入侵和夜间辐射冷却共同作用形成的霜冻，称为平流辐射霜冻（又叫混合霜冻）。通常是入侵的冷空气温度略高于0℃，并不足以形成霜冻，但因夜间的辐射冷却，使地面和贴近地面的气层温度降到0℃以下，形成霜冻。一般出现在一年中的初秋和晚春，形成了一地的初霜冻和终霜冻，对作物危害最大。

6.1.2.3　影响霜冻的因素

霜冻发生的强度和持续时间长短首先取决于总的天气条件，同时还受地形条件以及下垫面性质等因素的影响。

(1) 天气条件　当冷空气入侵时，晴天、微风或无风，空气湿度小的天气条件，最有利于地面辐射冷却的进行，容易形成较严重的霜冻。

(2) 下垫面状况　干燥疏松的土壤热容量和导热率小，温度变化剧烈，容易形成霜冻；潮湿的土壤热容量、导热率大，温度变化缓和，不易形成霜冻。所以，在临近湖泊、水库的地方霜冻较轻，并且可以推迟早霜冻的来临，提前结束晚霜冻，使水域附近农田的无霜期明显延长。

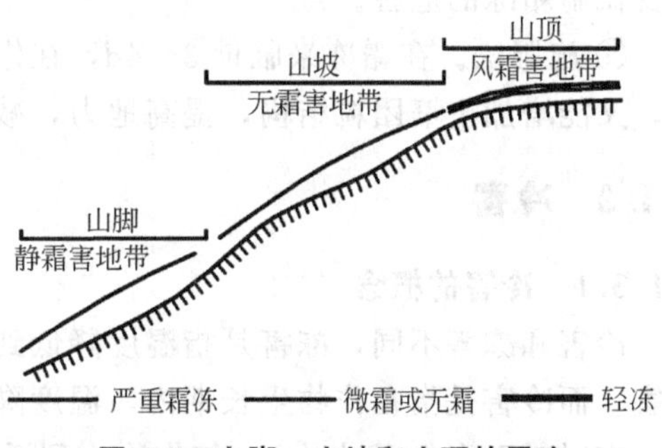

图6-2　山脚、山坡和山顶的霜冻

(3) 地形的影响　洼地、谷地、盆地，冷空气容易聚集而不容易宣泄，所以霜冻较严重；瘠地，凸地、山地一般风速大，冷空气不易形成堆积，霜冻较轻。从山的各部位来看，山脚是霜冻最重的部位，山顶次之，山坡中段最轻。所以就有“风打山梁霜打洼”的说法。另外，坡向、坡度对霜冻的影响也不同。大体是：北坡重、南坡轻；东坡及东南坡重、西坡及西南坡轻；陡坡轻缓坡重，如图6-2所示。

6.1.2.4　霜冻的防御

(1) 防御霜冻的农业技术措施

① 因地制宜，合理配置作物品种。根据当地无霜期的长短选用与之熟期相当的品种。选择适宜的栽（播）期。

② 培育和选用抗霜冻能力强的品种。

③ 加强管理，对越冬作物，冬前增施磷钾肥，使作物生长健壮，提高抗寒能力。

④ 营造防护林，改善农田小气候环境。当有冷空气入侵时，可缓和温度的降低，使附近农田不至于遭受霜冻危害。

(2) 防御霜冻的物理方法

① 熏烟法（烟雾法）。在霜冻来临前1h点燃能产生大量烟雾的物质（如作物秸秆、杂草、谷壳、枯枝落叶等），每亩地设烟堆两三个即可。在燃料不足的地区，可以用CHN化学发烟剂，该剂是由硝酸铵、渣油和锯末三种原料组成的混合物。熏烟防霜冻的主要原理是：第一，烟雾剂燃烧时形成烟幕，可降低地面辐射冷却，防止土壤和植株大量失热；第二，烟雾剂燃烧时放出热量，可以使气温升高；第三，水汽在烟尘上面凝结时，放出潜热，也可以提高气温。该方法一般能使近地面空气温度提高1～2℃，防霜效果较好。使用时注意：一是烟堆要设在上风方；二是燃烧的物质不能产生有毒、有害的气体，以免造成气体

毒害。

② 灌水法（喷水法）。在霜冻来临前一天傍晚灌水。因为水的热容量大，导热性好。灌水不仅可以增加土壤水分，还可增大近地面层的空气湿度，它可减弱夜晚地面长波辐射，减少地面热量的散失，田间灌水一般可提高近地气层气温 2～3℃左右。也可采用喷水法。在预报有霜冻出现时，于凌晨 1～3 时在作物或塑料薄膜上喷水 1～3 次，隔 1 小时喷 1 次。凌晨由于田间空气和植株间的湿度大、水分多，水汽凝结成露滴时会放出凝结潜热，同时水温比气温高（初霜时期气温 0℃时水温约 15℃），水在作物上遇冷凝结会释放热量，所以采用喷水法防霜冻效果很好。

③ 覆盖法（包扎法）。用稻草、杂草、塑料薄膜等覆盖作物或地面（或包扎果树树干），既防止外面冷空气的袭击，又减少地面热量向外散失，一般提高温度 1～3℃。

④ 风障法。在霜冻来临前，于作物田间北面设置防风障，阻挡寒风侵袭，使农作物减免受低温霜冻的危害。

⑤ 施肥法。在霜冻来临前 3～4d，在作物田间施上厩肥、堆肥和草木灰等，既能提高土温，又能增加土壤团粒结构，提高地力，减轻霜冻危害。

6.1.3 冷害

6.1.3.1 冷害的概念

冷害和冻害不同，冻害是指温度降低到 0℃或 0℃以下，使植物体内水分结冰而引起的伤害。而冷害是指在作物生长期内，温度降低到作物当时所处的生长发育阶段的下限温度以下（有时甚至在 20℃左右），使作物生理活动受到阻碍甚至作物组织遭到破坏的低温天气。

6.1.3.2 冷害的危害

冷害主要是降低作物光和强度，减少根系对水分和养分的吸收，影响养分在植物体内的运转，造成减产。不同地区种植的农作物不同，即使同一农作物不同发育期，对温度要求也是不同的，因此冷害具有明显的地域性。

春季天气回暖过程中，也常有冷空气的侵袭，形成前期气温回升正常偏高，后期气温又明显偏低而对作物造成伤害，在北方称这种天气为“倒春寒”。此时，北方冬小麦已开始返青拔节，有些果树也已开始含苞，抗低温的能力明显下降，“倒春寒”后期的低温会对农业造成大范围严重的危害。“倒春寒”对南方水稻育秧，会造成大范围烂秧和死苗现象，延误农时，造成减产。

秋季，北方冷空气不断南下，带来明显的降温阴雨天气，我国长江中下游、两广、福建等双季稻地区，晚稻在 9 月中、下旬至 10 月上旬正值抽穗扬花时期，此时若遇到平均气温连续 3 天低于（等于）22℃，籼稻类型水稻结实率大大降低；若日平均气温连续 3 天低于（等于）20℃，粳稻也要受害减产。这在长江中下游地区称为秋季低温；在两广地区称为“寒露风”（因多出现在寒露节前后而得名）；在湖南称为“秋分暴”；江苏称为“翘头穗”等。虽然各地低温天气出现的时间不同，称呼各异，但实质都是秋季低温危害双季晚稻正常孕穗、抽穗和开花，使空壳率明显增加，造成减产。

在东北地区的 6～8 月份，正是大秋作物成熟的季节，如遇低温天气，会使多种作物延迟成熟甚至不能成熟，严重影响农产品的产量和质量，在当地称之为夏季低温。

冷害在我国南北各地均有发生，约 3～5 年出现一次，发生频率较高。主要危害水稻、玉米、高粱、谷子、果树、蔬菜等多种作物，给农业生产带来严重威胁。

6.1.3.3　冷害的类型

（1）根据冷害对作物危害的特点划分

① 延迟型冷害。在作物的营养生长期（有时也包括生殖生长期），较长时间遭受低温危害，削弱了作物生理活动，使生育期显著延迟，作物不能在初霜到来之前正常成熟，导致减产，叫做延迟型冷害。这种冷害，如发生在幼穗分化前的营养生长期，低温的危害是延迟抽穗。如发生在籽粒形成期，低温使净光合生产降低，不能充分灌浆成熟，会产生大量的青米，降低成熟度和千粒重，影响出米率。

在东北地区称这种冷害为“哑巴灾”，一般以高于（等于）10℃的活动积温比多年平均值低100℃和200℃作为一般冷害年和严重冷害年的冷害指标。在长江流域及华南地区，春季早稻以平均气温连续3天低于10℃，低于11℃分别为粳稻、籼稻烂秧的冷害指标。

② 障碍型冷害　是指在作物生殖生长期间（主要是从颖花分化到抽穗开花期），遭受较短时间的异常低温，使生殖器官的生理活动遭到破坏，造成颖花不育，籽实空秕而减产，这种冷害称为障碍型冷害。在南方主要危害水稻，称之为“寒露风”。

在长江流域及华南地区双季晚稻孕穗期，以日平均气温低于20℃或日最低气温低于（等于）17℃作为障碍型冷害指标。在抽穗开花期，粳稻以日平均气温连续3天以上低于20℃，籼稻以日平均气温连续3天以上低于22℃作为障碍型冷害的指标。

③ 混合型冷害。作物在生育初期和孕穗期均遭受低温灾害，即使部分花不育，又延迟成熟，导致大量减产，称为混合型冷害。对水稻来说，这种类型主要出现在北方稻区。

（2）根据形成冷害的天气特征划分

① 湿冷型冷害。其天气特点是低温与阴雨伴随出现，无日照、温差小，空气湿度较大。在北方春季冷空气南下，造成一段时间内低温寒冷，并伴有阴雨连绵的天气。就属于湿冷型冷害。春季的低温阴雨对水稻、棉花、高粱、玉米等作物的播种、出苗、秧苗生长极为不利。掌握不好，会造成烂种、烂秧、粉种、死苗等现象，

② 干冷型冷害。其天气特点是天气晴冷或阴冷（日平均气温降到20℃以下），无雨，温差较大，空气干燥，有时伴有3级以上偏北风。

6.1.3.4　冷害的防御措施

防御低温冷害，首先要掌握当地冷害多年发生规律，正确估计本年冷害到来的早晚，然后采取综合防御措施。

（1）充分合理利用热量资源　根据本地热量资源，做好品种区划和品种搭配。在冷害来得早的年份，选用早熟品种，喷洒植物激素，促进早熟，如水稻，在寒露风到来前，已使其安全齐穗。

（2）设立保护设施　在冷害多发区，应建立防风墙、设防风障或采取地膜覆盖等，以提高土温和气温，防御低温冷害。

（3）加强田间管理，促进作物早熟，避开冷害危害　在不同地区，结合本地情况，在冷害到来前采取综合农业技术措施，抗御冷害。

南方双季稻地区，在遇到寒露风时，可采取以下措施。

① 以水调温，减缓冷害。双季晚稻在抽穗期间遇低温，应及时采取灌深水护根，或日排夜灌，效果较好（水源可采用河水或塘水，不可用山水或地下水）。据资料可知，9月下旬在气温16℃的情况下，田间灌水4～10cm，比不灌水的土温提高3～5℃，可促进晚稻提早抽穗，避免低温带来危害。

② 喷水或根外追肥。在寒露风到来前，进行田间喷水，增加株间湿度，效果良好。另外，在水稻生育后期，可进行根外追喷施磷肥、喷微量元素，可提高植株生活力，以提高抗御寒露风的能力。另外，在生育初期，可适当增施基肥，促使早发，使其提早齐穗和成熟，避开寒露风的危害。

③ 喷施化学保温剂。据研究，在水稻开花期发生冷害时喷施一些化学药物和肥料，如“920”、硼砂、萘乙酸、2.4-D、尿素、过磷酸钙和氯化钾等，都有一定的防治效果。据广西农学院试验，喷 30mg/kg 的“920”或和 2.0%的过磷酸钙液混合喷施，在冷害发生时可减少空粒率 5%左右，减少秕粒率 5%～8%。另外，喷施叶面保温剂在秧苗期、减数分裂期及开花灌浆期防御冷害都具有良好的效果。水稻开花期遇 17.5℃低温 5d 时，喷洒保温剂的空粒率比未喷洒者减少 5%～13%。

东北及华北地区，主要有下列措施，如疏松土壤，以提高地温；对玉米田隔行或隔株去雄（可提早成熟 2～3d）；在大喇叭口到吐丝期喷磷等都可起到预防低温冷害的作用。

6.2 旱涝灾害

6.2.1 干旱

6.2.1.1 干旱的概念及成因

干旱是指长期无雨或少雨，而农田又没有灌溉条件或灌溉条件不足的情况下，引起作物对水分的需求得不到满足，以致作物生长受到抑制或死亡的现象。

干旱天气主要是在高气压长期控制下形成的。在春季，移动性冷高压经常自西或西北经华北东移入海。在华北和东北，晴朗少云，气温回升快，空气干燥，加上多风，蒸发强度大，常常形成春旱。夏季 7～8 月份，副热带太平洋高压北进，长江流域受其控制，7～8 月份常二三十天无雨，天气晴朗，蒸发很强，出现伏旱。秋季，副高南退，西伯利亚的高压增强南伸，在华中地区出现秋高气爽的天气，引起秋旱。干旱实质上是大气环流、地形、土壤条件和人类活动等多种因素综合影响的结果。在我国各主要农业区都有发生，是我国重要的灾害性天气之一。

6.2.1.2 干旱的类型

干旱可按发生的原因或发生的季节分类。

(1) 按干旱成因分　可分为土壤干旱、大气干旱和生理干旱。

① 土壤干旱。这是由于在长期无雨或少雨的情况下，土壤中水分亏缺而引起植株水分平衡失调，进而影响植物生理活动，生长受到抑制，甚至枯死。

② 大气干旱。这是由于高温低湿并伴有一定风力的条件下，植物蒸腾消耗较多水分，根系吸收的水分不足以补偿蒸腾失水，致使植物体内水分平衡遭到破坏，茎叶卷缩或青枯死亡。一般土壤干旱和大气干旱是相伴发生的。

③ 生理干旱。这是由于土壤环境不良，使根系生理活动受阻，导致植物体内水分平衡失调而发生的危害。比如，土温过高或过低；土壤透气性能不好，土壤中二氧化碳含量增多，氧气不足；土壤中溶液盐分含量过高等，都会影响根系对水分的吸收。

(2) 按干旱发生的季节分　可分为春旱、夏旱、秋旱、冬旱。

① 春旱。春旱发生在3～5月份。在我国北方，春季温度回升快，天气晴朗，日照充足，但雨季还没有到来，空气干燥多风，蒸发强烈，常发生春旱。主要发生在东北、华北和西北地区，素有“十年九春旱”、“春雨贵如油”的说法。春旱发生时，会影响当地春播作物的播种出苗以及越冬作物的返青、拔节、抽穗和开花。

② 夏旱。夏旱是指发生在6～8月份的干旱。夏季，太阳辐射强烈，温度高，空气湿度低，蒸发和蒸腾量大，若长期无雨或少雨，极易发生干旱。我国长江流域，特别是湖北、江西、安徽、江苏等省夏旱的发生比较频繁，华北地区在6月份会出现干旱（初夏旱），主要影响冬小麦灌浆成熟、夏播作物播种以及棉花蕾铃的形成等。7～8月份（伏夏旱），主要发生在长江中下游地区，会影响到双季稻栽插、棉花坐桃和夏玉米的生长等。

③ 秋旱。秋旱是指发生在9～11月份的干旱。到了秋季，我国多数地区降水量已显著减少。但蒸发量仍然很大，易形成秋旱。秋旱主要发生在华北、华南、华中地区，影响双季稻和秋作物灌浆成熟及冬小麦的秋播、出苗和冬前生长。

④冬旱。冬旱是指发生在12月到翌年2月的干旱。冬季降水稀少，各地都以干旱为主，在北方农田多已休闲，越冬小麦处于冬眠状态，冬旱对农作物的危害较轻。但对南方一些地区（华南、西南等地）冬季仍有作物生长，冬旱对农业危害较重。

6.2.1.3　干旱对作物的危害

干旱在我国各主要农业区都有发生，会危害作物、树木、牧草等，据统计，每年因干旱受灾农田约3.1亿亩，造成严重的减产歉收或绝收。每年仅因干旱所造成的经济损失高达十亿元。

干旱危害作物的原因主要是在土壤或大气干旱的条件下使植物水分平衡遭到破坏。从生育特性上来看，以下三个时期最怕遭受旱害。

（1）作物播种期　北方地区的春旱，将影响春播作物（玉米、高粱、棉花、谷子等）的适期播种，严重时会影响出苗的齐、匀、壮。

（2）作物水分临界期　谷类作物（小麦、水稻）水分临界期多是生殖器官形成期，一般是在拔节到抽穗期，这时缺水，将影响到小花分化，使作物穗粒数降低。华北地区春旱，对冬小麦来讲，主要是影响临界期的水分供应。而玉米，水分临界期主要是发生在抽雄前的“大喇叭口”时期，此时干旱，群众称之为“卡脖旱”。华北地区的初夏旱，正值春玉米的大喇叭口期，将直接影响到雄花的正常发育。

（3）谷类作物灌浆成熟期　水分临界期缺水，会影响植物生殖器官的形成，但此期并不是植物需水最多的时期，作物需水量最多的时期是在灌浆成熟期。此期缺水，将影响到粒重的提高，使产量大大降低。

此外，初夏旱和秋旱分别给麦茬作物（夏玉米、夏播谷子等）和冬小麦的播种带来很大困难。

6.2.1.4　干旱的防御措施

干旱的防御措施很多，归纳起来，应用性广、实用性强、科技含量高的方法主要有以下几种。

（1）以防为主，做好干旱监测预报工作　气象部门加强监测预测，建立农业生产气象保障和调控系统，做好干旱监测预报工作，为抗旱减灾提供服务。

（2）大搞农田基本建设，改善生态条件，实行综合治理　内容主要有治山修田、改土蓄水、兴建水利、植树造林等，必须山、水、林、田、路综合治理，建设旱涝保丰收的高产稳产田。

（3）调整农业生产结构，建立节水型农业种植体系　节水型农业种植体系，就是从当地的水资源有效容量和承载力出发，因地制宜，选择和种植低耗水性和市场竞争性强的作物品种，以形成与水资源和承载力相适应的农业生产体系，实现水资源的合理配置和高效利用。调整产业结构，发展特色农业，适当压缩粮、棉、油等高耗水性作物的种植面积，大力发展低耗水性、市场竞争力强的经济效益高的农产品。如发展马铃薯产业、制种产业、苹果产业、中药材产业、花卉蔬菜产业等，提倡选育节水作物品种。大力发展节水灌溉技术，如喷灌、滴灌和渗灌等方式，加强灌溉系统的改造和重建，提高有效利用率，逐步建立高效节水型农业种植体系。

（4）选择抗旱作物及作物品种　同一类型不同品种的作物，耐旱力有较大差异；在耐旱品种中丰产性能也不同。在易旱地区应选用适合当地条件的耐旱、抗病而又丰产的品种。

（5）发展高效旱作农业与生态农业　实行合理耕作，蓄水保墒，伏雨春用、春旱秋抗。具体措施如下。

① 秋耕壮垡。秋收后先浅耕耙去根茬杂草，平整土地，施足底肥，深耕翻下，土壤变得较疏松，便于接纳秋冬雨雪。

② 镇压提墒。镇压可使表土变得紧实，土壤孔隙减少，土壤蒸腾散失的水分减少，即可保持土壤墒情。一般压干不压湿，先压沙土后压壤土。风大、整地质量差的、坷垃多的地要先压。

③ 顶凌耙耢。早春土壤刚解冻时，顶凌耙耢。一般播种前耙 2～3 次，使表土疏松，地面平整细碎，以减少蒸发，保持墒情。

④ 浅耕塌墒。已经壮垡的地春季不再耕翻，只有在播种前 4～5d 浅串，耙耢后播种。

此外，还可引种推广耐旱抗旱型的小麦品种及其他经济作物，对小麦、棉花、玉米进行“蹲苗”等抗旱锻炼；调整作物播期，使农作物主要需水期与关键期避开当地少雨干旱的时段，减轻干旱的危害。

（6）开展人工降雨作业　人工降雨是人工影响局部天气的一个重要方面。其原理是利用火箭、高炮和飞机等工具把吸湿性凝结核（如碘化银、氯化钙、食盐、尿素等）撒到云中，促使云中水滴增大而形成降水，或者是把冷却剂（干冰、液态氮等）撒入云中，使周围空气温度急剧降低，云中的水滴冰晶迅速凝结增大而形成降水。

（7）抗旱播种

① 抢墒早播。早春土壤失墒快，对墒情稍好的地块，必须抢墒早播。

② 提墒播种。在播种前镇压土壤 1～2 遍，压碎坷垃，使耕作层变得紧实，可增加其湿度。

③ 找墒播种。一是深播找墒。在表层干土较厚时，采取深播方法，充分利用深层墒情；二是沟垄种植。秋季深耕起垄，以积存冬春雨雪，使作物种在沟里，长在垄上。

④ 造墒播种。一是坐水脊盖播种，即先开沟再浇水播种，然后覆土起脊；二是“三湿播种”，即地湿（开沟洇地）、种湿（浸种）、粪湿（粪肥加水）。

⑤ 育苗移栽。在旱情严重，大面积播种困难时，采用集中用水育苗，再分期造墒抗旱移栽或雨后移栽。

此外，可大力推广地膜覆盖种植，具有良好的增温保墒的作用。

（8）化学控制措施　化学控制措施是抗旱防旱的一种新途径。主要有如下方法。

① 喷洒化学覆盖剂。化学覆盖剂是利用高分子化学物质制成的乳液，用水稀释后喷洒到地面上形成一层覆盖膜，可以有效抑制土壤水分蒸发，保持土壤湿度。

② 喷洒抗旱剂一号。抗旱剂一号是一种生物活性物质。喷洒到叶面上能缩小叶片气孔开张度，减少叶面蒸腾，提高作物的抗旱能力。

③ 喷施保水剂。保水剂是一种具有较强吸水性能的高分子化合物。它吸水后会缓慢释放水分，可反复吸水、释水，所以保水剂施入土壤后可以增强土壤的保水能力，减轻干旱危害。

此外，还可采取种子抗旱锻炼（用氯化钙浸种），提高植株的抗旱能力；改良土壤结构等，增加土壤的抗旱能力等。

6.2.2 洪涝

6.2.2.1 洪涝的概念及危害

由于长期阴雨和暴雨，出现河水泛滥，山洪暴发，土地淹没，作物被淹或被冲所造成的灾害，称为洪涝。

洪涝灾害是我国农业生产中仅次于干旱的一种重要的自然灾害。每年都不同程度的有所发生。

2004年7月16～20日，湖北省境内发生一次大范围强降水过程，黄冈、武汉等市（州）的35个县（市、区）遭受暴雨、大暴雨袭击，由于降雨强度大，持续时间长，导致江河湖泊水位猛增，发生严重洪涝灾害。其中35个县（市、区）748万人不同程度受灾，倒塌房屋4.8万间，损坏房屋8.7万间；农作物受灾面积52.3万公顷，绝收6.2万公顷；部分城区道路被淹，交通中断，直接经济损失约达16.2亿元。

2012年7月21日，北京特大暴雨，导致北京受灾面积16000平方公里，受灾人口约190万人，其中房山区80万人。北京全市道路、桥梁、水利工程多处受损，民房多处倒塌，几百辆汽车损失严重，保险公司损失超300万元人民币。据统计，北京市经济损失近百亿元。

6.2.2.2 洪涝的成因及发生季节

洪涝天气是由暴雨或连阴雨造成的。其主要的天气系统是：冷锋、静止锋、锋面气旋和台风。冷锋活动可使较大范围产生强度较大的锋面雨；锋面气旋经过，会造成较长时间的降水；台风暴雨主要发生在夏秋季节，和其他天气系统配合，会产生特大暴雨。例如，1975年8月5～7日，在3号台风的影响下，河南南部的洪汝河、沙颍河等地，3天降水量达到1631mm。

我国东部、中部地区的暴雨和连阴雨的出现和准静止锋的关系密切，与副热带高压的活动有关，春末夏初，太平洋副热带高压加强，热带海洋气团登陆与变性的西伯利亚气团交锋，静止锋形成于华南一带，而出现多雨天气。初夏，随着副热带高压的北上，静止锋停留在华中、华东，长江中下游进入梅雨季节。到盛夏，锋面北推到华北和东北，这些地区雨季到来，出现大雨或暴雨。所以，暴雨和连阴雨的发生时期是由南向北逐渐到来。

由上可知，我国的洪涝天气，在华南一般发生在5～6月间，这时正值早稻抽穗、成熟期，早稻往往被淹而减产。长江中下游和淮河流域，多发生在6～8月间，此时正值早稻抽穗和成熟期，晚稻正值插秧到开花期，棉花处于棉铃形成期，如遇洪涝灾害，会使棉铃大量脱落，在长江两岸水稻倒伏，降低结实率和千粒重，造成大幅度减产。黄河流域和东北的洪涝天气则发生在7～8月间，此时正值玉米、高粱等作物拔节、抽穗和开花期，棉花现蕾和开花期，夏播作物的播种期，洪涝会对水稻、玉米、棉花等作物的产量、品质带来很大影响。

干旱和洪涝天气往往是由大气环流异常造成的。干旱和洪涝在我国总是关联发生，出现“南涝北旱”或者“北涝南旱”的情况。例如，上述锋面在华中地区停留时间长，梅雨期持久，则长江流域会出现涝灾，而华北、东北发生干旱；相反，如果副热带太平洋高压迅速北上，锋面在华中停留时间短，而迅速移至华北、东北，则华北、东北涝，而长江流域旱。

6.2.2.3 洪涝的防御措施

（1）兴修水利工程，合理利用水资源 加强水库、河堤的修筑，疏通河道，既能有效地控制洪涝灾害，同时又能蓄水防旱。防洪与抗旱相结合是防御洪涝的根本措施。

（2）加强农田基本建设 扩大水利排灌面积，改良土壤，减少土壤水分蒸发，提高农田的保水能力。

（3）调整种植结构，选种抗涝作物或品种 在洪涝多发区，选种抗涝作物种类和品种，根据当地情况，合理安排作物布局，适当调整播期，使作物易受害时期躲过灾害多发期。

（4）合理耕作，减轻涝灾危害 通过合理的耕作措施，改良土壤结构，增强土壤的透水性，可减轻洪涝灾害。例如，采取深耕措施，打破犁地层，提高土壤透水性。增施有机肥，使土壤变得疏松。实行深沟、高畦耕作，可迅速排除畦面积水，降低地下水位，雨涝发生时，雨水可及时排出。

（5）植树造林，固沙保水 植树造林，能防止土壤风蚀，减少地表径流；植物根系还能涵养水源，调节生态环境等，从而起到抗旱防涝的作用。

（6）加强灾后管理，减轻涝灾损失

① 利用退水清洗沉积在植株表面的泥沙，扶正植株，使其尽快恢复生长。

② 及时疏通沟渠，尽快排涝去渍。

③ 及时中耕、松土、培土、施肥、喷药防虫治病，加强田间管理。

④ 如农田中大部分植株已死亡，则应根据当地农业气候条件，特别是生长季节的热量条件，及时改种其他适当的作物，将洪涝灾害带来的损失降至最小。

6.3 干热风

6.3.1 干热风的概念及指标

6.3.1.1 干热风的概念

干热风天气是一种高温、低湿并伴有一定风力的大气干旱现象。干热风是影响我国北方小麦、棉花等作物的主要气象灾害之一。不同地区，根据干热风发生特点的不同而有不同的名称，如“火风”、“热风”、“旱风”等。

6.3.1.2 干热风的指标

干热风在我国发生的范围很广，南自淮河，北至内蒙古，西自新疆，东至苏鲁，都有干热风出现，各地干热风标准一般选用温、湿、风三要素的组合来表示，各指标取值根据各地干热风的类型而确定。如表6-2所示。

表6-2 我国北方地区选用的干热风指标

适用地区	指标数值
淮北	在土壤温度适宜条件下： 日最高气温不低于32℃，14时相对湿度小于25%，风速大于3m/s
山东	轻型干热风：日最高气温不低于30℃，14时相对湿度不大于30%，风速不低于2m/s 重型干热风：日最高气温不低于35℃，14时相对湿度不大于25%，风速不低于3m/s

6.3.2 干热风的危害

干热风和干旱是不同的。干旱是由于长期无雨、土壤缺水，使植物体内水分平衡和叶绿素逐渐破坏，植株枯黄而死。而干热风发生时，由于气象要素（温、湿、风）的急剧变化，使植物蒸腾和土壤蒸发量很大，即使土壤水分充足的情况下，也易发生植物水分平衡失调，正常的生理活动遭到破坏或受到抑制，植株在很短的时间内受到危害或死亡。在干热风的影响下，由于叶绿素来不及分解，植株表现为青枯、灰绿或青灰等现象。显然，在土壤干旱时出现干热风，会加重对植物的危害。

干热风一般发生在5～7月间。华北、黄淮平原、关中地区出现在5月下旬至6月上旬；苏北、淮北有时也出现在5月上中旬；银川灌区、河西走廊和南疆盆地等出现在6月下旬至7月上中旬。这是正值我国北方麦区进入灌浆和乳熟阶段，若受干热风的影响，植株蒸腾旺盛，耗水量很大，根系吸收的水分远远不能满足植株大量需水的要求，引起植株体内水分失调，代谢活动受阻，致使小麦叶片卷缩凋萎，炸芒、枯熟、秕粒，造成大幅度减产。农谚“小满不满，麦有一险”，即指干热风的危害。

作物受干热风危害的程度，除了与干热风强度、持续时间长短有关外，还与作物品种、生育期、生育状况及地形、土壤性质等多种因素有关。如小麦，在乳熟中后期是受干热风危害的关键时期，如此时小麦生长健壮，则抗干热风的能力强，受害轻；反之则受害重。如果春季阴雨过多，植株生长嫩弱，发育不良，后期小麦植株不壮，则抗性差，受干热风的危害重。透气性好、保水、保肥能力强的壤土、沙性土上植株受害轻；高岗丘陵地、沿河沙滩地、低洼地、盐碱地等均易加重干热风的危害。

6.3.3 干热风的防御

多年来在同干热风的斗争中，人们采取了不同措施，积累了丰富的防御干热风的经验。如合理施肥、浇麦黄水、改良土壤、营造防护林、调整播期等，这些措施对方预干热风都能发挥一定的作用，归纳起来，可以概括为以下四个方面。

6.3.3.1 避

根据干热风出现的规律，采取栽培措施，使小麦提早成熟，避开干热风的危害。如栽培早熟品种、适时早播、喷施植物激素促其成熟，早追肥促其早发，巧施氮肥，防止贪青晚熟等。

6.3.3.2 抗

选种抗干热风能力强的作物和品种，是防御干热风的根本措施。对小麦而言，矮秆小麦品种抗干热风能力差；有芒品种比无芒品种抗性强；抗旱性弱的品种比抗寒性强的品种抗干热风的能力要强些；耐碱性强的品种，有较强的抗干热风的能力。

6.3.3.3 防

在干热风来临前，进行麦田灌水，对干热风具有一定的防御作用，可减轻危害。对麦田浇麦黄水（乳熟末期到蜡熟始期），可降低午后活动面温度，提高活动面附近的空气相对湿度，改善小麦生育后期的田间小气候条件。此外，浇麦黄水，要防止小麦倒伏，需要注意天气条件，保证浇后5～6h内没有4级以上大风。同时还要看土壤质地和肥力水平，中等肥力条件下的，浇水效果较好，高肥力水平下，浇麦黄水，易发生贪青晚熟现象。在小麦起身拔节期，喷洒草木灰水，增强小麦叶片细胞的吸水能力，有利于提高小麦的灌浆速度和增加植株对干热风的抵抗能力。在小麦扬花、灌浆期喷洒石油助长剂，有明显的防御干热风的作用，小麦平均增产5%～7%。或用氯化钙浸种（或闷种），也有减轻干热风危害的作用。

6.3.3.4 改

营造防护林带，可以减小风速，调节气温，减少蒸发，提高土壤和空气湿度，这对改善生态环境，调节农田小气候，防御干热风有良好的效果。

此外，搞好农田基本建设，增加土壤肥力，调整播期和改革种植制度等，都是抗御干热风的基础工作。

6.4 梅雨

6.4.1 梅雨的概念及特点

梅雨是指每年6月中旬到7月上、中旬，我国江淮流域（长江中下游至宜昌以东的28°N～34°N范围内）至日本南部这狭长区域内出现的一段连阴雨天气。此时正值江南梅子黄熟季节，故称“梅雨”，或“黄梅雨”。又由于降雨持续时间长，空气湿度大，使得百物生霉，又称为“霉雨”。

梅雨开始，称为“入梅”；梅雨结束，称为“出梅”。各地入梅、出梅的时间是不一样的。据资料统计，闽北、赣南和浙江的入梅时间一般在5月底和6月初；沿江一代在6月中旬；淮南多在6月底。出梅时间约自6月中旬到7月中旬，自南向北先后结束。梅雨持续时间称为“梅雨季节”。

梅雨天气的主要特征是多阴雨天气，日照时间短，相对湿度大，地面风力较小，降水多属连续性，也有阵雨和暴雨。梅雨是一种大型降水天气过程，它是由于大气环流相对稳定而形成的。梅雨前后，天气和季节要发生明显的变化。梅雨前，主要雨区在华南一带，江南地区受北方冷高压控制，常为晴朗天气，降水较少，空气湿度低，日照充足。梅雨开始后，主要雨区到来，雨量明显增多，日照时数减少，湿度增大，气温少变，这就是梅雨季节。梅雨结束后，雨区移到黄河流域，随后又北推到华北和东北，江淮地区受副热带高压控制，雨量显著减少，气温急剧上升，日照时间长，天气酷热，进入盛夏时期，所以，入梅和出梅是江淮地区从初夏到盛夏的显著标志。

6.4.2 梅雨的形成和结束

梅雨是我国江淮流域气候上的一个特色，梅雨前后各阶段具有不同的环流形式。梅雨的成因，主要是在亚洲东北部的鄂霍次克海上空形成一个稳定少变的阻塞高压，阻挡我国北部上空的低压槽东移入海，使槽后的干冷气流不断南下输送到江淮流域，提供了源源不断的冷空气条件；同时，副高脊线北跳到20°N～25°N，副高脊后气流把南方的暖湿空气不断北送，使得冷暖空气在江淮地区交汇，势均力敌，形成江淮静止锋。在静止锋偏北几个纬距的高空有切变线，这样准静止锋与切变线之间的区域便是大片雨区，东西向呈带状分布。

另外，在青藏高原东侧，不断有高空冷涡东移，常在江淮地区准静止锋上发展为气旋波，气旋波内盛行上升气流，加之副高把暖湿气流不断送来，水汽充足，所以每当气旋波到来时，可以造成大雨或暴雨。雨带范围很广，东西向呈带状分布的锋面雨或气旋雨。

随着我国东北上空低压加强，将使阻塞高压破坏，同时，副高势力进一步加强，副高脊线又一次北跳，到达30°N附近，这样使冷暖空气交汇的位置北移到黄河流域，华北和东北地区的雨季开始，江淮地区的梅雨结束。

总之，梅雨的形成和结束，和副热带太平洋高压脊线的位置密切相关。当副高脊线跳到25°N附近时，即预报江淮地区梅雨开始；当副高脊线跳到30°N附近时，即预报江淮地区梅雨结束。

6.4.3 梅雨天气和农业生产

在梅雨季节正值水稻、棉花等作物生长旺盛的时期，也是春播作物及果树需水较多的季节，梅雨能带来丰沛的雨水，对农业生产大有好处。但是梅雨量的多少、入梅和出梅时间的早晚，其年际变化都很大，这对农业生产又带来不利影响。如果入梅太早，梅雨期长，降水量过多，容易出现涝灾，影响夏收，容易造成“烂麦场”；反之，入梅过晚，梅雨期短，降水量少甚至出现“空梅”，易造成旱灾，会影响夏种，同时影响晚稻及时栽插。最理想的梅雨季节是在夏收基本结束，夏种、夏插刚刚开始时入梅。出梅过早，伏旱将会提前出现。梅雨期过长，作物长期处于低温光照不足的条件下，光合作用很弱，生长发育受到影响。所以，对于梅雨季节雨量的多少，梅雨期的长短和入梅、出梅迟早所引起的有利和不利的影响要认真分析，以便在生产中充分利用有利条件，尽量避开不利因素的影响。

6.5 风害

6.5.1 大风

6.5.1.1 大风的标准和危害

大风是指风力大到足以危害农业生产及其他经济建设的风。我国气象部门以平均风力达到或超过6级或瞬时风力达到或超过8级，作为发布大风预报的标准。

大风所造成的灾害是多方面的，对工交、农林、牧渔业都有影响，尤其对农业生产危害最大。春季的大风，可加速土壤水分的蒸发，加剧干旱的威胁；干松的土壤，遇到大风时，表土易被吹走，形成风蚀，风速越大，耕土被侵蚀越严重，以致播下的种子暴露，或连同表土一起被刮走。当风速减弱时，被刮起的沙尘中较大的沙粒便沉降堆积，埋没农田幼苗，长此以往，农田就会变得荒芜。在我国西北和华南滨海地区，就有这种沙荒地的分布和蔓延。夏季的大风，常使作物倒伏或秆折。秋季的大风能摇落作物和果树的果实。冬季的大风“白毛风”（牧区7级以上的大风夹雪），常把畜群吹散，使其迷途冻死或饿死。

6.5.1.2 大风的防御措施

植树造林营造农田护田林网。在风沙危害地区营造防沙林、固沙林，在滨海地区营造防风林等。在林带的保护下，可改善农田的生态环境，风速减小，风蚀和流沙可被控制，从而防止大风对作物的危害。

筑防风障、打防风墙、挖防风坑等。建造这些小型防风工程，可以减弱风力，阻挡风沙。

合理采取农业技术措施。选育抗风的作物品种、对高秆作物培土、保护植被和镇压土壤等，都能起到一定的防风效果。

6.5.2 台风

6.5.2.1 台风天气对农业生产的影响

台风是形成于热带洋面上的气旋性涡旋，是我国沿海地区主要的灾害性天气。强台风袭击时，常常带来狂风暴雨天气，容易造成人民财产的损失，对农业生产影响很大。但它也有有利的一面。在我国华南、华中等地的伏天，如长期处于副热带高压控制下，干旱少雨，而台风带来充沛的雨量，不但可以解除旱象，还能起到防暑降温作用。台风雨是上述地区秋季降水的重要来源，特别是在秋旱的年份，台风雨就显得尤为重要。

国际规定，热带气旋按其强度分为四级：近中心最大风力在7级及以下的称为热带低压；8～9级城为热带风暴；10～11级称为强热带风暴；12级或以上的称为台风或飓风。

6.5.2.2 台风结构和天气

台风是一个强大的暖性低压系统，其中心气压常在970hPa左右。其水平范围以最外围近圆形的等压线为准，直径一般为600～1000km，最大的可达2000km，最小的仅100km。台风区内等压线近似同心圆。愈近台风中心，等压线愈密集，水平气压梯度愈大，风速也愈大。

台风范围内，按其各部位出现的天气现象的不同，可以分为三个区域（图6-3）。

（1）外围大风区　由台风的边缘向内一直到最大风速区的外缘是外围大风区。该区域内多为卷云、卷层云，日、月出现晕环，黄昏时彩霞呈黄橙色或紫铜色；向内出现积状的中、低云，且云层逐渐增厚，偶尔也有积雨云。

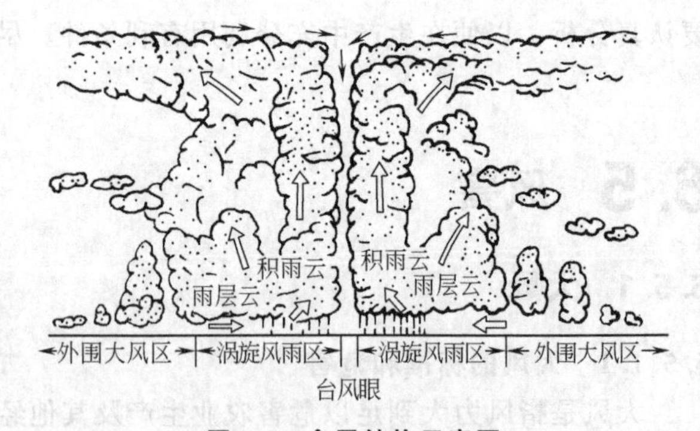

图6-3 台风结构示意图

（2）狂风暴雨区　它是围绕台风眼的最大风速区和最大降雨量区。该区域内，有强烈辐合上升气流，形成螺旋状对流云的云墙，其平均宽度为10～20km，高达十几千米。云墙下面经常产生狂风暴雨。云墙外缘，还有塔状的层积云和浓积云以及云体被风吹散的“飞云”，沿海渔民称之为“猪头云”。

（3）台风眼　台风眼是指台风中心，台风眼区气流下沉，通常是静稳无风的晴朗天气。其范围很小，一般直径不超过10～60km。

6.5.2.3 台风活动情况

台风一般发生在南、北半球低纬度（5°～20°）地区的洋面上。台风对我国的影响是在

每年4～12月期间。西太平洋和南海发生的台风，并不都是在我国大陆登陆，据统计，在我国沿海登陆的台风，平均每年约8个，最多达11个，最少只有3个，主要集中在7～9月的三个月，约占登陆台风总数的76%。

目前，我国对台风的发生、发展以及活动情况，已经能准确地做出预报，这样就能使我们在台风登陆前及时做好预防工作，以减轻或避免台风带来的损失。

6.5.2.4　台风对农业的影响

强台风袭击时，常常带来狂风暴雨天气，会造成人民生命和财产的损失，对农业生产的影响也很大。但台风也有有利的一面。我国华南、华中等地区，如长期处于副热带高压的控制下，干旱少雨，台风登陆伴随的降水，可以解除旱情。在炎热的伏天，台风雨还可起到降温作用。

6.5.3　龙卷风

6.5.3.1　龙卷风的概念及危害

龙卷风是一种具有垂直轴并伴随极大风速的空气涡旋。龙卷风是从高厚积雨云的底部伸出一个“象鼻状”的云柱，云柱有的到达地面或水面，有的却时伸时缩，挂在空中，当云柱伸达地面或水面时，能吸起大量的沙尘或水柱，在大陆上的叫陆龙卷，在海洋上的叫海龙卷。

龙卷风中心气压很低，可达400hPa，有时甚至低至200hPa，由于龙卷风内外具有这样大的气压差，可以顿时狂风大作，风速可达100～200m/s，因此破坏力极大，可以毁坏农作物，掀翻车辆，摧毁建筑物等，造成极大灾害。例如，1981年5月15日12时20分～13时10分，在距河北省涞水县城西北5km的山坡上，发生了一次强龙卷风，行程4km。将长达60m的水泥石砌围墙吹倒，将十二间钢筋水泥结构的库房全部掀掉，许多瓦片被卷上天空，抛至几百米的远处，所幸当时库房内没有管护人员，没有造成人员伤亡。

6.5.3.2　龙卷风的形成

龙卷风在我国各地都有出现，多出现在夏季6～9月间。因为此时高温、高湿，大气层很不稳定，积雨云发展旺盛。在积雨云内存在剧烈的上升气流或下沉气流，升降气流间产生强大的旋转切变作用，形成气涡；当气涡的旋转轴垂直向下伸展时，就形成了龙卷风。龙卷风多集中在我国东半部地区。南方多于北方，平原多于山地。

因为龙卷风是一种小范围、短时间的突然而剧烈的天气现象，所以用固定位置的探测仪器很难对龙卷风进行准确的观测预报。气象卫星的出现给龙卷风预报增添了新的探测工具，尤其是用同步卫星拍摄的云层照片，在监视龙卷风的发生上起着重大作用。卫星昼夜都能观测，并且可以看到更小的目标。如果把卫星和雷达结合起来应用，就能连续观察龙卷风的变化，可在龙卷风发生前半小时发布警告。

6.5.4　沙尘暴

6.5.4.1　沙尘天气的概念

沙尘天气可分为浮尘、扬沙、沙尘暴和强沙尘暴四种类型。

浮尘是指尘土、细沙均匀地浮游在空中，水平能见度小于10km的天气现象。

扬沙是指风降地面尘沙吹起，使空气混浊，水平能见度在1～10km之间的天气现象。

沙尘暴是指强风将地面大量尘沙卷起，使空气十分混浊，水平能见度小于1km的天气现象。

强沙尘暴是指大风将地面的尘沙卷起，使空气相当混浊，水平能见度小于500m的天气现象。

6.5.4.2 沙尘暴的危害

（1）强风　携带的细沙粉尘的强风可以摧毁建筑物及公用设施，造成人畜伤亡。

（2）沙埋　大风携带的风沙会造成农田、村舍、铁路、草场等被掩埋，造成荒芜现象，尤其是对交通运输造成严重威胁。

（3）风蚀　每次沙尘暴的沙尘源和影响地区都会受到不同程度的风蚀危害，风蚀深度可达1～10cm。据估计，我国每年由沙尘暴产生的土壤细粒物质流失高达106～107t，其中绝大部分粒径在10μm以下，对源区农田和草场的土地生产力造成严重破坏。

（4）大气污染　在沙尘暴源地和影响区，大气中的可吸入颗粒增加，大气污染加剧。2000年3～4月，北京地区都受到了沙尘暴的影响，空气污染指数达到4级以上的天数有10天，同时影响到我国东部许多城市。2000年3月24～30日，包括南京、杭州在内的18个城市的日污染指数超过四级。

6.6 冰雹

6.6.1 冰雹的危害及其形成条件

冰雹是从发展强盛的积雨云中降落到地面的大大小小的冰球。它通常以不透明的霰粒为核心，核外包有多层明暗相间的冰壳，直径为5～10mm，大的可达鸡蛋或拳头大甚至更大。

冰雹发生频率高，地域分布广，破坏性强，所以冰雹是一种严重的灾害性天气。冰雹天气一般来势凶猛，强度大，并伴有狂风暴雨，对农作物危害极大，轻则造成减产，重则颗粒无收，还可砸坏建筑物，危及人畜安全。如2002年是我国遭受冰雹灾害较重的一年。该年全国有31个省（市、区）不同程度地遭到冰雹的袭击。据不完全统计，共发生冰雹1444个县（市）次，其中以4月出现冰雹最多，而且主要出现在长江以南地区。该年冰雹除造成数百万亩农作物受灾外，还造成16万多间房屋倒塌，100多万间房屋损坏，近300人死亡，16000人受伤。

降雹的积雨云，必须具备两个条件：一是必须要有强烈的上升气流，且时强时弱，气流速度需在20m/s以上；二是云中必须有大量的水汽，水汽含量在15～20g/m³以上，水汽含量越多，越有利于冰雹的增长。

6.6.2 冰雹的时空分布

6.6.2.1 地区分布

冰雹在我国各地区均可发生，但主要发生在中纬度地区。通常山区多于平原，北方多于南方，内陆多于沿海。我国重雹地区主要是青藏高原。

6.6.2.2 季节分布

从出现时间来看，在我国境内一年四季均可发生，主要是春、夏、秋，并随季节的变化逐渐向北推移，2～3月以西南、华南和江南为主，4～6月中旬以江淮流域为主，6月下旬

至9月以西北、华北、东北为主。因每年天气、气候不同，冰雹在一年内的季节变化也很大，有的年份在夏季最多，如2000年就是夏季（68月）降雹最多，约占全年降雹总次数的57%；其次是春季（3～5月），约占全年降雹总次数的35%。有的年份则是在春季出现最多，如2002年，则是春季降雹次数最多，约占全年降雹总次数的47%；其次是夏季，约占全年降雹总次数的43%。

6.6.2.3 持续时间短

就每次降雹来说，持续时间不长，一般都在10min以内，也有长达30min以上的。其范围也都很小，一般宽度为几米到几千米，长度为20～30km，故民间有“雹打一条线”之说。

6.6.2.4 时间分布

降雹时间一般发生在午后到傍晚，14～17时发生最多。晚上很少降雹，故有“夜不行冰”之说。

6.6.3 冰雹的防御

根据冰雹的发生和移动规律以及降雹天气来临前的地方征兆，采取相应的措施，进行人工消雹和防雹。

6.6.3.1 催化法

用飞机、气球或高炮等，把碘化银、食盐、尿素等吸湿性凝结核撒入冰雹云中，促使云中水汽分散增长，凝结成水滴或小冰雹，防止大冰雹的形成，以减轻雹灾。

6.6.3.2 爆炸法

在判断有冰雹云出现时，在“雹线”附近用炮、小火箭轰击冰雹云，由于爆炸的冲击波和强烈的声波震荡，可以破坏冰雹云中气流扰动和冰雹云的发展，使雹块破碎变小，中途融化成雨或小冰雹，以起到减轻雹灾效果。

复习思考题

1. 寒潮、霜冻、冷害有何区别和联系？它们对农业生产有何危害？
2. 什么是霜冻？霜冻和霜有何区别？霜冻的发生有何规律？如何防御？
3. 什么是干热风？干热风对农业生产有什么影响？如何防御？
4. 什么是干旱？干旱有哪些类型？在作物生长发育期，哪些时期的干旱对作物危害最大？如何防御干旱灾害？
5. 什么是洪涝？洪涝有哪些类型？如何防御洪涝灾害？
6. 梅雨天气是如何形成的？特点如何？对农业生产有何影响？
7. 大风、台风、龙卷风有何异同？对人类生活和农业生产有何影响？怎样预防？
8. 冰雹的发生有何规律？如何进行人工消雹？

第7章 气候与中国气候

学习目标

了解气候概念，掌握影响气候形成的因素；了解气候带和气候型的划分、中国气候特征等。

气候是指一个地方多年和综合的天气特征，是长时期内大气的统计状态。它既包括正常的天气特征，也包括极端的天气类型。因此要描述一个地方的气候特征，通常用各项气象要素多年的平均值、极端值、变化值和频率值等来表示。一个地方气候的形成，受很多因素的影响，如纬度、海拔高度、海陆分布、太阳辐射、下垫面性质、大气环流等，在这些因素的综合作用下形成一个地方特有的气候特征，不同的地方有着不同的气候特征，而且一个地方的气候一旦形成，在短时期内不会有明显的变化。因此，气候既具有一定的地域性，又具有相对的稳定性。

7.1 气候的形成

气候的形成主要受太阳辐射、大气环流和下垫面性质的影响，它们相互联系，相互影响，在不同地方长期综合作用的结果，就形成了各地不同的气候类型。目前，人类活动对气候的形成也起着不可忽视的作用。

7.1.1 辐射因素

太阳辐射是地面能量的主要来源，是大气物理过程和物理现象的基本动力。一个地方的地理纬度决定了该地太阳高度角大小、昼夜长短以及随季节的变化，而太阳高度角是决定地面接受太阳辐射能量多少的重要因素。各地气候的差异和季节的交替，主要是由于太阳辐射的时空分布不均所引起的。所以，太阳辐射在气候的形成中是一个基本的起主导作用的因素。

在不计大气影响时，北半球各纬度上太阳辐射的年总量和冬、夏半年的辐射总量的分布情况如下。

7.1.1.1 全年分布

全年获得太阳辐射能量最多的是赤道，随着纬度的增高，辐射量逐渐减少，最小值在极点，仅占赤道的40%。这就是各地的年平均气温随着纬度的升高而降低的根本原因。

7.1.1.2 夏半年分布

夏半年获得太阳辐射能量最多的是在20°N～25°N的纬度带上，由此向赤道和极点辐射

量缓慢减少，最小值在极点，可占25°N的76%。因此夏半年气候的南北差异较小。

7.1.1.3 冬半年分布

冬半年获得太阳辐射最多的是赤道，随着纬度的升高，辐射量迅速减小，到极点为零。因此冬半年气候的南北差异较大。

7.1.1.4 冬、夏半年比较

冬半年和夏半年辐射量的差值，北极最大，向低纬度逐渐减小，到赤道差值为零。因而高纬度地区气候的季节差异远比低纬度大。

一年中各纬度的辐射总量，主要是由太阳高度角的大小和日照时间的长短决定的。在北半球的冬半年，随纬度的升高，太阳高度角减小，日照时间也缩短，因此冬半年高纬度地区和低纬度地区之间的辐射量差值较大；夏半年，虽然高纬度地区太阳高度角小，但其日照时间比低纬度地区长，因此，高纬度地区和低纬度地区辐射量的差值相对较小。这就形成了冬半年南北气温相差很大、夏半年南北气温相差较小，北方冬夏差异大、南方冬夏差异小的特点。

7.1.2 环流因素

环流因素包括大气环流和天气系统。大气环流能引导气团的移动，使高低纬度之间的热量和海陆之间的水汽得以转移和调整，维持地球热量与水分的平衡，从而使得辐射因素的主导作用减色。例如，在低压经常控制的地区，常有大片的云层，其太阳辐射比同纬度的其他地方要少；而高压经常控制的地区，则与此相反。因此，世界上许多地区，虽然纬度相当，但由于环流形式的不同，常形成截然不同的气候。例如，我国的长江流域和非洲的撒哈拉大沙漠，都处在副热带纬度带，也同样临近海洋，但是我国的长江流域由于夏季海洋季风带来大量水汽，所以雨量丰沛，称为良田沃野；而非洲的撒哈拉则因终年在副热带高压控制下，所以干燥少雨，形成了广阔的沙漠。可见，环流因素对气候的形成起着重要作用。当环流形势趋向长期平均状态时，即表现为气候正常；当环流形势在个别年份或季节出现极端状态时，即表现为气候异常。

7.1.3 下垫面性质

辐射收支差额除受纬度的影响外，还因下垫面性质（地面性质、地形、地势等状况）的不同而不同。下垫面的因素主要包括海陆分布、地形地势、植被等。它是另一重要的气候形成因素。

7.1.3.1 海陆分布

由于海陆热特性的不同，使得夏季大陆为热源，海洋为冷源，冬季大陆为冷源，海洋为热源。海陆的热力差异对气候随纬度的带状分布，产生了较大的干扰，使其在同一个气候带中出现两种或多种不同的气候型，如在热带气候带中有热带海洋性气候和热带大陆性气候，在温带气候中有温带海洋性气候和温带大陆性气候。

热源有利于低压系统的形成和加强，冷源有助于高压系统的形成和加强，结果使沿纬向形成的气压带和行星风带分裂为若干孤立的高低气压中心，即大气活动中心。这些大气活动中心强度的季节变化，是影响各地气候变化的主要因素之一。

7.1.3.2 地形地势

地形对气候的影响可从两个方面分析：一是山系对邻近地区的影响；二是地形本身所形

成的气候特点。

盆地，四周闭塞，冬季冷空气易在盆地内堆积，夏季盆地内热空气不易与外界交换，形成冬季严寒、夏季炎热的气候。我国柴达木盆地、准噶尔盆地，塔里木盆地等就属这种气候。高原海拔高、面积大、构成了独特的高原气候，并对邻近地区的气候有明显的影响。如青藏高原（面积 200 万平方公里，平均海拔 4000m 以上），其南面是较暖的印度次大陆，北面是较冷的西伯利亚和新疆，如果不是高原的存在，西伯利亚的冷空气和来自印度的暖空气就可以进行交换，那么蒙新地区不会如此干冷，印度也可出现严寒冬季。

高大的山脉不仅本身形成独立的高山气候，而且常成为气候上重要的分界线，如横贯我国中原地区的秦岭山脉，既可以阻滞北方冷空气南下，又使南方的暖湿空气难以北上，结果只一山之隔，山脉两侧气候截然不同。再如，天山北侧的乌鲁木齐年降水量为 572.7mm，而南侧的年降水量都在 100mm 以下。

7.1.3.3 洋流

洋流是大规模海水在水平方向的定向运动，它对气候有很大的影响。洋流可分为暖流和寒流。低纬度流向高纬度的洋流，其温度较所经过的洋面为高，称为暖流；从高纬度流向低纬度的洋流，其温度较所经过的洋面为低，称为寒流。暖流可携带大量的热量到较高纬度，使较高纬度海水增温；寒流则输送大量冷水到低纬度暖海中，使低纬度海水降温。因此，受暖流影响的地区，气候温和湿润；受寒流影响的地区，气候寒凉干燥。

一般来说低纬度地区为反气旋型洋流，高纬度地区为气旋型洋流。因此，低纬度大陆东岸多受暖流影响，而大陆西岸则多受寒流影响；高纬度地区的大陆东岸多受寒流影响，西岸多受暖流影响。如果洋流与向岸风（海风）结合起来，对沿岸的气候影响更大，可以深入到内陆较远的地区；如果盛行离岸风（陆风）则洋流对海岸上附近的气候影响较小，只限于沿岸地区。

7.1.3.4 地表状况

大面积的森林、草原和冰雪覆盖对气候的形成有重要的影响。赤道附近的热带雨林蒸散近乎热带海洋的蒸发；陆地上大面积森林能改变陆地上的水分循环，增加降水量；北极附近的北冰洋，终年冰雪覆盖，形成了独特的冰洋气候带。

以上分别阐明了各个因素在气候形成中的作用。过去对宇宙-地球物理因素研究甚少，人类活动又说不上对气候有明显的影响，人们就把各地不同气候的形成归结为太阳辐射、大气环流和下垫性质等因素长期相互作用的结果。随着科学和人类活动的迅猛发展，人类活动对气候的影响已被视为新的因素而积极加以研究了。

7.1.4 人类活动对气候的影响

近年来，人类经济活动的日益扩大对气候的影响在迅速增长。这种人为因素对气候的影响可归纳为三种途径：改变下垫面性质、改变大气成分和直接向大气释放热量。

（1）下垫面性质的改变　人们为了耕种、放牧等生产活动，大量滥伐森林、破坏草地，造成了地表状况的剧烈改变，使气候日益恶化，甚至使有些土地沦为沙漠或沙漠化状态。城市楼房的建筑和道路的铺设，使城市地面粗糙度、反射率、辐射性质和水热状况等发生明显改变，以致造成城市污染严重、日照减少，烟雾增多、风速减小等基本气候特征。

（2）大气成分的改变

① 二氧化碳的“温室效应”。随着人口的急剧增加，工业的迅速发展，二氧化碳等气体

的排放量增多，又由于森林被大量砍伐，应该被森林吸收的二氧化碳没有被吸收，使得二氧化碳量逐年增加，温室效应不断增强，致使全球气候明显变暖。据估计，当二氧化碳浓度倍增时，气温将升高 2～3℃。但同时烟尘和废气的排放，又会使空气变得浑浊，削弱到达地面的太阳辐射，又造成温度的降低。

目前，为应对全球气候变暖对人类生存和发展的严峻挑战，“低碳经济模式”应运而生。低碳经济是以低能耗、低污染、低排放为基础的经济模式。其核心是新能源技术和减排技术创新、产业结构及制度创新、人类生存发展观念的根本性改变。创建低碳城市，培养低碳生活方式势在必行。

② 烟尘增多，形成“阳伞效应”。目前，由于类活动，人为因素产生的尘埃日益增加。人造尘埃主要是由工厂、交通运输、家庭炉灶及焚烧等排放的烟尘和废气。另外，土地过度开垦，自然植被破坏，尘暴增多。悬浮在大气中的尘埃，一方面会将太阳辐射反射回到宇宙空间，削弱到达地面的太阳辐射，使地面接受的太阳辐射能减少；另一方面，吸湿性的微尘又作为凝结核，促使周围水汽在它上面凝结，使低云、雾增多。这种现象类似于遮阳伞，故称之为“阳伞效应”。阳伞效应的产生使地面接受的太阳辐射能减少且阴、雾天气增多，影响城市交通等。

③ 海洋石油污染形成的“沙漠化效应”。地球上每年都有大量石油注入海洋，一方面会黏附在海岸，破坏沿海环境；另一方面，石油会形成油膜漂浮在海上。油膜，特别是大面积的油膜，会把海水与空气隔开，如同塑料薄膜一样，抑制了海水的蒸发，使“污染区”上空的空气干燥；同时导致海洋潜热转移量减少，使海水温度及“污染区”上空大气温度的日、年较差变大。油膜效应的产生，使海洋失去调节作用，导致“污染区”及周围地区降水减少，天气异常。

(3) 人为释放热量（城市“热岛效应”） 人类在生产和生活过程中，向大气释放大量热量，可直接增暖大气。尤其在大城市密集的人口和众多的工厂，每天产生大量热量，使气温上升；同时，晚上工厂排出的大量烟尘微粒和二氧化碳，如同被子一样阻止了城市热量的扩散，致使城市比郊区气温高，局地的增温作用更加显著，产生城市“热岛效应”。

人类活动可以改善局地小气候，如，建造大型水库、灌溉、植树造林等，来调节周围地区空气的温度、湿度；在城市，增大绿化面积，改善地面硬化方法，可以在一定程度上削弱城市的“热岛效应”。

7.2 气候带和气候型

7.2.1 气候带

气候带是指围绕地球、具有比较一致的气候特征的地带。气候带是最大的气候区域单位，它大致与纬线相平行。由于气候学的发展，气候带划分的依据不断改进和扩充，因而划分的气候带也不同。按纬度划分可将南北半球各划分为六大气候带。

7.2.1.1 赤道气候带

赤道气候带位于跨赤道两侧南北纬 10°之间。地理位置在非洲刚果河（扎伊尔河）流域；南美亚马逊河流域；亚洲苏门答腊岛到伊里安岛。其特点是，位于赤道低压带中，是赤道气团的源地，全年太阳高度角都很大，一年有两次受到太阳直射。

赤道气候全年常夏，无季节变化。年均气温在25～30℃左右，月均温在25～28℃。绝对最高气温低于38℃，最低气温高于18℃。春秋分时，太阳出现于中天，温度稍高。冬至和夏至太阳远离赤道，温度稍低。气温年较差小于日较差，晴朗夜晚可达1.4℃，故夜晚有“热带之冬”的称呼。

赤道气候带为地球上平均降雨量最多的地带，全年降水量大都在2000mm以上，降水季节分配比较均匀，全年盛行赤道海洋气团，空气湿度大且不稳定，在赤道低压带内有显著的辐合上升气流，多对流性的雷阵雨，出现时间多在午后到子夜。

赤道气候带植物生机终年不断，自然植被极为繁茂，具有多层林相，乔木、灌木、匍匐植物、攀缘植物、附生植物和寄生植物等应有尽有。它们的开花、结实、播种、生长、死亡，常同时进行，没有季节更替的现象。

7.2.1.2 热带海洋气候带

该气候带位于南北纬10°～25°之间的信风带、大陆东岸及热带海洋中的一些岛屿上。地理位置在中美洲加勒比海沿岸及岛屿、巴西高原东侧、非洲马达加斯加岛东侧、夏威夷群岛、澳大利亚东北部。热带海洋气候的特点是：长期受信风影响，在迎风海岸，终年受热带海洋气团影响，使狭窄的海岸得到大量的雨水，形成典型的海洋性气候。因为陆地面积小，海陆热力对比不明显，所以没有形成热带季风现象。

热带海洋气候全年气温变化小，最冷月均温在25℃以下，比赤道带低。年较差比赤道多雨气候稍大，但在同纬度的热带气候中，热带海洋性气候的年较差、日较差是最小的。

热带海洋气候全年降水较多，夏秋两季相对集中，总降水量在1000mm以上。因为地形的关系形成大量的地形雨，无明显的干季。但是夏秋季节多对流雨，热带气旋活动也非常频繁，故夏秋相对集中。

这里的自然植被为疏林草原。疏林的乔木多矮生，不整齐，树冠不茂密，干季落叶。随着地区雨量的减少，稀疏乔木过渡到草原。植物的生长具有明显的季节规律，营养器官生长在雨季，干季一到即行结实。

7.2.1.3 副热带气候

该气候带的纬度位置在回归线至纬度33°。因为它处于副热带高压和信风控制下，致使雨量稀少，地面缺乏植被而多沙漠。世界最大的沙漠如撒哈拉、西南亚的阿拉伯、澳洲、南非的卡拉哈里、南美的阿塔卡马等，都是副热带沙漠。

副热带气候的气温年较差和气温日较差均较赤道气候和热带气候为大。它的冬温虽不低，但夏温则甚高，绝对最高温可达50℃。

副热带气候全年降水量大多在100mm以下，沙漠边缘则较多，可达250mm以上，具有显著的年变化。

生长在热带沙漠条件下的植物，因为受到水分供应的限制，或具储水组织，或改变叶态以减少蒸发，或缩短其生活过程。当雨水降落后，即迅速恢复生机，形成降雨之后，遍地花草，但历时甚短即结实枯槁。随着沙漠气候区降水条件的不同，有些地区成为没有植被的纯沙漠。

7.2.1.4 暖温带气候带

暖温带气候带在纬度33°～45°之间的地带。地理位置则是北美洲太平洋沿岸，北伸到阿拉斯加；在西欧，北展到极圈；而在东亚则南扩至北纬33°以南。

由于暖温带介于副热带和冷温带之间，随着行星风带季节性的南北移动，夏季，它在副热带高压控制和影响下，具有副热带气候的特点；冬季，在盛行西风控制之下，气旋过境频繁，具有冷温带气候的特点。

在暖温带里，由地中海气候区向东进入内陆，冬季降水渐少，春季降水渐多。再往东，春季降水亦不明显，仅有夏季对流性降水，成为大陆内部干燥沙漠气候。暖温带大陆东海岸的气候，一般均有季风性，以夏季降水为多，而且扩到纬度33°以南，如我国的华中、华南就是这样的气候。

暖温带大陆东西两岸，自然植被显著不同，农业生产也不一样。西岸地中海气候，夏季温度虽高，但干旱；冬季雨水虽多，但温度低，所以不适于乔木的生长，仅为矮小的林木和灌木的混交林。大陆东岸，夏湿而漫长，自然植被为阔叶树与针叶树的混交林。在农业生产上，大陆西岸，夏季具备灌溉条件的，虽可种植水稻等作物，但不及大陆东岸的优越；东岸由于高温和相对多雨，化学作用和淋溶作用都较快，土壤多属红壤和黄壤的森林土，比较瘠薄。

7.2.1.5 冷温带气候带

本气候带指的是纬度45°到极圈的西风盛行带。在大陆为常年盛行西风的向岸风，并受暖洋流的影响，气候具有海洋性，为常湿温和气候。由此向东，海洋性渐趋不明显，逐渐变为大陆性，为干燥气候；在亚欧大陆的东岸，冬季吹干冷的离岸风，大陆明显，为冬干寒冷气候。

表现为海洋性的冷温带气候的有加拿大的西海岸，智利南部的西海岸，特别是西欧，因为沿海是平原，西风可以深入内陆，海洋性冷温带气候表现得最为明显，区域也最辽阔。它的特点是湿润多云；冬暖夏凉；由于气旋过境比较多，日际温度变化比较大；7月凉日的温度较1月的暖日温度为低。全年各季降水都比较充足，冬半年降水较夏半年为多。一般来说，这种气候因云雾多，日照少，对农业生产是不理想的。

表现为大陆性的冷温带气候，在内陆与暖温带、副热带干燥气候区相连接，如中亚细亚和我国蒙新地区，此外，北美西部和南美巴达哥尼亚，都属此气候带。它的气候特点是气温年较差和日较差均大，夏季很热，冬季严寒，降水稀少。在南部至少有四个月月平均温度在10℃以上，冬季降雪，夏季多雷雨。天然植被以落叶林为主，农业以玉米为主。在北部月平均气温在10℃以上的时间不到四个月，其降水大部分为雪。由于温度低，蒸发弱，土壤冻结时间长，土壤水分还能维持森林的生长。天然植被为针叶林，大多种植冬小麦。

7.2.1.6 极地气候带

本气候带在亚欧和北美大陆限于北极圈以北，在海洋上偏南10个纬度。本气候带最热月月平均气温在10℃以下，其中最热月月平均气温不足0℃者为冰原气候；0～10℃之间者，可以生长苔原植物，称为“苔原气候”。

由于夏季太阳辐射易被冰雪所反射，又消耗于冰雪的融化，所以冰原气候的年平均气温是世界上最低的。正是由于冷的关系，空气下沉，降水稀少，降下冰雪全年不融，因此缺乏植被。

7.2.2 气候型

在同一气候带内，由于地理环境的不同，可以形成不同的气候特点，称为气候型。相反，在不同气候带内，由于地理环境的近似，也可以出现相类似的气候型。下面我们介绍几种主要的气候型及其气候特点。

7.2.2.1 海洋气候与大陆气候

这两种类型的气候在气候特点上几乎完全相反。

海洋气候的特点，在于它的气温日、年较差均较小。高低温度出现时间均较迟，秋天温度高于春天温度。年降水量季节分配比较均匀，冬半年略多于夏半年。全年湿度高，云雾多，日照少，但风速比较强劲，西北欧气候可作为代表。

大陆性气候日照丰富，气温日、年较差大。高低温度出现时间均较早，温度非周期变化很显著，它的春温高于秋温。年降水量集中夏季，降水变率比较大。

海洋气候与大陆气候对植物的影响，具有显著的差异，详见表7-1。

表 7-1 海洋气候与大陆气候植物生态比较表

气候类型	植被	根系	生态	生长期	森林北界	小麦蛋白质含量
海洋性	森林	不发达	营养器官发达	长	58°N	西欧 9%～12% 中欧 13%～14%
大陆性	森林过渡到草原	发达	营养器官矮小	短	72°N	东欧 18% 中亚西亚大于 20%

7.2.2.2 草原气候与沙漠气候

这两种类型的气候在性质上都是属于大陆性气候，只是在气候特征上更加大陆化。沙漠气候，更是大陆气候的极端化。它们都是以降水量少而又集中于夏季，蒸发快、雨效低、温差大等为其气候特征。

草原气候分为温带草原气候和热带草原气候。前者冬寒夏暖，年降水量不超过 450mm，很少达到 500mm，有些地区在 250mm 以下。后者夏季湿热，冬暖干燥，年降水量在 200～750mm，干湿季分明。在这样的气候条件下，一方面降水不足，其湿润条件难以保证木本植物的生长发育，另一方面也不致因干燥而缺乏植物，尚可生长草本植物。草原气候是世界上主要农业基地。温带草原是小麦和许多旱作产区；热带草原为喜温作物如棉花等重要产区，水利条件好的地区为水稻种植区。

沙漠气候是以空中水汽少，太阳辐射强，昼夜温差大，降水少为其气候特点。有时空中虽有降水，但常未落到地面即被蒸发。在沙漠气候条件下，自然植被缺乏，只有潜水涌出的凹地水草田，才有植物。由此可见，有水浇灌才能从事农业生产。

7.2.2.3 季风气候与地中海气候

季风气候的特点是夏季高温与多雨相结合，冬季寒冷与干燥相结合，夏季具有海洋性，冬季具有大陆性。地中海气候则不然，夏季高温与干旱相配合，冬季温和与多雨相配合，夏季具有大陆性，冬季具有海洋性。典型的季风气候出现在副热带大陆的东岸，特别是亚欧大陆的东南岸；典型的地中海气候出现在副热带大陆的西岸，特别是亚欧非大陆之间的地中海周围。

副热带大陆东岸，夏季，受副热带高压的影响，吹来自热带海洋的东南风，携带大量水汽，可形成大量的降雨。冬季，副热带大陆东岸，受高纬大陆气旋的影响，吹干冷的偏北风，降水很少。

副热带大陆西岸，夏季，处在海上副热带高压的东侧，气流从中纬度吹来，低层温度较低，上层常有下沉逆温，阻碍上升气流的发展和云雨的形成，致夏季干燥。冬季，因行星风的南移，这一地区为盛行西风所控制，气旋活动多，阴雨天气多，它南北延伸达10个纬度之多。

由于季风气候夏热多雨，致林木繁茂，盛产稻、棉、茶、麻、竹和油桐。冬季冷而干燥，所以林木以落叶为主，越冬作物要能抵抗低温。因为地中海气候夏热而干，冬暖而湿，所以植物可以常绿不凋，副热带果树如橘柑、柠檬可以生长良好，越冬很少受冻害。

7.2.2.4　高山气候与高原气候

由于高山与高原的海拔高度高，对于气象要素的影响有共同之处，但它们的气候特点却异多而同少，高山气候具有海洋性，而高原气候却具有大陆性。

高原上，由于陆地面积少，夏季在强烈的太阳直射下而增热，成为同高度大气层的热源。冬季和夜晚，由于地面有效辐射强烈，成为同一高度大气的冷源。因此，高原上温差比较大，高原凹地尤为明显。因为高山山巅陆地面积小，增热冷却比较缓和，所以温差小一些。

一般山地较平原降水多一些。但对高原来说，除其边缘外，海洋气团常难深入高原中心，降水量反而较少，周围被群山环绕的高原更为干燥。若高原周围有开阔的谷地，高原中心降水会多些。

随着山地地形的复杂多样，而使山地气候比较复杂。通常气温随山地高度的递减率，超过温度随纬度增高的递减率。因此，如果山地海拔达到足够的高度，自山麓到山顶的气候变化就很明显。高山的垂直景观，也像从低纬度到高纬度一样，形成垂直的景观带。这种分布同样也反映在栽培植物上：在农牧业生产上，4000m高度主要是放牧，间种青稞；1600～3000m种玉米；1000m以下种水稻。但由于栽培制度和技术的改进，再加上选育品种工作的成就，使农业种植高度正逐渐向更高的高度扩展。

7.3 中国气候特征

我国疆土辽阔，全境总面积为960万平方千米，约占世界陆地面积的1/15，占亚洲面积的1/4，比欧洲还要大。我国西起73°40′E（帕米尔高原）；东至135°10′E（黑龙江与乌苏里江的合流点）；南起3°56′N（南海南沙群岛的曾母暗沙）；北至53°32′N（黑龙江漠河附近的江心）。由于纬度南北跨49°33′，致使我国具有从赤道气候到冷温带气候的多种气候带。

我国地势西高东低，大致呈阶梯状分布，并且延伸到海洋，这有利于海洋上的湿润气流深入内地，从而带来丰沛的水汽。此外，我国地形地貌复杂多样，高山、高原、丘陵、盆地、平原、河流、湖泊等俱全，复杂的地形必然形成我国多样性的气候。

我国气候的基本特征可以给概括为以下四个方面：季风性显著、大陆性强、温差较大和降水分布不匀。

7.3.1　季风性显著

我国大部分地区都有季风，是世界上季风最显著的国家之一。我国气候在气温和降水上明显地表现了季风性显著的特点。冬季，盛行大陆季风，风由大陆吹向海洋，我国大部分地区天气寒冷而干燥，使我国成为世界同纬度最冷的国家。夏季，盛行海洋季风，风从海洋吹向大陆，湿热的夏季风带来丰沛的热量和水汽，使我国为世界同纬度上除沙漠干旱地区外最热的国家。同时由于夏季风是我国大陆水汽的主要输送者，所以我国绝大部分地区的降水集中在5～9月的夏半年里，而且各地雨季的开始和结束与夏季风进退基本一致。一般夏季风自4月下旬～9月下旬控制华南，雨季长达5个月左右；华中夏季风自6月中旬开始，9月中旬退出，雨季长约3个月；华北夏季风始于7月中旬，到9月上旬结束，雨季不到2个月。但由于历年夏季风进、退日期波动很大，所以往往造成我国季风区域降水量很不稳定，经常有旱、涝灾害发生。

7.3.2 大陆性强

由于我国背靠着亚欧大陆，因而气候受大陆的影响甚于海洋，两种气候的分界线大体在淮河、秦岭一线或附近，夏季风较强且持续时间愈长的地区，海洋性气候愈显著，如华南地区和南海区域；反之，大陆性气候特别强。如东北、内蒙古等。

气候的大陆性常采用“大陆度”来表示，大陆度是表示某地气候受大陆影响程度的指标。用K表示，大陆度的计算公式为：

$$K=\frac{1.7A}{\sin\phi}-20.4 \tag{7-1}$$

式中，K表示大陆度；A表示气温年较差；ϕ表示纬度。

当$K>50$时，说明该地区受大陆的影响大，表现为大陆性气候，K值越大，大陆性气候越显著。

当$K<50$时，说明该地受海洋的影响大，表现为海洋性气候，K值越小，海洋性气候越显著。

当$K=50$时，说明该地区受大陆的影响与受海洋的影响相当，表现为大陆性气候与海洋性气候之间过渡带气候特征。

我国各地大陆度的大小如表7-2所示。从我国各地大陆度的分布可知，大体在温州、南平、英德、柳州、龙洲一线以西以北的地方，大陆度在50以上，为大陆性气候；此线以东以南的地方，才具有海洋性气候特色。从表7-2我国各地的大陆度可看出，台湾及南海诸岛的大陆度最小，新疆和东北地区最大；同时我国气温的年较差比世界上同纬度地方大得多，所以我国气候的大陆性比世界同纬度其他地方强得多，这是我国海陆分布和季风活动共同作用的结果。

大陆性气候的一般特征是，冬寒夏热，春温高于秋温，气温年较差大，降水集中在夏季。

表7-2 我国各地的大陆度

地点	大陆度	地点	大陆度	地点	大陆度	地点	大陆度	地点	大陆度	地点	大陆度
西沙	17	南宁	45	贵阳	57	兰州	63	大连	67	呼和浩特	74
台东	17	广州	47	上海	58	济南	64	银川	70	库车	77
昆明	25	福州	47	杭州	61	酒泉	64	太原	71	哈尔滨	83
康定	33	成都	50	北京	61	南昌	66	郑州	71	乌鲁木齐	86
拉萨	39	重庆	52	汉口	63	西安	66	沈阳	76	吐鲁番	89

7.3.3 温差较大

我国气温的年较差和气温的地理分布，都体现了大陆性强和季风性显著的特点。

我国气温年较差从南向北、从沿海向内陆逐渐增大。全国最热月几乎都在 7 月，最冷月都在 1 月。秦岭以北地区，春温均高于秋温，我国各地气温年较差均比同纬度的其他国家或地区大（表 7-3）。

表 7-3　气温年较差比较（℃）

地　　点	1 月份平均气温	7 月份平均气温
北京(40°)	−4.7	26.0
华盛顿(39°)	0.9	25.1
同纬度平均(40°)	5.5	24.0

我国冬季比世界同纬度各地气温低；夏季比世界同纬度各地气温高。表现出冬季寒冷、夏季炎热的气候特征。而且我国随着纬度的升高，气温年较差增大，与世界同纬度的国家或地区的差异也越大，这也正符合大陆性气候的特征。

温差较大还表现为时间变化差异大和和空间分布差异大。

7.3.3.1　温度时间变化差异多

由于我国气候具有大陆性，所以在温度的时间变化上比较剧烈。

(1) 春秋升降温北方快于南方　我国温度随着四季交替的变化，无论春季的增温和秋季的降温，都是北方快于南方，内陆快于沿海。其原因是，北方和内陆春季辐射差额上升、秋季辐射差额下降的情况，都是北方和内陆快于南方和沿海（表 7-4）。

表 7-4　广州与北京温度变化比较（℃）

地　点	1 月	4 月	1～4 月升高值	7 月	10 月	7～10 月下降值
广州	13.6	21.7	8.3	28.3	23.5	4.8
北京	−4.6	13.8	18.4	26.2	12.8	13.4

(2) 四季气温日较差　我国四季气温日较差各地参差不一。一般来说，北方春季最大，长江流域春秋相近，华南沿海秋季大于春季。年平均气温日较差，北方大于南方，内陆大于沿海，长江流域因四川盆地多云雾，似有沿海大于内陆的趋势，云南高原因为地势较高，陆地面积较大，致使气温日较差华南沿海为大。

7.3.3.2　温度分布空间差异大

在空间上的差异，我国地理条件复杂，气温的空间分布千差万别。

(1) 冬夏高低温中心的位移　1 月份，我国有两个高温中心和两个低温中心。高温中心一个在海南岛南部，另一个台湾省南端。低温中心一个在新疆东北角的富蕴地区（青河 −23.5℃）；另一个在大兴安岭北端的根和区（根和 −31.5℃）。

夏季温度分布比较复杂，7 月份平均气温在 30℃以上的高温中心也有两个：一个在江西信江下游（贵溪 30.2℃），另一个在新疆吐鲁番（33.0℃）。

(2) 南北温差冬季大于夏季　冬季（以 1 月为代表），我国等温线几乎与纬度平行，气温从南到北随着纬度的升高而降低。平均纬度增加 1 度，气温降低 1.5℃。北方广大地区，千里冰封，万里雪飘，黑龙江北部 1 月份平均气温可低于 −30.0℃，在淮河流域以北地区低于 0.0℃，在淮河流域以南地区都高于 0.0℃，而广东、广西、福建和云南等省的中南部，气温却在 10.0℃以上，到了海南岛可高于 20.0℃。

夏季（以 7 月为代表），我国等温线几乎与海岸线平行，南北温差较小。在海南岛 7 月平均气温在 25.0℃以上；而哈尔滨 7 月平均气温也在 20.0℃以上，纬度影响明显减弱

(表 7-5)。

表 7-5 广州与哈尔滨月平均气温(℃)

项 目	广 州	哈 尔 滨	两地温差
1月	13.4	−19.7	33.1
7月	28.3	22.7	5.6

7.3.4 降水分布不匀

我国降水的季风性，远甚于大陆性。雨季起讫和季风进退在时间上基本一致。

同一地区，由于夏季风强度不同，降水量就不同。同一时间，由于各地夏季风盛行时间长短不一，造成不同地区的降水量及雨季时间长短不同。所以全国年降水量的分布和各地降水按季节的分布比较复杂。

7.3.4.1 降水的季节分布

降水季节分配不均匀。由于夏季风是我国大陆上空水分的主要输送者，所以我国各地降水量多集中在夏季，纬度越高，夏季降水越集中。夏季（6～8月）的降水量在秦岭以南约占全年的35%～45%，秦岭以北，愈往北愈集中于夏季，华北、东北约占全年的60%，内蒙古和河西走廊的部分地区可达70%。冬季降水量最少，纬度越高，降水量越少，春、秋季降水量介于冬、夏季之间。我国夏季雨量多，且暴雨也主要集中在夏季，加之温度高，雨热同季，一旦遇到反常现象，易造成旱、涝灾害，对农业生产影响巨大。

7.3.4.2 降水的空间分布

我国年降水量的空间分布与各地夏季风盛行的时间有密切的关系，总体趋势是由东南沿海向西北内陆逐渐减少。东南沿海、台湾、海南岛许多地方年降水量超过2000mm，台湾的火烧寮年平均降水量达6585mm，为全国之冠，长江中下游地区在1000mm以上，华北地区在600mm左右，西北地区受夏季风影响的强度弱、时间短、水汽少。塔里木盆地、柴达木盆地边缘许多地方年平均降水量都在20mm以下，是全国年平均降水量最少的地方。

我国各地一年降水日数的空间分布总体趋势是东南多、西北少，从东南到西北逐渐递减，西北地区一年雨日不到80天。但是，雨日数较少地区是出现在三个盆地（准噶尔盆地、塔里木盆地和柴达木盆地），一年雨日数不到20天。

此外，我国降水分布的另一个特征是，不论湿润区还是干燥区，都是山区降水量比平原多；迎风坡降水量比背风坡多。例如，太行山的东坡是东南季风的迎风坡，年降水量达800mm以上，而背风坡的山西汾河河谷却在500mm以下，南岭和武夷山的迎风坡也较附近低地多400～600mm。

由于我国东南部分水分充足，农作物生长茂盛；西北部多数为干旱区，农作物种类较少，甚至为荒漠地带。

我国气候的以上特点，对农业生产有重大影响。夏季的炎热，提高了热量资源，使我国广大北方地区都能种植水稻、棉花等喜温作物，其分布界限之北，为世界罕见；同时夏季的多雨又提供了充足的水分资源，雨热同季，为发展农业生产提供了十分有利的气候条件。但由于季风性气候的不稳定，我国旱涝等气象灾害较多，每年都给农业生产造成不同程度的损失，这是我们必须要注意到的另一个方面。

7.4 本省（区）气候特征（内容自拟）

复习思考题

1. 什么是气候？气候的形成因素有哪些？
2. 人类活动对气候的影响表现在哪些方面？
3. 简述中国气候的主要特征。
4. 试分析中国气候的季风性在农业上有哪些优势。
5. 分析本省（区）气候的优、劣势。

第8章 农业气候资源

学习目标

了解农业气候资源具有循环性、不稳定性、整体性和不可替代性、可调节性的特征；了解农业气候资源分析的内容；熟悉因地制宜、趋利避害、改革种植制度，发挥各地气候资源优势，有效利用农业气候资源的途径。

农业气候资源是一个地方的农业气候条件对农业生产发展的潜在能力，是自然资源的重要内容，光、热、水三者通常称为农作物的农业气候三要素。农业生产的对象和过程无不受气候条件的制约，作物生长期内光、热、水等条件供应和配合得愈好，产量就越高。为充分合理地利用气候资源，最大限度地抵御不利的气候条件，协调农业生产与气候条件之间的关系，鉴定气候条件对农业生产利弊程度，提出相应的农业技术措施是非常必要的。

8.1 农业气候资源的特征

气候资源是一种重要的自然资源，气候要素的数量、组合、分配状况对农业生产有重要影响，从农业生产的角度出发，农业气候资源具有以下特征。

8.1.1 无限循环性和单位时段的有限性

由于地球的自转和公转，形成地球上大部分地区的寒来暑往，冬尽春至，昼夜轮回。如此循环不已，周而复始，致使光、热、水等农业气候资源均有明显的周期性变化，年复一年、不断更新循环，具有无穷无尽的循环性，从总体上看，光、热资源是取之不尽、用之不竭的。但在某一具体时段又是有限的，每年农业生产都受到季节性的限制。

8.1.2 波动性和相对稳定性

气候因素并不是一成不变地进行周期性循环的，而是不断地波动着。纵观地球气候史，冷暖干湿交替不必赘述，短期内年际间气候要素也是起伏波动的。气候的波动必然引起产量的波动，限制气候资源的利用，给农业生产带来不利影响，甚至灾害。但对于特定地区，尽管每年都发生不同程度的波动，仍然是围绕着多年平均值起伏振动，所以对于特定地区农业气候资源又具有相对稳定性。

8.1.3 区域差异性和相似性

气候资源在空间上亦有明显的地区差异和相似性。由于不同地区纬度、海陆分布以及地势地貌与下垫面特性的不同，因而造成了大范围光、热、水资源的显著区域性差异。而海拔高度和坡向坡度等小地形的不同，使小区域内的农业气候资源也存在显著差异。常形成多种气候类型。同一气候类型在地理位置上可能不连续，所以不同地区气候类型又具有相似性。可用农业气候相似的原则进行区划，提出合理利用的途径。

8.1.4 互相依存性和可调节性

光、热、水诸要素并非独立地发展变化的，而是相互依存、相互影响。一种要素的变化会影响到另一种要素的变化，因此某一要素的过量或不足均会影响气候资源的有效利用。农业气候资源具有可调节性。随着科学技术的发展，人类改变与控制自然的能力逐渐增强，在一定程度上可以改善局部或小范围的环境条件，气候资源的潜力能更有效地得到利用。如干旱地区，水利条件的改变，可以提高温度的利用率。北方冬季保护地栽培技术措施，如日光温室、塑料大棚的应用，使冬季的光资源得到充分利用。

8.2 农业气候资源的分析与利用

农业气候资源分析是根据农业生产的对象与过程对气候条件的具体要求，鉴定分析当地的气候条件，做出农业气候条件正确评价。首先，将农业生产对象和过程与气候因子之间的关系用量化指标表示出来；然后用这个指标分析气候条件的时空变化规律，鉴定其农业气候特征，评价对农业高产、高效、优质的满足程度；最后提出充分合理利用农业气候资源的具体措施。

8.2.1 农业气候资源分析的内容

8.2.1.1 光、热、水资源分布规律

分析光、热、水等气候要素的时空分布规律，农业生产对象和过程之间的关系，为农业布局、农业结构调整、种植制度的改革、优良品种引进提供依据。

8.2.1.2 气候资源与作物的关系

充分分析气候条件与农作物的生长发育及品质形成之间的关系，以及对作物光合、呼吸、蒸发等物质与能量转化过程的影响，为充分利用气候资源生产更多农产品提供依据。

8.2.1.3 气候与农业气象灾害的关系

认真分析气候条件与农业气象灾害、病虫害之间的关系，为抗、避、防这些农业气象灾害提供依据。

8.2.1.4 气候与农业技术

合理分析气候条件与农业技术措施之间的关系，为耕作方法调整、科学栽培作物提供依据。

8.2.2 农业气候资源的利用

对农业气候资源分析的目的是为了寻找合理利用农业气候资源的途径。总体而言，我国的光能资源比较丰富，而热量和水分资源的开发利用水平是决定我国当前农业生产水平的主要因素。

8.2.2.1 根据农业气候资源的特点，调整种植制度

农业气候条件和资源，是确定一个地区合理种植制度的重要依据；合理的种植制度又是科学地开发利用农业气候资源发挥生产潜力的重要措施。合理的种植制度，是在一定耕地面积上为保证农业产量持续稳定全面增长的战略性的农业技术措施。在我国气候条件复杂、作物种类和品种丰富多样的条件下，科学改革种植制度尤为重要。从农业气候资源利用来看，确定一地适宜的种植制度必须考虑以下几个方面。

① 根据当地农业气候资源（主要考虑热量、水分资源），结合作物种类和品种对热量、水分的要求，考虑确定作物种类、品种、熟制、轮作倒茬种植方式以及复种指数等，为作物合理布局提供依据。

② 结合当地气候规律，确定适宜的种植制度，合理安排作物种类和品种熟制，以趋利避害，有效利用农业气候资源。

③ 种植制度的演变和发展，是以农业气候资源为前提的。种植制度的好坏，在于是否合理地利用农业气候资源，为确定适宜的种植制度提供科学依据，做到种植制度的历史继承性、相对稳定性和对各类农业气候资源的适应性。

④ 在确定种植制度时，既要有利于粮食生产，又要因地制宜，有利于多种经营以便充分发挥农业气候资源的优势。

在进行种植制度改革时，必须科学地分析当地农业气候资源，要符合当地农业生产特点，不能盲目实施。

8.2.2.2 合理进行农业布局

作物布局主要指作物种类、品种、熟制以及种植方式的地域配置，它关系到能否在某一地区综合、全面地开发利用农业气候资源和科技成果的问题。中国幅员辽阔，地形复杂，气候多样，具有多种农业气候类型，根据各地农业气候资源特点及作物本身的生物学特性，合理布局，宜农则农，宜牧则牧，宜林则林，实行区域化种植、专业化生产。因此，这是一项综合性很强的工作。如美国将一半以上的小麦集中在两个小麦带内，2/3 的玉米集中在适宜种玉米的玉米带内，日本利用丘陵起伏的地形，集中发展柑橘，仅在佐贺县 1.46 万公顷柑橘就年产 360kt，接近我国年产总量，类似佐贺县气候条件（光照 1977h），在我国浙闽山地，湘赣丘陵地区和粤、桂等地处处皆是发展柑橘种植的理想基地。

8.2.2.3 根据农业气候相似的原理科学引种

要想最大限度地提高农业经济效益，必须成功引进优质作物品种。但引种时，必须考虑引进地与原产地的气候条件是否相同或相近。也就是说在引种时要着重考虑对某种农作物生长、发育、产量起关键作用的农业气候条件。如果不科学地分析原产地与引种地的气候条件，不很好地运用农业气候相似原则，盲目引种，必定会导致减产或失败。如我国 20 世纪 70 年代曾先后引进 20kt 黑麦，分发全国 20 多省（区）试种扩种，由于对原产地气候条件没有真正搞清楚，且对黑麦特性材料不加分析，生搬硬套，导致许多地区引种失败。例如，在长江流域生长期多雨，而黑麦后期不适应高温阴雨天气，白粉病、赤霉病严重，华北平原后期气温高，不利于黑麦灌浆，千粒重下降。但我国 0.06km^2 产 500kg 以上的西藏高原肥麦，原产于海拔 10m 以下的北欧丹麦，从气候分析上看，两地气候差异很大，但是在肥麦产量形成期间，两地农业条件十分相似，所以适宜引种，并取得成功。因此引种过程中必须根据多年气候资料进行详细分析，引种才能成功。

8.2.2.4　因地制宜，发挥各地气候资源的优势

我国的气候资源是多种多样的，对许多农作物来说，不仅有高产区，还可以找到产量和质量兼优的地区。只要我们认真分析本地区气候资源的特点，就可以找到最适合本地区种植的作物。

例如，小麦的蛋白质含量与灌浆成熟期平均气温的高低和大陆性气候的强弱有关，因此我国北方小麦的蛋白质含量比南方的高 2%～6%。甘蔗的含糖量与热量条件有关，台湾、广东、广西沿海和海南岛的甘蔗含糖量可达 13%以上，若种在洞庭湖区，含糖量只有 8%左右。因此，只要我们把本地的气候优资源优势转化为产品优势，就能取得最佳经济效益。

复习思考题

1. 气候资源有何特点？中国农业气候资源的生产潜力如何？
2. 怎样开发利用本省（区）的气候资源？
3. 了解一下你家乡在开发利用气候资源方面做了哪些工作。

第9章 农业小气候

学习目标

熟悉小气候、农田小气候的概念及特征；掌握农田耕作与栽培措施的小气候的效应；了解地形、水域、果园等小气候的特点。

9.1 小气候

9.1.1 小气候的概念

在小范围下垫面性质和地面状况不同的条件下，由于下垫面的辐射特性和空气交换过程的不同而形成的局部气候特点，称为小气候。小气候在贴地气层中表现最为显著。离下垫面越远，越不明显，到某一高度之上，便和大气候混同起来。

9.1.2 小气候的特点

小气候与大气候存在着很大差异，主要表现在气象要素在水平方向上和铅直方向上的变化。对于大气候来说，气象要素的变化比较缓和。例如温度的变化，在水平方向上，彼此相距100km仅差十分之几度；但对小气候来说，气象要素的变化很剧烈。例如温度的变化，在水平方向上，彼此相距几米的距离内，可能就有几度之差；在铅直方向上，贴地气层中的温度梯度，折合成100m计算，可达几百度甚至上千度。另外，小气候在温度、湿度和风的日变化上，表现得更为显著，这就是小气候的特点。

小气候研究的内容主要有：不同性质下垫面的小气候特征及其成因；热量、水汽的交换状况；小气候特征对生产活动的影响以及如何改变小气候特征等。

由于下垫面性质和构造多种多样，小气候可分为很多类型，如农田小气候、谷底小气候、坡地小气候、水域小气候、防护林小气候、保护地小气候等。

9.1.3 农业小气候

农业小气候是指农业生物生活环境（如农田、果园、畜舍等）和农业生产活动环境（如喷施农药、农产品储运环境等）内的气候。农业小气候种类繁多，如农田小气候、园林小气候、温室小气候、畜舍小气候等。

9.2 农业小气候形成的物理基础

9.2.1 活动面和活动层

由于小范围地表状况和性质的不同，引起了下垫面辐射收支的差异，从而形成了各种小气候，这是小气候形成的能量基础。

9.2.1.1 活动面

凡能借助辐射作用吸收和放射热量，从而调节邻近气层和土层（或其他物质层）温、湿度状况的表面，称为活动面。它是一个物质面，是气层和物质层的交界面，是物理特性急剧改变的地方，是上、下物质层中温度和热量变化的源地。所以，活动面在小气候的形成中，起着非常重要的作用。活动面可以把一种形式的能量转化为另一种形式的热量，因而它能影响活动面以上的空气层和活动面以下物体的热量状况；活动面还可以把一种形态的水改变为另一种形态的水，因而直接影响活动面以上空气层和活动面以下物体的湿度，同时也间接影响它们的温度；活动面还能影响贴地气层中热量、水分和二氧化碳的分布。

下垫面性质不同，活动面位置也不同。在裸地上，土表面就是一个活动面；在水域上，水面就是活动面。由于不同物质层的辐射特性、热力特性和动力特性不同，活动面向上或向下输送热量的方式与强度有明显的差异。裸地活动面向上主要是通过乱流传导与空气层进行热交换，而向下则靠直接传导和土层进行热交换，土壤和空气的热特性和动力特性具有很大的差异，因此二者热交换所能达到的高度差别也很大。

在有植物的农田、果园和森林，一般有两个活动面：内活动面和外活动面。内活动面是指气层和土层的交界面（即土面）；外活动面是指气层和作物层的交界面（一般位于植株2/3株高处）或冠层中枝叶密集处。

农田中不同生育期，活动面是变化的。植株幼小时，无外活动面，作物田和裸地一样，土面就是活动面；田间封垄后，尤其在生育盛期，外活动面形成，即植株茎叶最密集处（谷类作物大约是植株2/3株高处），为外活动面。到生育后期，植株茎叶枯萎，外活动面逐渐消失，内活动面又重新显露。在作物一生中，生育初期和后期，内活动面起作用；在生育盛期，外活动面起主要作用。在生产中，通过密植措施，改变外活动面，可以改造株间小气候；通过土壤耕作措施，改造内活动面，可以调节土壤温度和水分，为植物生长创造适宜的小气候环境。

9.2.1.2 活动层

在作物层中，作物与环境的热量交换不只涉及一个面，而是涉及一定厚度的作物层，这一定厚度的作物层就是活动层。在农田中，不论是短波辐射，还是长波辐射，作物层几乎就是活动层。

9.2.2 活动面辐射差额

在相邻的农田上，太阳辐射和大气逆辐射的到达量是完全相同的，但由于农田的作物种类、种植密度等不同，使得农田辐射交换过程显著不同，因而使农田小气候各具一格。或者说就形成了特点各异的农田小气候。

到达作物层中的太阳辐射，一部分被叶面所吸收，一部分被叶面反射，还有一部分通过茎叶深入下层，而吸收、反射、透射三种作用在整个作物层中是多次反复进行的。

在作物田中，由于群体密度和叶片排列方式的不同，叶片对投射来的太阳辐射的吸收、反射以及长波辐射交换都有明显的差异。叶片朝上的一面，不但接受来自上方的太阳直接辐射和散射辐射，还要受到上层叶片背面的再反射和长波辐射的影响；同时，叶片背面也受到下层叶片和土面反射而来的短波辐射与长波辐射的作用。总之，在农田作物层中，由于茎、叶、穗等器官的表面积随高度的分布而配置不同，辐射交换具有多次反射或辐射的特点。观测资料表明，植株上部茎叶的分布密度，主要影响太阳辐射能进入作物层中的射入量和反射量；而下层茎叶分布密度，主要影响来自下面的辐射。因此，农田的辐射交换还与作物群体结构有着密切关系。

由此可见，农田的辐射因子是形成小气候的能量基础。由于小范围地表状况和性质的不同，引起辐射收支差异，从而形成了各种类型的小气候。

9.2.3 活动面的乱流交换

农田中的乱流交换，是农田小气候形成的动力基础。它对作物层中热量和水汽的输送，起着决定性作用。农田中乱流结构不同，就形成了作物层中温度、湿度和二氧化碳的分布和变化特点。

和裸地不同，农田中乱流强度取决于作物群体结构的特点。例如，农田中的乱流涡旋体，一般近似于卵形，其大小受枝叶阻挡的限制。特别是在密植田中，大量存在的是较小的涡旋体，运动速度比较慢，因此，热量和水汽的铅直输送强度都比裸地小，温度、湿度的上下差别也不大。

农田中空气的乱流运动，是由热力和动力两种原因共同起作用的结果。白昼热力因素起主导作用，夜间或阴天，动力因素占据首位。在农田中，空气的乱流运动，不仅与作物层中的温度、风速有密切关系，同时还随作物的株型、高度、密度的不同而变化。作物生长初期，田间尚未封垄，农田的乱流和裸地差别不大，小气候特点也比较接近；到生育盛期，田间封垄以后，农田乱流和裸地就大为不同，从而形成农田小气候特征。

总之，农田空气乱流主要随作物高度和密度的不同而变化。当作物高度和密度越大时，受农田制约的乱流高度越高，反映出农田小气候特征的层次就越厚。

9.2.4 活动面的热量平衡

农田中活动面热量收支差额的变化，是引起活动面温度变化的直接原因。而活动面温度的变化，又是临近气层、土层和作物层温度变化的源地。农田中温度、湿度和风的分布与变化，都受活动面或活动层热量差额的影响。在前面我们学习过裸地上的热量平衡公式(2-1)，表示为：

$$R=P+B+LE$$

另外还有地面热量收支的公式(2-2)，表示为：

$$Q_s=R-P-B'-LE$$

农田同裸地相比，农田活动面的热量平衡就比较复杂，在农田里，不仅包括裸地活动面热量平衡 P 和 B 两项，而且由于作物的存在，白昼农田辐射平衡 R_T 还有一部分消耗于作物净光合作用 LA（A 为单位时间、单位面积上同化二氧化碳的数量，L 为同化单位质量二氧化碳所消耗的热量）；作物体增温所吸收的热量 Q_T 以及作物体茎叶传导的热量 Q_C，活动

面向土面的乱流热交换 P_T 和农田蒸发耗热 LE_C（包括土壤蒸发和植物蒸腾）等。因此，农田活动面的热量平衡方程为：

$$R_T=P+P_T+B+LE_C+LA+Q_T+Q_C \tag{9-1}$$

在农田中，由于 LA，P_T，Q_C，Q_T数值都很小，可忽略不计。所以，农田活动面的热量平衡方程可简化为：

$$R_T=P+B+LE_C \tag{9-2}$$

这个式子，同裸地相比，形式上是一样的，所不同的是表现在各个分量的大小上。例如，生育盛期的麦田，白昼农田活动面获得的辐射能量有50%消耗于农田蒸发 LE_C 上；有37%消耗于空气增温上；有13%消耗于土壤增温上。可见，农田活动面辐射平衡热量，主要消耗于农田蒸发上，而裸地则主要消耗于空气增温上，各分量所占比例会有很大差异。

9.3 农田小气候

农田小气候是以作物为下垫面的一种特殊小气候。是研究土壤耕作层和贴地气层（一般2m）中光、热、水、气、风的变化。它在很大程度上取决于农田中作物的种类、生长密度与高度、长势与长相以及所采取的农业技术措施等。实践证明，合理的耕作措施和管理技术，能促使农田小气候向着植物生长发育需要的方面改善，有利于农业的高产稳产。

由于作物种类不同，作物随生育期的进展、植株生长高度和密度不断变化，农田活动面的性质有明显差异。农田热量平衡同裸地光、温、湿、风等分布与变化有很大的区别。

9.3.1 农田中光的分布

农田中光的分布，主要决定于作物植株高度、密度和叶层分布、叶片倾角与方位等。无论哪一层的叶片，光线主要是来自上方，而来自下方的反射光是比较微弱的。来自四方的侧光，在植株上层，受太阳方位角和高度角的影响是很明显的。越到植株下层，则越是均匀。

据现代研究，当光线通过叶层后，它的强度是呈对数曲线降低的，即适合比尔-朗伯特定律：

$$I=I_0e^{-KF} \tag{9-3}$$

式中，I_0 表示植株顶以上的照度；I 表示株间某一高度的照度；I/I_0 表示相对光照度（≤1）；e表示自然对数的底；F 表示株间某一高度以上的累计叶面积指数；K 表示叶层的消光系数。

K 值是表征作物群体的一个特征量，其大小决定于作物的生育期、种植密度、叶片排列状况、叶片倾角和太阳高度角等。如果叶子小，平铺且个体均匀，K 值为1；如果叶子较大，甚至叶面积分散和层次参差现象，则 K 值增大，光强下降快；如果叶子透光和反光，使 K 值减小，光强下降慢。

光强在株间随高度的分布，对作物光能利用率有密切关系。当 K 值很小时，株间各层光强相差很小，光强较大，单株净光和强度较高，但作物种植密度过稀，漏光损失大，光能利用不充分，总产量往往不高；反之，在高密度种植的农田，K 值很大，田间郁闭，透光不良，光强随株高降低而迅速减弱，单株生长不良，总产量也不高。研究表明：只有当叶面积指数按算术级数增加，而光的透过量按几何级数减少，K 值接近于 1 时，作物单株产量和总产量，才有可能是双高涨的。

作物生育初期，上、下层间的相对光强的差别一般不大。封行以后，在作物生育盛期，它们的差别逐渐增大。到作物生育的关键时期，要求光强随植株高度的降低而减弱的速度应比较适中，不能出现急剧减弱的现象。例如，在水稻栽培中，力求叶挺；棉花要求宝塔式株型，小麦要力求紧凑型等，就是为了保证农田株间光强的分布有适当的比例。生育初期和后期，只要上部有足够的光强，就能保证叶片的功能，而不致影响作物产量。

9.3.2 农田中温度的分布

农田中温度的分布，主要决定于农田辐射和乱流交换状况。在作物生育初期，植株矮小，对地面的遮蔽不大，农田外活动面还未形成，热量收支各项数值和裸地相差很小，不论白昼和黑夜，农田温度分布和变化与裸地基本相似。即午间离地面越近的地方，温度越高；夜间正好相反。

在作物封垄后的生育盛期，茎高叶茂，农田外活动面形成。这时株间和株顶的空气交换受到枝叶阻拦，株间乱流交换大为降低，原来地面的吸热和放热作用，逐渐被农田外活动面所代替。因此白天的最高温度和夜间的最低温度出现的高度由地面转移到外活动面附近。

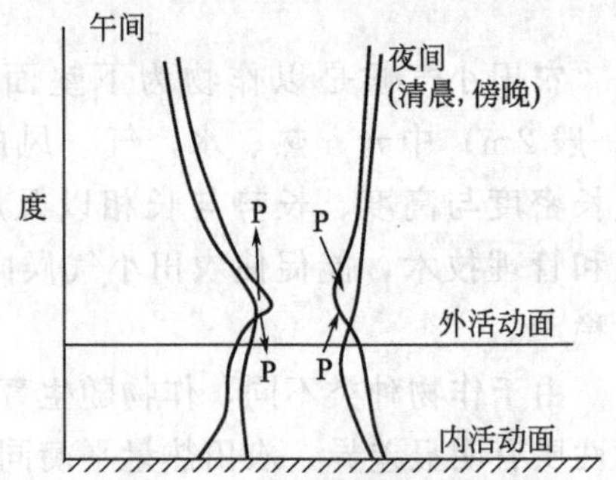

图 9-1 温度廓线和活动面

在作物生长后期，茎叶枯萎脱落，外活动面逐渐消失，农田中温度的分布又和生育初期接近，如图9-1所示。

一般情况是，农田中作物层和裸地相比，夏季和白天，农田比裸地温度低；冬季和夜间，农田比裸地温度高。

9.3.3 农田中湿度分布

农田中湿度的分布和变化，除决定于温度和农田蒸发外，主要决定于乱流交换的强度。白昼空气乱流使水汽从蒸发面向上输送，夜间使水汽流向作物层，并凝结为露或霜。

农田中绝对湿度的分布，在作物生物初期，和裸地差不多。到生育盛期（封垄后），农田外活动面形成，茎叶密集的活动层就是主要的蒸腾面。因此这时农田绝对湿度的分布，同温度分布相似。即午间，靠近外活动面绝对湿度较大，清晨、傍晚或夜间，外活动面有大量露或霜形成，绝对湿度比较小。作物生长后期，农田绝对湿度的分布，和裸地又几乎一样了，即白昼随高度降低，夜间相反。

农田中相对湿度的变化比较复杂。它决定于温度的变化和空气中水汽含量（绝对湿度）的分布。一般在作物生长初期，和裸地相似，不论昼夜，相对湿度都是随高度的升高而降低。到了作物生育盛期，白昼，在茎叶密集的活动层附近，相对湿度最高，地表附近次之；夜间外活动面和内活动面的气温都比较低，株间相对湿度，在所有高度上都比较接近。到生育后期，白昼相对湿度和生育中期相近；夜间地面温度较低，最大相对湿度又重新出现在地表附近。

9.3.4 农田中风的分布

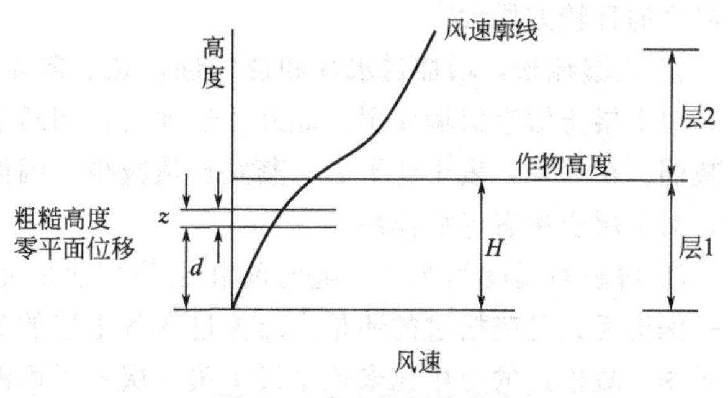

图 9-2 农田中风的分布

在作物整个生育期中，农田株间的风速分布，一方面随作物生长高度和密度的变化而变化，同时还与栽培措施也有一定关系。例如，在平作和间作套种的农田中，风速分布就有很大不同。一般情况下，裸地风速为零的高度，离地面很近；而在作物田中，株间风速分布状态，在作物层之上，风速随高度增加呈指数状态增大；但在植株之间，风速随高度增加比较缓慢，不出现指数状态。在株间茎叶最密集的高度处，风速为零。

在这一层以上开始出现作物层和其上层气流的乱流交换，而这一层中，动量、热量、水汽和二氧化碳的输送，主要靠分子扩散。如图 9-2 所示，为农田中风的分布曲线。

9.3.5 农田中二氧化碳的分布

农田中二氧化碳的分布和变化，主要决定于大气本身二氧化碳含量、作物呼吸作用的释放量以及作物光合作用的消耗量，同时还与风速、乱流交换强度有关。

一般情况下，株间二氧化碳浓度，越贴近地面，浓度越大，这说明土壤是地面二氧化碳的源地。夜间二氧化碳浓度随高度升高而降低，主要是由于作物的呼吸作用释放二氧化碳所致。从清晨到中午，由于光合作用消耗，使得在作物茎叶最密集的高度处二氧化碳浓度最低。即白天的任何时候，作物层内二氧化碳浓度最低的部位，就是光合作用最旺盛的层次。在午后，由于植株上部叶片部分或全部凋萎，气孔关闭，二氧化碳的消耗减少，其浓度随高度的增加而增加。在静风条件下，由于乱流交换所补充的二氧化碳，不足以维持作物的消耗，因此，上述现象更为明显，二氧化碳的最低值可降至接近地面的地方。夜间，由于作物呼吸作用，释放二氧化碳，因此农田中二氧化碳的浓度由下而上不断递减。

总之，在作物层以上，二氧化碳浓度逐渐增加，而在作物层内，则迅速减少，在叶面积密度最大层附近为最低。昼间，特别是中午，农田中二氧化碳，是从上而下输送，地面附近则从地面向上输送。

9.4 农田耕作与栽培措施的小气候效应

9.4.1 耕作措施的小气候效应

耕作措施主要是指耕翻、镇压、垄作等。这些措施主要是改变土壤的热特性和水文特性，使土壤热交换和水分交换发生变化，从而调节温度和湿度，为作物生长创造适宜的农田小气候环境。

9.4.1.1 耕翻

耕翻即耕地、铲地和翻地，即疏松土壤。其小气候效应表现为以下几个方面。

① 土壤空隙增大，使土壤的热容量和导热率减小，削弱上下层间的热交换，使土壤表

层温度的日较差增大。

② 土壤疏松，增加透水性和透气性，在有降水时将减少地表径流，提高土壤的蓄水能力，对下层土壤有保墒作用。此外，耕地后，切断了土层毛管联系，使土层水分上下交换大为减弱。在旱季，表土变干后，蒸发耗热减少，因而表层温度较高，下层温度较低而湿度较大，对下层土壤有保墒作用。

③ 耕翻对温度的调节，随时间和土壤层次的不同而变化。在昼夜等长的春秋季节里，同一深度无论是疏松过的还是未疏松过的各土层的日平均温度，基本是相同的；在昼长夜短的夏季，疏松过的土壤比未疏松过土壤各层日平均温度高；在昼短夜长的冬季则相反；疏松过的土壤各层平均温度要偏低。低温季节，松土层有降温效应，下层有增温效应；在高温季节，松土层有升温效应，下层有降温效应。同时，由于土壤蒸发的降低，土壤因水分蒸发而消耗的热量减少，蒸发耗热减少也是松土能提高表层土温的原因之一。表 9-1 即为耕作田与未耕作田土壤温度比较表。

表 9-1 耕作田与未耕作田土壤温度比较表

时 间	05 时			15 时			日平均		
深度(cm)	0	5	10	0	5	10	0	5	10
耕作田土温(℃)	9.6	12.4	16.4	36.4	29.0	23.8	23.0	20.7	20.1
未耕田土温(℃)	11.6	13.8	15.4	31.0	27.6	24.2	21.3	20.7	19.8
温度差值(℃)	−2.0	−1.4	+1.0	+5.4	+1.4	−0.4	+1.7	0.0	+0.3

④ 疏松的土壤有利于土壤呼吸，使土壤中的二氧化碳逸出土层而进入大气中以及大气中的氧气进入土壤中。

⑤ 对土壤耕翻，切断了土壤上下层的毛管联系，因而阻止了土壤水分的上升，减弱了土壤水分的消耗，保存了土壤中的水分，提高了土壤湿度，尤其对下层水分的储存有利。所谓“锄头底下有水又有火”即是这个道理。

9.4.1.2 镇压

镇压是压紧土壤的一种措施。镇压与耕翻的小气候效应正好相反。镇压与未镇压农田土壤温度的比较，如表 9-2 所示。

① 镇压后，使土壤容重和含水量增加，减小透气和透水性，土壤中毛管数量增多，使土壤深层的水分沿着毛管上升，加快土壤水分的蒸发，使表层的土壤湿度增加。所以，当土壤干燥时，镇压土壤，可以起到提墒的作用。如北方的“压青苗”、“踩格子”，就是针对旱地麦田进行镇压，起到提墒抗旱的作用。

② 镇压后，增加土壤热容量和导热率，使得镇压后的土壤表层在白天比未镇压的温度低，而在夜间比未镇压的温度高，即减小了镇压层温度的日较差；深层土壤温度情况相反，温度日较差增大。冬季麦田合理镇压，提高镇压层夜间温度，可预防小麦冻害和防止断根现象的发生。

表 9-2 镇压与未镇压农田土壤温度的比较

土壤深度(cm)	地面		5		10		20		40	
土壤温度(℃)	最高	最低	最高	最低	最高	最低	最高	最低	最高	最低
镇压过的农田	14.6	5.4	12.2	7.8	11.1	8.9	10.6	9.4	10.7	9.3
未镇压的农田	20.0	−2.1	13.3	6.8	11.4	8.1	10.8	9.0	10.5	9.5
温度差值(℃)	−5.4	+7.5	−1.1	+1.0	−0.3	+0.8	−0.2	+0.4	+0.2	−0.2

9.4.1.3 垄作

垄作是指隆起较厚的疏松土层，其小气候效应和耕翻相似。其特点如下。

① 垄作的土壤热容量和导热率都比平作小，垄作增加了与大气的接触面积，其辐射增热和冷却都比平作剧烈，即白天温度比平作高，夜间温度比平作低，明显增大了温度日较差；即垄作对表层土壤有增温效应。

② 垄作除能提高土壤温度外，还有一定的保墒能力。在降水时，雨水集聚于垄沟，渗入土壤深层。在长期无雨的情况下，疏松的垄台可以有力阻止较深层土壤水分的蒸发，使得垄作的农田深层土壤湿度比平作大。在降水较多的地区，由于垄作的沟台高低差异，有利于对排泄田间径流，降低表层土壤湿度。

③ 作物封垄后，由于垄沟的存在，可以改善作物群体冠层下部的通风透光条件，使冠层内空气易于产生湍流运动，便于二氧化碳的输送。

9.4.1.4 培土

培土是往作物根部覆土的一种耕作措施。培土的小气候效应如下。

① 培土具有保温效应。培土的保温效应，取决于培土层的薄厚、干湿和夜间地表降温程度。培土层越厚，保温效果越好（表9-3为不同培土厚度的保温效应）；土壤越干燥，土壤导热率越小，培土层保温作用越大；地表温度降低越多，越能显示出培土的保温作用。

② 给作物培土后，可以减小培土层下土壤温度的日较差。由于覆盖在作物根部的土壤比较疏松，导热率较小，白天下层土壤升温慢，夜间下层土壤降温也慢，使土温日较差减小，因此，给作物根部覆土是防止低温霜冻危害的良好措施。

③ 培土，可减少下层土壤水分的蒸发，起到保墒作用。

表9-3 不同培土厚度的保温效应

项　目	裸地表面	培土厚度(cm)			
		1.0	2.0	3.0	4.0
夜间平均温度(℃)	5.0	8.9	9.5	10.7	10.8
保温效应(℃)	0.0	3.9	4.5	5.7	5.8

9.4.2 栽培措施的小气候效应

作物的种植行向、种植密度、种植方式以及间作套种等，对作物田的辐射条件和乱流状况有很大的影响，因而引起株间的通风透光以及温、湿度的状况有明显不同。

9.4.2.1 种植密度的小气候效应

合理密植是提高单位面积产量的重要措施之一。作物的种植密度，对辐射平衡、乱流交换和蒸发耗热都有很大影响，因而引起农田小气候的明显差异，形成不同的农田小气候。

田间任何高度的辐射透射率、株间风速都是随密度的增加而减弱，相应地又要影响到田间光照度、温度、湿度的分布。因此，在生产上应根据作物的种类和品种，选择适宜的种植密度，以保证株间有适宜的通风透光条件，又要保证作物适宜的叶面积指数。在同一密度下，还可以采取“密中有稀”或“稀中有密”的措施，即能提高株间的光照度，同时也能改善农田的通风条件和温、湿度状况，为植物生长创造适宜的小气候环境，这是农业增产的有效措施之一。

9.4.2.2 种植行向的小气候效应

不同时期太阳方位角和照射时间是随季节和地方而变化的，因此作物种植行向的不同，株间的受光时间和辐射强度都有差异。根据理论计算，夏半年，日出、日没的太阳方位角，纬度愈高，日照时间愈长，沿东西行向的日照时数，比沿南北行向的要长得多。冬半年情况正好相反，日出、日没的太阳方位角，随纬度增高，日照时间变短，沿南北行向日照射时数，比沿东西行向的要长得多。因此，种植行向的辐射效应，高纬度地区比低纬度地区要显著得多。换句话说，高纬度地区种植秋播作物取南北行向有利；而春播作物，特别是对光照要求比较突出的作物取东西行向更有利。因此，在种植作物时，应根据具体情况，选择适宜的种植行向，充分利用光、热资源，以保证田间有适宜的温、湿度和通风条件。

9.4.2.3 间作套种的小气候效应

间作套种的农田中，是提高复种指数，迅速发展农业的一项重要措施，是提高光能利用率行之有效的途径之一。

间作的农田中，不同作物的株高、株型、叶形均不相同，形成高低搭配、疏密相同的全体结构，明显增大了农田密度和叶面积，变作物平面受光为立体受光，大大增加了光合面积。同时，高矮、株型、叶形等不同的作物间作，有利于作物上下层均匀受光，解决采光矛盾，从而提高光能利用率。

套种既延长光合作用的时间，又增加光合面积，同时还改善通风透光条件。套种可交替合理利用光能，增加复种指数，提高光能利用率。

合理的间作套种，还可以增加边行效应。加强株间和田间的乱流交换，从而改善通风条件，保证二氧化碳供应，有利于提高光合效率。

套种的农田中，上茬作物对下茬作物还能起到一定的保护作用，减少风沙和晚霜冻的危害。如北方的麦棉套种、冬小麦和夏玉米的套种等。

间作套种也会调节农田中温度和湿度状况。当高秆作物对矮秆作物产生显著的遮阴作用时，矮秆作物带、行中的温度偏低而湿度偏高，并会随带、行距的缩小而加剧。

9.4.3 灌溉措施的小气候效应

灌溉可以调节辐射平衡。灌溉后地面反射率降低，太阳辐射收入增加，同时灌溉后地表温度较低，空气湿度增大，使有效辐射减小，因而辐射平衡增加。

灌溉改变了土壤热特性，使土壤导热率、热容量都增加，白天增温和夜间降温都比较缓和。

灌溉还可以调节田间温度、湿度状况，使小气候得到明显改善。如冬灌保温，夏灌降温。高温季节，灌溉地气温比未灌溉地低，低温季节，则灌溉地比未灌溉地高。在冷季的夜晚，灌溉对最低温度的提高非常显著。所以对越冬作物冬前灌水保温就是这个道理。在生产中，为了保证农田灌溉的温度效应，应该注意利用不同水源进行灌溉。即采用“以水调温”的措施，为作物生长提供适宜的小气候环境。

9.5 地形和水域小气候

9.5.1 地形小气候

所谓地形小气候，是在同一大气候内，由于地形因素，如坡地、谷地、水域等，它们的

辐射交换、乱流交换、热量差额以及风的分布与空旷的平地有很大的差异而形成的局地小气候。

9.5.1.1 坡地小气候

地形对小气候的影响很大，由于地形的变化，气象因子如气温、降雨等也随之发生变化。与平地形成一定的角度的地面称为坡地。坡地是最常见的地形，坡地以坡向、坡度的不同对小气候产生很大的影响而形成坡地小气候，如图 9-3 所示。其特点如下。

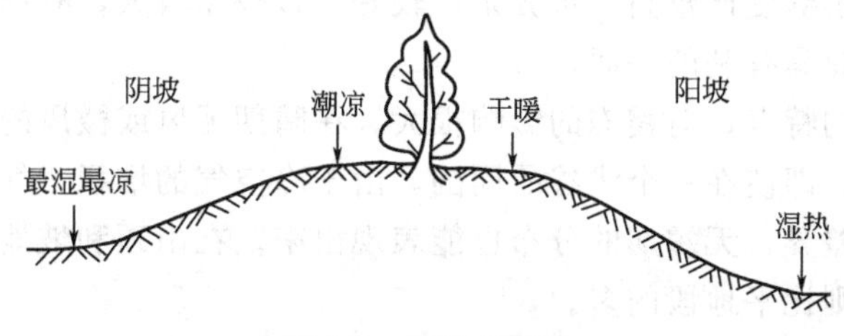

图 9-3 坡地小气候

（1）辐射 同一坡度不同坡向所接收太阳辐射能差异很大，南坡最多，由南向两侧递减，北坡最少。同一坡向因季节和坡度不同而不同，对中纬度地区，夏季最大，冬季最小，同一季节，在一定的坡度范围内，其辐射量随坡度的增加而增加。南北坡之间的差异大，冬半年大于夏半年，坡向对辐射总量的影响较小，所以差异也小。

（2）温度 坡向对温度的影响不仅与纬度、季节有关，而且还受土壤、植被、天气条件的制约。纬度越高，影响越大；冬季影响大，夏季影响小，土壤干燥，植被稀少，天气晴朗，不同坡向的温度差异大，对土壤温度影响更大。南坡地温最高，北坡地温最低，西坡略高于东坡，就气温而言，南坡贴地气温高于北坡，其差异随着高度的增加而减少，东西坡介于南北坡之间。

一年之内，最暖的方位是西南坡，但在夏季因午后多对流性天气，最暖的方位移至东南坡，最冷的方位终年都是北坡。

（3）湿度 我们知道，在迎风坡发多生地形雨，但对于小山，降水的多少与风速有关，背风坡风速小，降水量大，并且最大降水量出现在背风坡的两侧。其原因是风速越大的地方，降水被吹散的越多。这和大地形影响下的降水量集中在迎风坡的情况恰恰相反。

坡地土壤湿度分布与温度相反，南坡因温度高，蒸发量较大，土壤干燥，而北坡温度低，蒸发较少，土壤湿度大；东坡和西坡介于南北坡之间。相同坡向随着坡度的增加土壤湿度会减小。

由上可知，坡地小气候具有以下特点：因坡向、坡度的不同，存在明显的分布规律，南坡光照条件、温度条件优于北坡，北坡的水分条件优于南坡。因坡度不同，中纬度的地区南坡在一定的坡度范围内，每增加1°，其辐射能的吸收相当于在水平面上向南移一个纬度；北坡则相反，坡度每增加1°，相当于在水平面上向北移一个纬度。

由上可见，坡地小气候空间分布规律明显，在农业上，要因地制宜地布局农作物。如把喜光的植物种植在南坡，而耐阴的植物种在北坡；坡地排水排气条件好，无土壤盐渍化现象，无冷空气聚集，可以发展某些不耐寒、不耐渍的经济林木和果树等。

9.5.1.2 谷地小气候

谷地受周围地形遮蔽，接受太阳辐射量较小，再加上地形阻塞，与邻近地段乱流交换较弱，不易散热，故形成了独特的谷底小气候。

与平地相比，山谷中的山坡与谷底表面积大，白天获得太阳辐射的面积大，使贴地气层吸收到较多的热量。再加上地形闭塞，热量不易向谷外扩散，使谷中温度较高；夜间，谷中地表面积大，地面有效辐射大，坡上冷空气向下沉到坡地汇集，形成“冷湖”，使谷中温度比山顶和山坡中上部低得多，因此，谷底气温日较差较大。但是，在冷平流天气影响下，辐射影响不明显，这时，谷地有避风、降温缓慢的效应，正所谓“风打山梁霜打洼”。

谷地由于地势低洼，除获得自然降水外，夜间山风，把水汽从山上带入谷地，使谷中湿度增大，因此谷地土壤湿度比较高，水分条件较好，日较差较大，有利于有机质的积累和品质的提高，对发展农业是有利的一面。

谷地温度日变化的特点，对霜冻的影响很大。在晴朗无风或微风的夜晚，冷空气聚集的地段，最易发生霜冻，即使在一个浅谷的周围，由于冷空气的堆积，气温垂直分布的差异也很明显。霜冻危害的差异，无霜期的分布也能表现出来。在山顶和坡地，无霜期比空旷平地长，而谷地或盆地，则比平地段的多。

9.5.2 水域小气候

江、河、湖、冰川、沼泽、水库等自然水体和人工水体，统称为水域。以这些水面及其沿岸地带为活动面而形成的小气候，称为水域小气候。

由于水陆热力性质不同，水域上的空气热状况和水汽含量与空旷的陆地也不同，从而影响着邻近农田的小气候。

温暖的季节，白天水域上空气温度低于陆地，空气由水域流向陆面，即把温度低的湿空气带入陆地，可使农田凉爽湿润；夜间，空气有陆面流向水面，即把冷空气带入水域，而水域上的暖空气由上空流入陆地下沉，使农田辐射冷却得以缓和。

由于水域对其岸边进行热量和水汽的输送，促使陆地出现温和湿润的小气候特征。水域岸边初霜推迟，终霜提前，无霜期延长。例如，我国新安江水库建成后，岸边无霜期比以前延长 20 多天。再如，江苏的苏州和无锡一带，正处在太湖沿岸，在其影响下，冬季空气的温度、湿度比较高，因此使原生长在浙闽一带的常绿果树，也能在这里安全越冬。

水域对邻近陆地的影响，和水域的面积大小、深度及岸边的地形特点有关。水域面积越大，深度越深，则对岸边陆地的影响越大，在其下风岸陆地，受水域的影响比上风岸的陆地大。

9.6 防护林带小气候

在风沙较多的地区，农田上营造防护林，是减轻风沙对作物的危害，改善农田水分循环和防止干旱的有效措施。防护林的存在，调节了农田温、湿度，形成了特殊的防护林小气候。

9.6.1 防护林的防风效应

防护林具有很好的防风效果，林带越高，影响范围越广，林带作用远近效果，常用林带树高（H）的倍数来表示。

风进入林带时，速度减慢，而当气流通过和越过林带以后，并不立刻下降到地面，也不

能立刻恢复其强度，而是在林带后面形成弱风带。一些研究认为，在离开林带树高 $20H$ 的距离内，风速有明显减弱。如林带树林平均高度为 10m，那么在林带的背风面，离林带 200m 的距离，风速将要减小，在林带附近距林带不超过 50～70m 的地方，风速减弱得最多。

林带的防风效应在很大程度上取决于林带结构以及风向与林带所形成的角度。根据林带的透风系数或林带纵断面的疏透度，把林带分为紧密型、稀疏型和透风型三种。

9.6.1.1 紧密型林带

紧密型林带是由数行或多行乔木、亚乔木及灌木树种组成，林带从上到下结构紧密，形成高大而紧密的树墙，这种林带气流几乎不能穿透，风主要从林带上方越过。在不远处即很快到达地面，恢复原风速。

9.6.1.2 疏松型林带

疏松型林带是由数行乔木构成，树冠以下为光秃的树干，林带透风空隙较大，这种林带气流穿透顺利。

9.6.1.3 透风型林带

透风型林带是由乔木和灌木构成，断面较稀疏，林带结构介于上述两者之间，具有不同程度和分布比较均匀的空隙，中等强度的气流经过这样的林带时，大致不改变气流的主要方向。气流穿绕枝叶时的摩擦和引起枝叶摇摆消耗动能，更重要的是大规模气流经过林带后变成许多小漩涡，它们彼此摩擦，消耗动能，使风速减弱。图 9-4 表示不同结构林带风速的影响，以空旷草地上 5m 高处的风速为 100%。

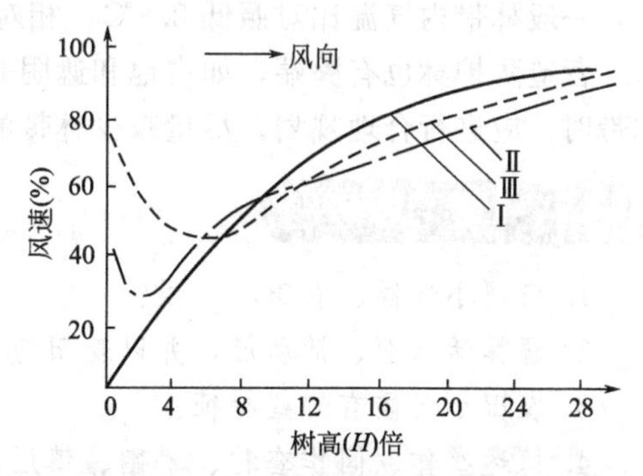

图 9-4 不同结构林带背风侧风速

Ⅰ—紧密型林带；Ⅱ—疏松型林带；Ⅲ—透风型林带

风速对林带的防风距离也有很大影响，当风向与林带斜交（交角为锐角）时，林带防风距离比风向与林带正交时要小，但如交角大于 45°，防风距离随交角的变化不显著。林带的宽度也是组成林带结构的主要因素。在营造防护林时，为了少占地，通常林带宽度为 5～8m，栽植四行。如果一个地区，林带数目较多，形成林网，防风效应就更好。

9.6.2 防护林带对田间温度、湿度的调节

护田林带对小气候的影响，出自于它对风所起的作用。农田中温度、湿度、蒸发等变化，都是在风的改变下形成的。

9.6.2.1 护田林对温度的调节

正常天气条件下，增温效应不太明显。但由于林带对辐射、风速、乱流交换和蒸发的影响，使防护林附近的热量平衡各分量发生变化，影响附近的空气温度和土壤温度。

林带使附近贴地气层的乱流交换减弱，所以白天热量平衡中的乱流热交换也随之减少，相应地就提高了活动面及其邻近气层的土壤温度和空气温度。即白天林带气温比空旷地稍高；而夜间，则比林外温度稍低。

9.6.2.2 护田林对湿度的调节

林带内由于摩擦作用，风速和乱流交换都减弱，护田林中蒸散明显减小；也就是说，土

壤蒸发和植物蒸腾出来的水汽，在林带影响下，能较长时间地滞留在贴地气层中，而使得林地比林外空旷地湿度增大。

中国北方防护林的观测结果表明，林网内的蒸发能力平均降低 10%～25%，林网内空气湿度一般比空旷地高，相对湿度约高 2%～10%，这种效应在干旱条件下更为显著。冬季受林带保护的农田，会有较厚的积雪，使越冬作物免遭冻害，春季积雪融化，又给土壤提供较多水分，再加上农田土壤蒸发减少，所以在护田林保护下的农田土壤墒情较好。

9.6.3 林带对干热风灾害的防御

前面学过，干热风是高温、低温并伴有一定风力的大气干旱现象。主要发生在 5 月中下旬至 6 月上旬。此时正值华北冬小麦灌浆乳熟期，对小麦产量影响很大。在防御干热风的各种措施中，以营造防护林的效果最为明显，而且具有长远而广泛的生态意义。其原因是：由于护田林带的存在，林带内农田风速大大降低，同时由于林木遮挡和蒸腾作用，改善了风的性质，使农田内温度降低，湿度增加；林带保护下的农田风速减小，乱流交换强度减弱，使田间空气保持相对稳定，林木和作物蒸腾到空气中的水分不易向外扩散输送，减少土壤水分蒸发，使土壤保持适宜的湿度。由于护田林带的存在，改善了林带内的小气候，据资料显示，一般林带内气温比对照低 2.8℃，相对湿度高 10.5%，从而减轻干热风的危害。

营造防护林也有弊端，如占地和遮阴等问题，但总的情况是利大于弊。在营建农田防护林带时，应进行合理规划，尽量减少林带的不利影响。

复习思考题

1. 何谓小气候、农田小气候？
2. 解释活动面、活动层，并以麦田为例，分析小麦不同生育时期活动面的更换过程。
3. 农田小气候有哪些特征？
4. 简述垄作、间作套种、耕翻、镇压的小气候效应。
5. 灌溉的小气候效应如何？
6. 地形和水域对附近农田小气候有哪些影响？
7. 简述防护林带对农田小气候的影响。

第 10 章
设施农业小气候

学习目标

了解不同设施环境的小气候特点；掌握当地常见的设施小气候效应的特点；掌握地膜覆盖小气候的特点、温室大棚小气候调控的基本措施。

设施农业是指用一定设施和工程技术手段改变自然环境，在充分利用自然环境的基础上，人为地创造生物适宜生长发育的环境条件，实现高产、高效的现代化农业生产方式。设施农业包括设施养殖和设施栽培。设施养殖主要是畜禽、水产品的特种动物的设施养殖。设施栽培对象目前主要是蔬菜、食用菌、花卉、果树等。主要栽培设施有简易设施（风障、阳畦、温床、地膜覆盖等）、中小型设施（包括各类塑料大棚）和大型栽培设施（如单栋或连栋日光温室等）。下面主要介绍栽培设施中的地膜覆盖、塑料大棚和温室小气候的特点及调控措施。

10.1 地膜覆盖小气候

地膜覆盖是用很薄的塑料薄膜覆盖于地面或近地面，从而提高地温、保墒、保持土壤结构疏松等多种功能，为多种作物创造优良的栽培条件。地膜覆盖是现代农业生产中既简单又有效的增产措施之一，增产效果可达 20%～50%。目前地膜覆盖已经广泛地应用在大田作物、蔬菜、花卉、果树等植物生产上。

10.1.1 地膜覆盖的基本原理

地膜覆盖一般使用厚度为 0.005～0.015mm 的聚乙烯地膜。透明地膜具有良好的透光性和气密性，太阳辐射投射到地膜上，一部分被反射，一部分被吸收，绝大部分透过地膜被土壤吸收转化为热能。土壤增温后，以长波方式向外辐射能量，但地膜具有较强的阻隔长波辐射散逸的能力，从而使膜下地温升高。地膜的气密性强，不仅抑制了土壤水分蒸发，减少了潜热的损失，而且在膜下凝结水形成时还可释放潜热，提高地温。

10.1.2 地膜覆盖的小气候效应

10.1.2.1 增加光照

作物叶片朝上的一面不仅受到太阳直接辐射和散射辐射的影响，同时还受到下层叶片背面再反射和长波辐射的影响；叶片背面还受到下层叶片和地面反射而来的短波辐射和长波辐射的影响。地膜覆盖后，由于地膜下附着一层具有反射能力很强的水滴，再加上薄膜本身的反光作用，能够增加作物株行间的光照度。据观测资料可知，晴天中午作物群体中下部可多得到12%～14%的反射光，从而提高了作物的光合强度，据测定，番茄的光合强度可增加13.5%～46.4%，叶绿素含量增加5%。

地膜的反光能力与膜的颜色有关，如表10-1所示为不同颜色地膜的反光作用。在农业生产上，根据农作物的不同要求，正确选用有色农膜，能起到增产、增收、防病和改善品质的作用。

表10-1　不同颜色地膜反光能力比较（观测高度为10cm）

膜　色	反射光照度(lx)	膜　色	反射光照度(lx)	膜　色	反射光照度(lx)
乳白	29008	透明	16278	黑色	7295
银灰	20665	绿色	7390	露地	10128

10.1.2.2　提高地温

地膜覆盖，除了“温室效应”外，还可以有效地抑制土壤水分蒸发，减少热量消耗，也使土温有所增高，故地膜覆盖对土壤具有明显的增温效果，如表10-2所示。

表10-2　地膜覆盖对不同深度地温的影响

观测时间	土壤深度(cm)						平均
	0	5	10	15	20	30	
08时	3.4	1.6	3.5	3.1	2.5	2.4	2.8
14时	4.5	8.0	9.4	5.4	3.9	2.6	5.6
20时	2.7	3.2	4.9	5.0	3.9	2.2	3.7
平均	3.6	4.3	5.9	4.5	3.4	2.4	4.0

由表10-2中数据可看出，地膜覆盖的农田，白天从地面到30cm深处，均有增温作用，以10cm土层增温最多，一天中以14时增温最多，且表层增温比下层明显。此外，地膜的增温效果，因覆盖时期，覆盖方式、天气条件及地膜种类的不同会有所不同。

10.1.2.3　提高土壤湿度

地膜覆盖后，膜内温度升高，土壤中水分变为水蒸气上升。由于薄膜的阻隔，抑制了土壤水分的外散，并且水蒸气在地膜内形成凝结，返回土壤，使土壤湿度增高，提高土壤的保水能力。据资料，春天盖膜6d后5～20cm土壤湿度比露地增加8%～23.7%，52d后，5cm土壤温度比露地高34.5%。此外，雨季覆盖地膜的农田，地表径流量加大，能减轻涝害。

10.1.2.4　降低空气相对湿度

由于地膜覆盖抑制土壤水分蒸发，使近地面空气水汽减少，起到降低空气湿度的作用。据测定，露地覆盖地膜时，5月上旬～7月中旬期间，田间旬平均空气相对湿度降低0.1%～12.1%，相对湿度最高值减少1.7%～8.4%。在大棚内，用地膜覆盖的空气相对湿度能降低2.6%～21.7%。由于地膜覆盖能降低空气湿度，故可抑制或减轻病虫害的发生。

10.1.2.5　提高土壤养分含量

地膜覆盖后之所以能提高土壤养分含量，一是减少了因雨水冲淋和不合理灌溉造成的土壤养分流失；二是由于膜下土壤温、湿度适宜，微生物活动旺盛，加快了有机物质的分解转化，便于作物吸收利用，从而增加了土壤肥力。

10.1.2.6　改善土壤理化性状

地膜覆盖能防治土壤板结，保持土壤疏松，通气性能良好，促进植株根系的生长发育。

据资料，盖膜后土壤空隙度增加4%～10%，容重减少，根系的呼吸强度有明显增加。

10.1.3　地膜覆盖的效果

10.1.3.1　提高产量和产品品质

河北省干旱地区，在早春为了适时播种花生、棉花，采用地膜覆盖，花生增产50%～60%，皮棉增产20%～40%。同时，地膜覆盖还可提高产品的品质。据调查，棉花地膜覆盖，霜前花增加了77.43%，棉花长度和衣分率也有所增加；山东省农业科学院蔬菜研究所测定，番茄果实纤维素含量在覆盖地膜后增加58.6%。

10.1.3.2　促进作物早熟

地膜覆盖为作物生长提供了良好的生长条件，显著加快了生长发育的进程，使各个生育期相应提前，因而可以提早成熟。据天津市农林局的研究，蔬菜地膜覆盖后可提早成熟5～15d。

10.1.3.3　减轻盐碱危害

由于盖膜后能够控制土壤水分上升蒸发，所以能抑制盐碱随水分上升，降低土壤表层盐分含量，减轻盐碱对植物的危害。

10.1.3.4　抑制杂草生长

覆膜后地膜紧贴在地面上，畦面四周压紧压实，杂草长出后会被高温杀死。如果采用黑色膜和绿色膜灭草效果更明显。

10.1.3.5　增强作物抗逆性，增加收益

因地膜覆盖后栽培环境条件得到改善，植株生长健壮，自身抗性增强，某些病虫及风等危害减轻，进而使收益大大增加。一般地膜覆盖后，每公顷纯增收2250～3000元。

10.2　塑料大棚小气候

塑料大棚是以竹木、钢筋、钢管等材料作拱形的骨架，其跨度一般为6～12m，脊高2～3m，长40～60m，棚面用厚0.1mm的聚乙烯薄膜用压膜线压紧，夜间不加盖草苫的一种保护性设施。塑料大棚有单栋大棚和连栋大棚。生产上大多数使用的是单栋大棚，以竹木、钢材、钢筋混凝土构件等作为骨架材料。竹木棚一般覆盖面积在667m²左右，钢结构棚面积一般在734m² 以上，棚向一般南北延长，南偏西10°左右，这样棚内光照比较均匀。在生产实践中多为竹木结构。

10.2.1　塑料大棚小气候效应的基本原理

塑料大棚小气候效应原理与地膜覆盖基本一样，具有透光、保温、保湿的小气候特点。与地膜覆盖所不同的是：塑料大棚内存在较大空间，空气有一定流动性，增温差，保温好，保湿差。

10.2.2　塑料大棚的小气候效应

塑料大棚内的光照、温度、湿度等气象要素的综合小气候特点，称为塑料大棚小气候。大棚小气候的效应受自然条件、棚体结构、棚内植物及人工管理情况等多种因素影响。

10.2.2.1 光照

大棚的透光率一般在50%～60%，并因季节变化而有差异，棚内光照日变化与自然光照日变化基本一致。垂直光照度的分布上强下弱。大棚方位影响光照分布，南北延伸的大棚水平光照度比较均匀，水平光差一般只有1%左右，上午东侧强于西侧，下午西侧强于东侧；东西延伸的大棚，南侧光照强于北侧，日平均光照差异显著。一般南北延伸的大棚，其光照强度由冬⟶春⟶夏的变化不断加强，透光率也不断提高；而随着季节由夏⟶秋⟶冬，其棚内光照则不断减弱，透光率也不断降低。

10.2.2.2 气温

大棚内气温，最高温度比露地高15℃以上，棚内外最高气温的差异因天气条件而不同，大棚内最低气温比露地高1～5℃（表10-3）。

表10-3 不同天气条件大棚内外温度比较

地点 天气	大棚内(℃)	大棚外(℃)	内外温差(℃)
晴天	38.0	19.3	18.7
多云	32.0	14.1	17.9
阴天	20.5	13.9	6.6

棚内气温有明显的日变化，气温日变化趋势与露地基本相似。一般最低气温出现在凌晨，日出后随着太阳高度的增加，棚内温度上升，8～10时上升最快，在密闭条件下，平均每小时上升2～8℃，有时高达10℃。13～14时后温度下降，平均每小时下降2～5℃，日落前下降最快。塑料大棚内，不同部位的气温不同，午前东部气温高于西部气温，午后西部气温高于东部气温，温差约1～3℃，夜间，棚内四周气温低于中部气温。有时还出现“棚温逆转”现象，这种现象的出现，有时会给棚内作物造成冻害，必须采取预防措施。

天气条件、土壤储热、管理技术对棚内最低气温的影响很大。据河北、山东、河南观测资料证明，在密闭条件下，露地最低气温为－3℃时，棚内气温可达0℃，在生产上多把露地稳定通过－3℃的日期，作为大棚内稳定通过0℃的日期。这一指标对确定和预防棚内作物冻害有一定的参考价值。

10.2.2.3 地温

生产中多以10cm地温作为大棚内作物适期定植的温度指标。在大棚的利用季节，大棚地温有明显的日变化特点，据资料，早春5cm地温午前低于气温，午后与气温接近，傍晚开始高于气温，一直维持到次日日出。气温最低值一般出现在凌晨，但这时地温高于气温，有利于减轻作物冻害。5cm地温比10cm地温回升快，一般稳定在12℃以上的时间比10cm提早6d。棚内10cm地温最低值一般比露地高5～6℃。棚内地温也具有明显的季节变化。据资料表明，2月中旬～3月上旬，10cm地温高达8℃以上，能定植耐寒蔬菜；3月中、下旬升高到12～14℃，可定植果菜类；4～5月棚内地温达22～24℃之间，有利于作物的生长，棚内地温比气温下降缓慢，有利于作物的延后栽培；10月～11月上旬，10cm地温下降到10～21℃，某些秋作物可以生长，直到11月中、下旬以后，棚内的边缘为低温带，一般比中部低2～3℃以上。

10.2.2.4 空气湿度

在密闭情况下，大棚内空气相对湿度的一般变化规律是：日变化与气温相反，夜间高而稳定，白天随气温的升高而剧烈下降，阴天、雨（雪）天时相对湿度增大。大棚内空气相对湿度也存在着季节变化和日变化。早晨日出前棚内相对湿度高达 100%，随着日出后棚内温度的升高，空气相对湿度逐渐下降，最低值出现在 12～13 时，在密闭大棚内达 70%～80%，在通风条件下，可降到 50%～60%；午后随着气温逐渐降低，空气相对湿度又逐渐增加，午夜可达到 100%。从大棚湿度的季节性变化来看，一年中大棚内空气相对湿度以早春和晚秋最高，夏季由于温度高和通风换气，空气湿度较低。

10.2.2.5　二氧化碳浓度

二氧化碳浓度与光合有效辐射呈负相关，一天中，早、晚浓度较高，中午较低。下午关棚后，棚内二氧化碳浓度逐渐增加，至日出前达到最高值。日出后 1～1.5h，二氧化碳浓度迅速下降，至上午 9 时降至最低，通风后二氧化碳浓度有所回升。一般情况下，由于棚内空气流动差，土壤有机质分解、微生物活动旺盛以及植物夜间呼吸作用较强，所以棚内二氧化碳浓度有时高于大气中的二氧化碳浓度。

10.2.3　大棚小气候的调节

10.2.3.1　光照调节技术

① 认真选择棚址，使之避免遮光。

② 确定棚体合理走向，使棚内光照度均匀；确定合理的棚面造型，减少光的反射。

③ 选择透光度高的薄膜。在棚内允许的温度条件下，防寒草帘适当早揭、晚盖，充分采光。并且每隔 1～2d 用拖把或其他用具清除棚膜上的尘土等杂物，包括清除棚膜内面的水滴，保持薄膜清洁，以增加透光度。

④ 在棚体稳固的前提下，骨架材料应尽量选用细材，以减少骨架的遮阳；满足特殊需要，可用不透光材料遮阳，如扦插育苗，软化栽培。

⑤ 有条件的苗圃还可以安装活动反光镜或增加人工光源补充光照。冬季自然光线减弱，日照时间缩短，导致棚内光照不足，可采用钠光灯、水银灯、日光灯等人工光源辅助照明。夏、秋季太阳照射强烈，可用苇帘、竹帘、遮阴网等遮阴。

10.2.3.2　温度调节技术

温度是影响棚内植物生长的重要因素，温度过高、过低均不利于生长。只有在最适宜的温度下，植物生长最快，积累的干物质最多。棚内温度一般在白天应保持 25～30℃，最高不能超过 40℃，夜间则以 15℃左右为宜。

(1) 增温

① 选用优质薄膜，增加进入棚内的太阳辐射，提高棚内温度。因为射入棚内的短波辐射可有 80%～90%变为热能，而长波透过率仅有 6%～10%，同时保持塑料大棚的密闭性，充分发挥出其“温室效应”。

② 应用酿热材料，如棚内可增施马粪、谷糠等酿热材料，通过微生物分解释放热量，以提高温度。当温度下降到 15℃以下时，可关闭门窗、棚顶遮盖草席、燃煤、暖气等增温措施。

(2) 保温

① 采用先进的保温技术和优质的保温设施。包括棚膜、不透明覆盖材料（草苫、纸被、棉被等）围膜（裙）、防寒沟、风障等导热系数小、隔热性能良好的材料。

② 要正确掌握揭盖草苫的时间。生产上可根据太阳高度来掌握揭盖草苫的时间，一般是当早晨阳光洒满整个棚面时即可揭开。在非常寒冷或大风天，应适当晚揭早盖草苫。

（3）降温

① 通风降温。当棚内温度达到30℃以上时，可以通过打开门窗通风或排气扇强制通风降温。

② 灌水降温。即从塑料棚顶喷淋冷水，通过流水带走热量和蒸发耗热，以降低温度。

③ 遮阴降温。在棚顶张挂草帘、遮阴网等遮阴材料，阻止或减少太阳辐射入棚，以降低温度。

④ 根据季节、天气情况来灵活掌握通气时间及通风时间的长短。一般自上午9时开始放风，下午4时关闭气口，另外也可采用间隔草苫冷水洒地或喷雾的方法，使棚内降温。

10.2.3.3 湿度调节技术

植物生长最适宜的空气相对湿度为70％～80％，允许变幅为60％～90％，过高、过低均有不利。在塑料棚内空气相对湿度一般都比较大，这有利于植物生长，但也易感染病害，应注意调节。棚内相对湿度以保持在70％左右为宜。调节湿度的方法如下。

① 通风是降低湿度的主要措施，但通风与保温存在矛盾，要合理解决。高温时段，通风量要大，低温时段通风量要小或不通风。

② 灌水可提高棚内湿度。可在棚内地面喷水或安装喷雾装置定时喷雾。

③ 地膜覆盖既可提高棚内地温，又可降低棚内湿度。

10.3 温室小气候

日光温室是一种以利用太阳辐射为主的简易保护地生产设施，一般不进行人工加温，或只进行少量的加温。我国的日光温室分布范围较广，从江苏的北部到黑龙江，到处都有日光温室存在。日光温室的结构类型很多，名称不尽统一。目前，通常把那些三面围墙、墙体高在2m以上、跨度在6～10m，其热量来源（包括夜间）主要是依靠太阳辐射能的保护设施称为日光温室。其透明覆盖物为塑料薄膜的，叫塑料日光温室。塑料日光温室中，其中一类是在不加温或基本不加温的情况下，在严冬季节可以进行喜温蔬菜的生产，通常称之为高效节能日光温室。而另一类需要在早春才能够开始进行喜温蔬菜生产或只用来进行耐寒蔬菜的生产，一般称之为普通日光温室。

10.3.1 日光温室的结构与种类

日光温室一般坐北向南，东西延长，东西两端有山墙，北面有后墙，北侧屋顶（后屋面）是用各种保温而不透光的材料筑成，只有南面棚架是用竹木、钢筋水泥、钢铁和碳素骨架构成的，用玻璃或薄膜等透明材料作为前屋面透明覆盖物。

前屋面夜间要加盖草苫、蒲苫、纸被和防寒被等物防寒保温，因前屋面的形式或结构不同，可分为拱形屋面日光温室、一面坡日光温室和立窗式日光温室（图10-1）。我国各地所建造的日光温室，在结构参数和性能上各具特点，目前在生产上大面积推广的主要温室类型主要有鞍Ⅱ型（辽宁鞍山市园艺科学研究所）、冀优Ⅱ型（河北省农业技术推广站）、辽沈Ⅰ型（沈阳农业大学）等。

10.3.2 日光温室的基本原理

日光温室具有很好的透光、增温、保温、保湿性能，冬季不进行人工加温或只进行少量的加温就可以生产多种叶菜和果菜，其基本原理如下。

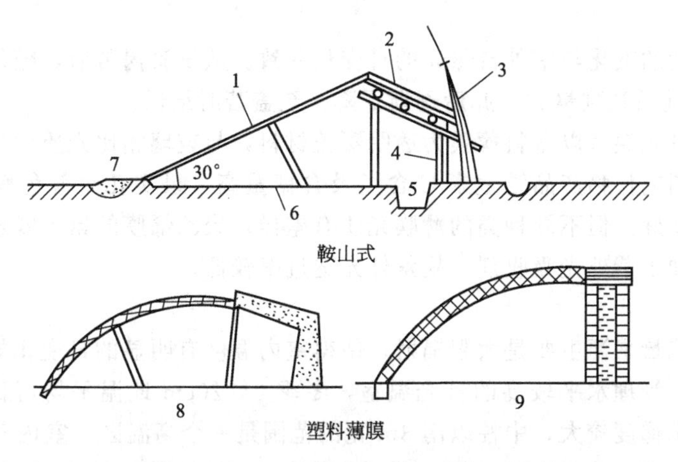

图 10-1　日光温室结构示意图

1—玻璃温室；2—土屋面；3—风障；4—后墙；5—人行道；
6—栽培床面；7—防寒沟；8—竹木薄膜温室；9—钢筋薄膜温室

10.3.2.1　温室效应

采光屋面（前屋面）具有易于透过短波辐射和不易透过长波辐射的特性，在封闭条件下，室内空气与室外空气很少交换，太阳辐射透过前屋面进入室内，被室内土壤和墙体吸收转化为热能，土壤和墙体又以长波辐射方式向外辐射热能，形成室内辐射能的累积，使地温和气温升高且明显高于室外。日光温室保温和蓄热能力强，能够在密闭条件下最大限度地减少温室散热，温室效应显著。

10.3.2.2　密闭效应

温室设计、建造，要求高度密闭，透明覆盖物气密性强，不透明覆盖物保温性能良好，室内外热交换量低，有效抑制了温室热量的散失。

10.3.2.3　保温效应

温室周围设有防寒沟，墙体为厚土墙、空心砖墙或夹有隔热材料的砖墙，夜间室内可张挂保温幕，前屋面加盖草苫、牛皮纸被或棉被等保温覆盖物，导热能力很差，热量不易外传，向外导热量很少。

10.3.3　日光温室的小气候特点

日光温室的小气候主要是指温室内的光照、温度、空气湿度等小气候，它既受外界环境条件的影响，也受温室本身结构的影响。

10.3.3.1　光照

日光温室的光照条件主要包括光照强度、光照分布和光质。

(1) 光照强度　日光温室内光照强度小于自然光照，一般为室外的 60%～80%。冬季太阳高度角低，光照减弱，在冬季晴天的条件下，大多数温室内光照度可达 3000lx 以上；春季太阳高度角升高，光照加强，进入 3 月，中午前后要达 5000lx 以上，能满足大多数作物生长的需要。

(2) 光照分布　室内光照强度分布不均匀，以中柱为界，分为前屋面下的强光区和后屋面下的弱光区。中柱前 1m 以南，光照的水平梯度变化较小，是温室光照条件最好的地方；

前屋面下光照强度自上而下减弱，且比室外快，后坡及两山墙附近光照弱，在后屋面下，从南向北逐渐减弱。

室内光照强度的变化与室外自然光的日变化一致。从早晨揭苫后，随外界自然光强的增加而增加，13时前后达到最大，此后逐渐下降，至盖苫时最低。

(3) 光质　日光温室以塑料薄膜为透明覆盖材料，与玻璃相比光质优良，其紫外线的透过率较高，因此园艺作物产品维生素C含量及含糖量高。果实花朵颜色鲜艳，外观品质也比单屋面玻璃温室好。但不同种类的薄膜光质有差异，聚乙烯膜的紫外线透过率最多，而聚氯乙烯膜由于添加了紫外光吸收剂，故紫外光透过率较低。

10.3.3.2　温度

日光温室的能量来源主要是太阳辐射，使得室内温度有明显的日变化规律，并与室外温度变化规律一致。管理水平较高的日光温室，冬季0～20cm地温平均可保持在12℃以上；温室内温度的水平梯度较大，中柱以南3m宽的范围是一个高温区；室内气温的变化，视天气条件的不同而不同，晴天增温显著，阴天增温较少。最低温度出现在刚揭草苫之后，午前气温上升很快，最高温度出现在13时。冬季室内气温不低于10℃，1月最高气温可达40℃以上，室内气温的垂直梯度很大，由于暖空气密度小而轻，因而集中在上部，在2m高的小空间内，上下温差达4～5℃。在水平方向上，由于结构原因，前部最低气温比中部低2～3℃，近前屋角处气温日较差最大。由于采用多层覆盖，保温效果显著，温度夜间下降缓慢，一般下降4～7℃，在有风或阴天时，有效辐射减小，温度下降只有2～3℃左右。

10.3.3.3　湿度

高湿是温室小气候的主要特点之一。因棚膜密闭性好，白天室内空气相对湿度多在70%～80%，夜间经常处于90%以上。阴天因气温低，空气相对湿度经常接近饱和或处于饱和结露状态。白天室温升高，室内空气相对湿度下降，最小值通常出现在14～15时，夜间最高值出现在后半夜至日出前。温室内空气相对湿度的变化规律是：低温季节大于高温季节，夜间大于白天，阴天大于晴天，浇水后湿度骤然上升，放风后湿度明显下降等。

10.3.3.4　二氧化碳

大气中二氧化碳含量平均为320mg/kg，但是在温室密闭的条件下，温室内外气体交换受限，导致室内二氧化碳浓度具有明显的日变化；夜间二氧化碳升高，日出后迅速降低。温室内白天二氧化碳浓度有时会降低到50mg/kg以下。二氧化碳浓度降调100mg/kg以下，接近作物二氧化碳浓度补偿点，对作物生长发育不利。

10.3.4　日光温室小气候调节

10.3.4.1　温室内光照的调节

温室内对光照的要求：一是要求光照充足；二是要求光照分布均匀。高纬度地区的冬季或冬季多阴天地区，温室需要补光加以调节；夏季光照过强或进行软化等特殊方式栽培时，要用遮阳方法进行遮光。遮阳方法简单易行，但补光的方法因成本高，还不能普遍推广。目前温室，太阳光的透射率，一般只有40%～60%，在结构和管理上还有很多不合理的地方，改进的潜力很大。如覆盖透光率较高的新膜，保持覆盖物表面清洁，及时消除膜内面上的水膜，保持膜面平紧，合理安排温室方位与前后间隔距离，改进屋面角度以减少反射光，屋架尽量使用细材以减少遮光面积，合理利用反射光，不仅能增加温室光照度，还能改进室内的照度分布。在后墙或中柱悬挂反光幕，能将投射于北墙的阳光反射到床面的北部和中部，改

善温室中后部的光照条件。

10.3.4.2　温室内温度的调节

为了提高温室内温度，可以用加温设备进行加温，但在目前我国能源紧张的条件下，还不能大面积推广，一般仍采取充分利用阳光，加强温室保温措施，达到提高温度的目的。为了减少土壤横向散热损失，可在内侧设防寒裙；在温室底脚的外侧设置防寒沟；后墙和东西山墙可砌成空心墙，后坡和墙外均用导热率低的秸秆与土分层覆盖；在室内加设小拱棚，使床面保温；夜间加盖保温覆盖物，张挂保温幕，增加温室保温效果。

10.3.4.3　温室内空气相对湿度的调节

主要是降低空气相对湿度，保持室内相对干燥。主要方法有：通风换气、加温除湿、覆盖地膜、控制灌水、使用除湿机等。

10.3.4.4　温室内空气的调节

温室内二氧化碳浓度较低，常限制植物进行正常的光合作用，故应在植物对碳水化合物需求量最大的时期，进行二氧化碳施肥。温室内氨气、二氧化氮、二氧化硫、乙烯、一氧化碳、臭氧等有害气体常危害植物生长甚至导致植物死亡，应采取合理施肥、覆盖地膜、选用无毒棚膜和塑料制品、正确选用和使用燃料、远离污染源、种植标志植物、经常通风换气等措施，预防有害气体危害。

10.3.4.5　温室内土壤的调节

平衡施肥减少土壤中的盐分积累，防止温室土壤次生盐渍化；合理灌溉降低土壤水分蒸发量，防止土壤表层盐分积聚；增施有机肥、使用秸秆降低土壤盐分含量；使用换土、轮作、无土栽培、土壤消毒等措施防止温室植物病、虫、草害。

10.4　改良阳畦

改良阳畦是在阳畦的基础上改良而来，同时具有日光温室的基本结构，其采光和保温性能明显优于阳畦，但又远不及日光温室。

10.4.1　改良阳畦的小气候特点

10.4.1.1　光照

由于改良阳畦比阳畦采光角度大，阳光入射角小，光照反射率低，入射率大，使畦内光照强度较阳畦明显提高。

10.4.1.2　温度

畦内地温和气温明显高于露地。据观测资料，10cm 最高地温比露地高 13.8℃，10cm 最低地温比露地高 15.5℃，日平均温度比露地高 14.2℃，畦内地温局部差异明显，中部最高且变化小，前缘与东西端低且变化大。改良阳畦白天不仅增温快，而且保温能力强，白天拉开草帘后，畦内升温很快，上午平均每小时气温升高 7℃左右，13 时前后达最高峰，最低温度出现在凌晨，气温日较差大。改良阳畦的温度效应在不加温而有草帘的条件下，如果管理得当，畦内最低气温可比露地增高 13～15℃。

10.4.1.3　湿度

改良阳畦密封条件好，水汽不易散失，容易形成高湿环境，因此在管理过程中要注意降低空气湿度，以防病害发生。

10.4.2 改良阳畦小气候调节

改良阳畦的小气候调节措施主要有：选用透光性好的薄膜，使用时要保持膜面清洁，以提高透光率；布局时，要避开遮阳物的影响，保证畦内光照度；适时揭苫争取较长的光照时间，以提高畦内温度；提早扣膜烤地，增施有机肥料，增加畦内地热储存；定时放风，调节温湿度，在最低气温达0℃之前，应加草苫（帘）覆盖，保持畦内温度；根据种植植物的要求和畦内具体情况，确定适宜的放风、浇水指标。

复习思考题

1. 简述地膜覆盖的保温原理。
2. 简述各种设施的小气候效应，比较它们的小气候特点。
3. 如何对设施内二氧化碳浓度进行调控？
4. 如何对温室和塑料大棚内的光、温度及湿度进行调控？

实训指导

第一部分　引　　言

实训目的

了解气象观测的意义、原则、要求以及农业气象观测的概念，为进行气象要素观测做好准备。

主要内容

- 气象观测的概念
- 地面气象观测的一般要求
- 农业气象观测的概念

一、气象观测

气象观测是气象工作的基础，它是利用气象仪器和目力对一定范围内的气象状况及其变化，进行系统的、连续的观察和测定，为天气预报、气象情报、气候分析和科学研究提供资料。气象观测可分为地面气象观测、高空气象观测和专业气象观测三部分。

二、地面气象观测的一般要求

地面气象观测是气象观测的重要组成部分，同时也是农业气象观测不可缺少的部分。为使观测到的记录具有代表性、准确性和比较性，各地地面气象观测均应按照国家《地面气象观测规范》进行。

1. 观测时间和次数

国家基本站为北京时间 02 时、08 时、14 时、20 时每日四次观测，国家一般站为北京时间 02 时、08 时、14 时、20 时或 08 时、14 时、20 时每日 3 次观测。

2. 观测项目及程序

每次定时观测，应在正点前 30min 左右巡视观测场及所用仪器，正点前 15min 开始观测云、能见度、天气现象、空气的温湿度、降水量、气压等，地温、雪深、冻土、蒸发可安排在正点后 10min 内进行。

各站观测项目和程序可根据需要进行调整，但一个台站的观测程序必须一致，尽量少作变动（表实-1）。

表实-1　定时观测项目表

时　间	2 时、8 时、14 时、20 时	8 时	14 时	2 时
观测项目	云、能见度、天气现象、空气温度、湿度、风、气压、0～40cm 地温	降水、冻土、雪深、雪压	80～320cm 地温	降水、蒸发、最高、最低气温和地面最高、最低温度

3. 基本要求

① 气象观测人员要以科学的态度，严肃对待每一次观测、每一个记录。

② 观测结果应在现场立即用黑色铅笔记入气象观测记录簿，严防早测、漏测、缺测、迟测等事故的发生。

③ 只能记载自己亲眼观测到的数字和数据，禁止伪造记录。

④ 观测完毕，应立即对各种数据进行初步整理，数据必须准确，字迹工整清楚。

⑤ 要十分注意保护观测地段及观测仪器，使之符合规范要求。

三、农业气象观测

农业气象观测是对农作物、林木、果树、禽畜生长发育动态以及当时的有关气象要素所作的平行观测。一般包括农作物生长发育状况、苗情与产量分析、自然灾害、当时田间的农业技术措施和某些生理变化的观测以及相应的空气温度、湿度、降水、蒸发、风和其他特定的气象要素的观测。

农业气象观测应按统一的农业气象观测规范或专题要求进行。通过平行观测、鉴定气象条件与农业生产对象与生产过程的定量关系及其在产量分析过程中的作用，为开展农业气象情报、预报、农业气候分析与区划、农业小气候的利用及改造以及农业气象灾害防御等提供系统的基本资料。

第二部分　气象要素观测

实训一　气象观测场设置

实训目的

了解气象观测场的设立情况。学会子午线的测定方法。

主要内容

- 气象观测场的选择
- 观测场的建立
- 观测场内仪器的布置
- 子午线的测定

一、观测场址的选择

观测场是获取地面气象观测资料的主要场所，场址应选设在能较好地反映本地较大范围气象要素特点的地方，避免局部地形的影响，观测场四周必须空旷平坦。避免设在陡坡、洼地或邻近有丛林铁路、公路、工矿、烟筒、高大建筑物的地方。在城市或工矿区，观测场应选设在城市或工矿区最多风向的上风方。观测场边缘与四周障碍物的距离，至少是障碍物高度的两倍以上；距离成排的障碍物，至少是障碍物高度的两倍以上；距离较大水体（水库、湖泊、河海等）的最高水位线，水平距离至少在100m以上。观测场四周10m范围内不能种植高秆作物，以保证气流畅通。

二、观测场的建立

场地面积应为25×25m^2。如因条件限制，可为16（东西向）×20（南北向）m^2。观测场四周应设高度约1.2m的稀疏围栏，用以保护场内仪器，并能保持气流畅通。场内平铺浅草，草高不超过20cm。为保护场地的自然状况，场内要铺设0.3～0.5m宽的小路，只准在小路上行走。有积雪时，只清除小路上的积雪但应经常清除树叶、纸屑杂物等，以保持场内清洁。

三、观测场内仪器的布置

场内仪器布置，要注意互不影响，便于观测操作。具体要求如下。

① 仪器应东西排列成行，南北相互交错，高的仪器安置在北面，低的仪器安置在南面。

② 仪器之间，南北间距不小于3m，东西间距不小于4m，仪器距围栏不小于3m。

③ 观测场门最好开在北面，仪器安置在紧靠东西小路的南面，观测人员应从北面接近

仪器。

④ 观测场内仪器布置，可参考如图实-1所示。

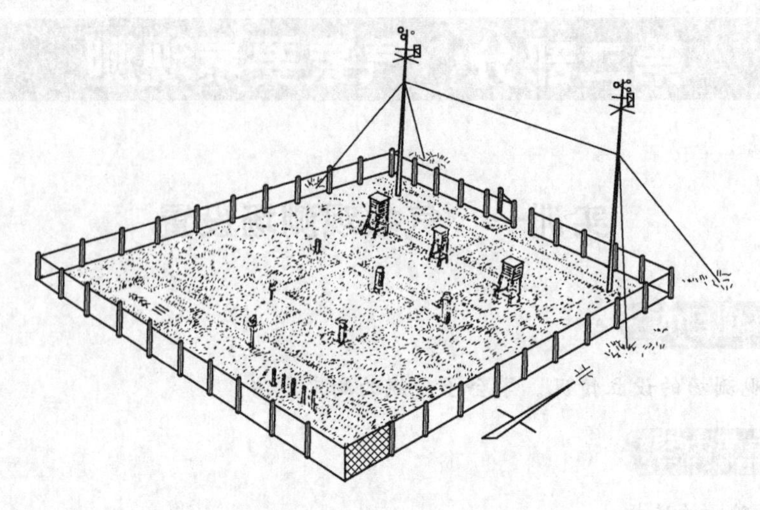

图实-1 观测场仪器布置图

四、子午线的测定

在设置观测场以及安装仪器时，都要用到本地子午线确定方向，下面介绍两种子午线的测定方法。

1. 北极星法

晴朗的夜晚，在北天上可看到北极星。北极星的位置是在大熊星座（俗称北斗七星）两个指极星 A 和 B 连线的延长线上五倍距离处，一颗比较明亮的星。如图实-2（甲）所示。

找到北极星后，在场址范围内将一根高杆（约3～4m）和一根矮杆（约1.5m）垂直竖立地面。并使二杆顶端和北极星三点望去成一直线，则这二杆基点的连线 SN，即为本站的子午线，N 为正北方向。如图实-2（乙）所示。

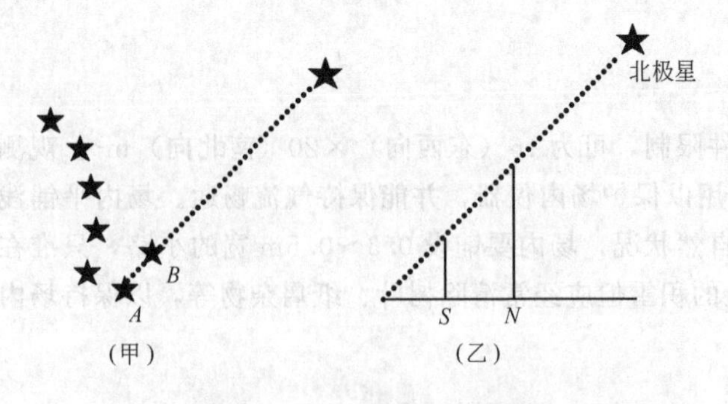

图实-2 北极星法测定子午线

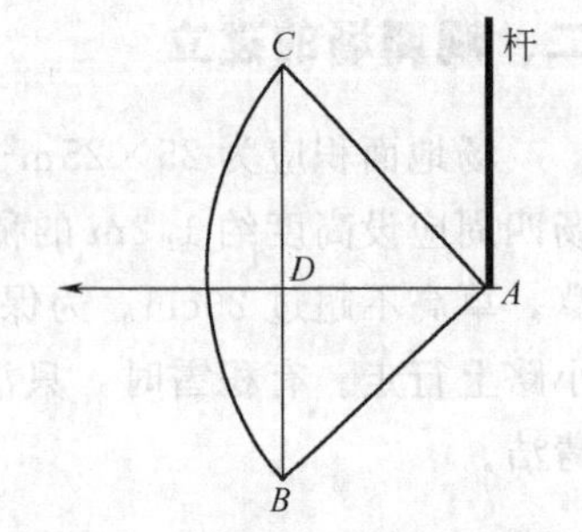

图实-3 太阳高度法测定子午线

2. 太阳高度法

晴天，在空旷平坦的地面上，树立一根细直杆，杆在地面上的树立点，记作 A 点（图实-3），在上午10点左右，以 A 为圆心，以杆在地面上的影长为半径，画圆弧，得接触点，记作 B 点。到下午2点前，在直杆处等候，等到杆的影子由短增长到刚好与圆弧相切时，

得接触点 C，连接 BC 并平分 BC，得平分点 D，连接 AD，并延长之，即为本站子午线。

五、实训作业

① 参观本校（本地）气象观测场，评述其设置是否合乎标准。

② 参加一次实测本地子午线的活动。

实训二 太阳辐射的测定

了解日照计、照度计的构造原理；掌握日照时数、光照强度的测定方法。

主要内容

- 日照时数的观测
- 光照强度的观测

一、日照时数的观测

太阳中心从出现在一地的东方地平线到进入西方的地平线之间的时数，称为可照时数。因云、雾遮蔽或地物的影响，太阳的直接辐射实际照射到地面的时数，称为日照时数，日照时数与可照时数的百分比，称为日照百分率。测定日照时数的仪器，称为日照计。一般台站常用的是暗筒式（又名乔唐式）日照计。

1. 暗筒式日照计的构造原理

暗筒式日照计是根据感光显影原理，利用太阳光通过仪器上的小孔射入暗筒内，使涂有感光药剂的日照纸上留下感光迹线，以感光迹线的长短来计算日照时数。暗筒式日照计分为暗筒、支架和底座三部分。如图实-4 所示。

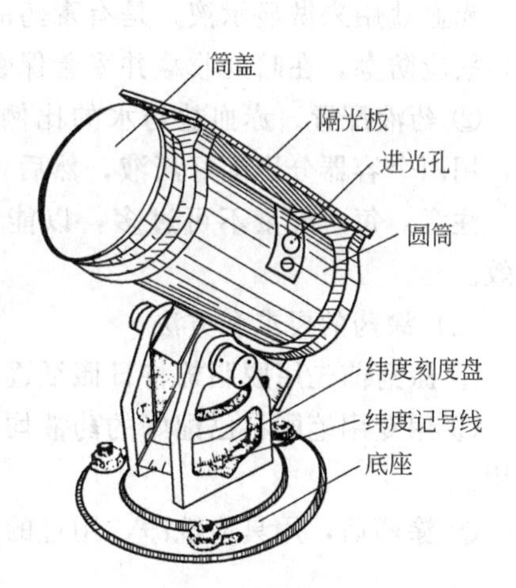

图实-4 暗筒式日照计

暗筒为一金属圆筒，底部密闭，筒口带盖，筒的两侧各有一隔光板，可将上、下午的日照明确分开。暗筒内有一弹性压纸夹，用以固定日照纸。暗筒下部有一固定螺丝，如松开它，按筒可绕支架轴旋转，支架下设有纬度刻盘和指示纬度的刻度线，用以指示筒轴和地面所成的夹角，支架固定在底座上，底座上有三个等距离的孔，用以固定仪器。

2. 仪器的安置

日照计应安置在终年从日出到日落都能受到阳光照射的地方。可安置在观测场内或平台上。如安置在观测场内，要先稳定地埋一根柱子，柱子高度以便于操作为宜；柱顶固定一个水平台座，在台座面上测绘出子午线，安置时，要使仪器的筒轴与子午线相重合，筒口对着正北方向，加以固定，然后，转动筒身，使纬度指示线对准刻度盘上的纬度值。

3. 观测方法

日照计安装好后，即可装上已涂好药的专用日照纸进行某日日照时数的测定了。

日照纸应在观测前一天日落后安装。安装步骤如下。

① 在日照纸上填好台站名称、年、月、日。

② 打开日照计筒盖，取下压纸夹。

③ 将日照纸药面向内卷成筒状，10 时对准筒口白线，两个纸孔对准进光孔装入日照计暗筒（可用手电从进光孔向内照检查是否对正）。

④ 压纸夹交叉处向上，装入暗筒，将纸压紧。

⑤ 盖好筒盖。

在日落后换日照纸。换下的日照纸，应以感光迹线的长短，在其下描画铅笔线。然后将日照纸放入足量的清水中漂洗 3～5min 后拿出，待阴干后，再复验感光迹线与铅笔线是否一致。如感光迹线比铅笔线长，则应补上这一段铅笔线，然后按铅笔线统计全日日照时数。

日照纸上黑体的数字代表时间，每小时 10 个小格，每小格 0.1h，统计时以小时为单位，精确到小数点后一位小数。如某时 60min 都有日照，记为 1.0，如果全天无日照，记为 0.0。

4. 日照纸涂药

（1）药液配置。

① 所需药品如下。

赤血盐（又名铁氰化钾）[$K_3Fe(CN)_6$]；

柠檬酸铁铵 [$Fe_2(NH_4)_3(O_6H_5O_2)_3$]。

赤血盐用来做显示液，是有毒药品；柠檬酸铁铵用来做感光液，是感光吸水性较强的药品，故应防潮，在暗处收藏并妥善保管。

② 药液配置。赤血盐与水的比例为 1∶10，柠檬酸铁铵与水的比例为 3∶10。按此比例，用两个容器分别配好药液，然后将配好的药液等量混在一起，搅匀即可。

注意：每次配量不可过多，以能涂 10～20 张日照纸为宜，以免涂好药的日照纸久存失效。

（2）涂药的要求和方法

① 涂药前先用脱脂棉将日照纸逐张擦净，以去掉表面油脂使纸吸药均匀。

② 用专用笔刷将已配好的药液均匀地涂在日照纸上（只涂阴影部分即可），阴干后暗藏备用。

③ 涂药后，用具应洗净，用过的脱脂棉液不能再次使用。

二、光照度的测定

光照度系指物体被自然光或人造光源照亮后，被照物体表面的明亮程度，简称照度。单位勒克斯（lx）。测量照度的仪器叫照度计。目前日照计型号规格很多，下面仅介绍其中一种常用类型的构造原理和观测方法。

1. ST-Ⅱ型照度计的构造原理

ST-Ⅱ照度计是根据光电转换效应的原理制成的。

主要由感光器、电流表和量程开关三部分组成，如图实-5 所示。感光器采用的是匹配了视觉滤光片的硅光电池，将其装入带有手柄的圆形胶木盒内，并从手柄顶端引出光电池的导线。电流表系一灵敏的微安表，表盘上的刻度已将电流强度值换算成相应的光照强度值，若把导线插头插入仪器右侧的插孔里，感光器便与电流表相连，构成测量电路。当把感光器放在待测光照处，就随之产生相应强度的光电流，电流表的指针即指示出相应的光照强度值。

为保护光电池，感光器上附有罩盖，为便于携带和保存，全套仪器装入一特制的小木匣中。

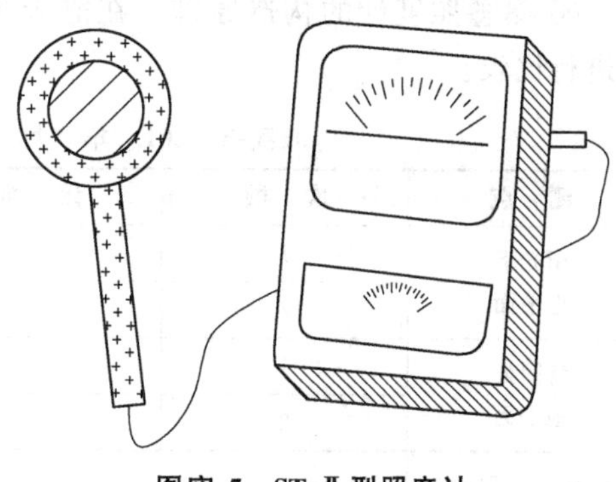

图实-5 ST-Ⅱ型照度计

2. 仪器的使用与维护

① 测量前应检查量程开关，其正确位置应指在“关”上，然后将导线插头插入插孔，并取下光电池的罩盖。

② 测量时，为保护光电池，应从最大量程开始进行测试，选择合适的量程后再进行测量、读数、记录。测量完毕和存放期间，均应将量程开关置于“关”的位置，并拔下导线插头，盖好光电池的罩盖。

③ 感光器的视觉滤光片严禁用手触摸或硬物划伤，如有尘土，可用镜头纸或软笔刷擦拭。如沾上油污，可用酒精脱脂棉擦去油污后，再用脱脂棉擦净。

④ 电流表的表盖系有机玻璃制品，不得用力擦拭，以免引起静电感应，影响正确示数，如有灰尘，可用毛刷拂去。

三、实训作业

① 熟悉照度计的构造原理，到观测场熟悉日照计的安置情况。

② 进行一天的日照观测，将观测结果记入表实-2。

提示：

a. 日照百分率＝(日照时数/可照时数)×100％

b. 可照时数由气象常用表第三号，第 42 页查得。

表实-2 观测记录表

日 期	年 月 日	
日照时数	上午	h
	下午	h
	合计	h
可照时数		
日照百分率		％

③ 北纬 39°的某地历年 1 月、7 月和全年的日照时数分别为 201.6h、235.7h 和 2716h，计算日照百分率，填入下列括号内。

1 月份日照百分率是（ ）。

7 月份日照百分率是（ ）。

全年日照百分率是（ ）。

④ 熟悉照度计的构造原理，在露天条件下测定几种情况下的光照强度，记入表实-3，并进行比较。

表实-3　201　年　月　日　时　光照度（lx）观测记录

测　点	次　数	读　数	选用量程	照度值	平均值
阳光下地平面	1				
	2				
背阴处地平面	1				
	2				
垂直于阳光地平面	1				
	2				

实训三　地温和气温的观测

实训目的

了解测温仪器的构造原理；学会土壤温度和空气温度的观测方法；初步掌握整理温度资料的技能。

主要内容

- 温度表的测温原理
- 土壤温度的观测
- 空气温度的观测

一、温度表的构造原理

温度是表示物体冷热程度的物理量。温度的测量是根据物体热胀冷缩的特性实现的。要将物体的冷热程度用数量来表示，首先要确定温度的“三基点”，即标准大气压下的水的冰点为0℃；水的沸点为100℃，以0～100℃之间的1/100作为1℃，然后选择明显具有热胀冷缩特性的物质作为测温物质。这样就可以用测温物质体积的大小来测量温度的高低了。

1. 测温物质

水银和酒精都具有明显的热胀冷缩的特性，两者比较起来，水银还具有比热小、导热快、沸点高（356.9℃）、内聚力大以及与玻璃不发生浸润作用等优点。所以水银温度表的灵敏度和精度都较高，但是由于水银的凝固点高（－38.9℃），测定低温时便受到限制。而酒精的凝固点较低（－117.3℃），用来测定低温较好，但酒精具有膨胀系数不够稳定、容易蒸发、沸点低（78.5℃），与玻璃起浸润作用，所以在一般情况下，都使用水银温度表，只有测低温时，才使用酒精温度表。

2. 温度表的一般结构

普通温度表包括：感应部分，毛细玻璃管，装在感应部分和毛细玻璃管中的测温物质以及指示温度值的刻度盘和玻璃外套组成。

温度表测量的是感应部分的温度高低，所以在测量时，应将感应部分置于被测量处，并且尽量避免人体对感应部分的影响。

二、地温的观测

地面温度和地中不同深度的土壤温度统称为地温。

地温的观测项目有：

地面温度（包括 0cm 地温、地面最低温度、地面最高温度）；

浅层地温（包括 5、10、15、20cm 深度的土壤温度）；

较深层地温（包括 0.4、0.8、1.6、3.2m 深度土壤温度）。

1. 观测地温的仪器

（1）地面温度表　用于观测地面温度。是一套管式玻璃水银温度表，温度刻度范围较大，约为－20～80℃，每度间有一短格，表示半度。

（2）地面最高温度表　用来测定一段时间内的最高温度。是一套管式玻璃水银温度表。外形和刻度与地面温度相似。它的构造特点是在水银球内有一玻璃针，深入毛细管，使球部和毛细管之间形成一窄道（图实-6）。当温度升高时球部水银因体积膨胀而产生压力，水银便挤入毛细管；当温度下降时，球部水银收缩，但毛细管的水银，由于通道窄，却不能自由地缩回球部，即在窄道处断开，因而水银柱顶端的示度即表示过去一段时间内的最高温度。

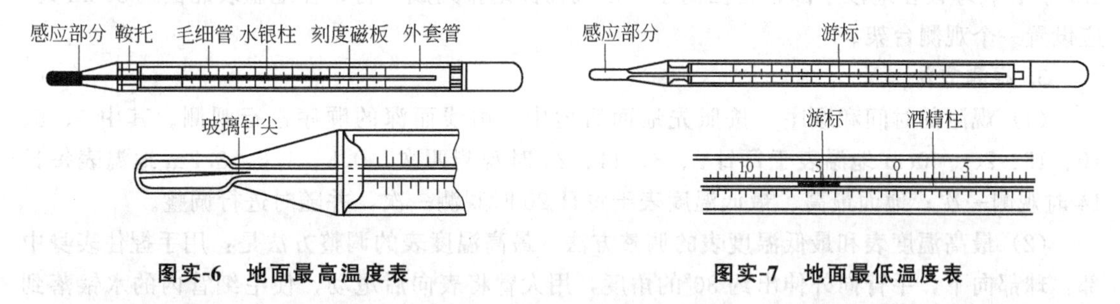

图实-6　地面最高温度表　　**图实-7　地面最低温度表**

（3）地面最低温度表　是用来测定一段时间内的最低温度，是一套管式酒精温度表。它的构造特点是：毛细管较粗，在透明的酒精柱中有一蓝色哑铃形游标（图实-7）。当温度下降时，酒精柱便相应缩短，至柱端凹液面与酒精接触时，因液体表面张力作用，带动游标向球部方向移动；而当温度上升时，酒精膨胀，酒精可从游标周围慢慢延伸过去，游标停留在原来位置上，因此游标远离球部的一端的示度即表示过去一段时间内的最低温度。

（4）曲管地温表　共四支，分别用来测定 5、10、15、20cm 四个深度的土壤温度。也属于套管式水银温度表，每半度有一短格，因球部与表身弯曲成 135°夹角，故称之为曲管地温表，玻璃套管下部用石棉和灰填充以防止套管内空气对流。

（5）直管地温表　直管地温表一套共四支，用来测定 0.4、0.8、1.6、3.2m 深度的土壤温度，其构造是将水银温度表装在带有铜底帽的管中，铜底帽内用铜屑充塞，管中部开有窗口，以使感应部位显露，以便读数。金属罐顶端连接在木棍上，木棍长度依深度而定，整个木棍放在硬橡胶套管内，木棍顶端装有金属盖，恰好盖住硬橡胶口。木棍上几处缠有布圈，金属盖内装有毡垫，以阻止管内空气对流和管内外空气交换，也可防止降水等物落入。

（6）插入式地温表　多用于野外观测或小气候观测，携带使用比较方便。将一支水银温度表，装入金属管中，管壁上开一读数窗口，管上端有手柄，使用时以管尖插入土中，数分钟后即可读数。

2. 地温表的安置

① 地面和曲管温度表应安置在观测场内西南部的裸地上。地段面积为 $4\times6m^2$。地表要疏松、平整、无草，并与观测场整个地面相平。

地面三支温度表须水平地安放在地段中央偏东的地面，按0cm、最低、最高的顺序自北向南平行排列，球部向东，并使它们在南北一条直线上，表间间隔约5cm，球部及表身一半埋入土中，一半露出地面，埋入土中的感应部分与土壤必须紧贴且不留空隙，露出地面部分保持干净。

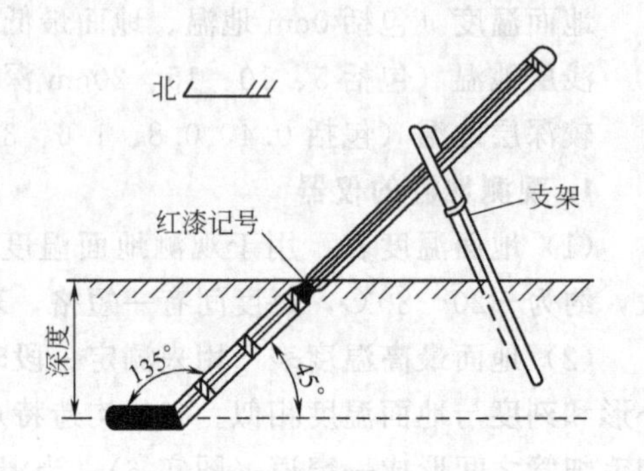

图实-8 曲管地温表

曲管地温表安置在地面最低温度表的西边约20cm处，按5、10、15、20cm深度顺序自东向西排列，球部向北，表间相隔约10cm，表身与地面成45°夹角，各表身应沿东西向排列，露出地面的表身需用叉形木架支住（图实-8）。为了避免观测时践踏土壤，应在地温表北面相距约40cm处设置一栅条式木制踏板。

② 直管地温表应安置在观测东南部有自然覆盖物（草皮或浅草层）的地段，面积 $3\times4m^2$。各表埋设在地段中部，自西向东，由浅而深地排列成一行，在地温表北面约30cm处，应设置一个观测台架。

3. 观测方法

（1）观测的时间和顺序　按照先地面后地中，由浅而深的顺序进行观测。其中0、5、10、15、20、40cm地温表于每日2、8、14、20时观测四次，0.8、1.6、3.2m地温表每日14时观测一次；地面最高、最低温度表于每日20时观测一次，并随时进行调整。

（2）最高温度表和最低温度表的调整方法　最高温度表的调整方法是：用手握住表身中部，球部向下，手臂向外伸出约30°的角度，用大臂将表向后甩动，使毛细管内的水银落到球部，使示度接近于当时的干球温度。调整时，动作应迅速，调整后，放回原处时，先放球部，后方表身。

最低温度表的调整方法是：将球部抬高，表身倾斜，使游标滑动到酒精的顶端为止，放回时应先放表身，后放球部，以免游标滑向球部一端。

（3）读数和记录

① 各种温度表读数时，要迅速、准确、避免视觉误差（视线必须和水银柱顶端齐平），最低温度表视线应与酒精柱的凹液面最低处齐平。

② 先读小数，后读整数，并应复读，防止发生颠倒零上零下的错误。

③ 读数精确到小数点后1位，小数位数为0时，不得将“0”省略。若计数在零下，数值前应加上“－”号。

④ 观测地面三支温度表时，应俯视读数，不得把表取离地面，但是当温度表被雪埋住时，应将表从雪中小心地取出（勿使水银柱、游标移动），水平地安置在未被破坏的雪面上进行观测，直管地温表读数时，因必须从硬橡胶管中取出，故动作应更加敏捷，并注意勿使感应部分受阳光照射。

4. 仪器和观测地段的维护

① 各种地温表及其观测地段应经常检查，保持干净和完好状态，发现异常，应立即纠正。

② 冬季当地面温度降到－36.0℃以下时，停止观测地面和最高温度表，并将这两支温度表取回，并以酒精柱的读数作为0cm地温记录。

③ 夏季高温日子里，为防止地面最低温度表失效，应在早上温度回升前，观测一次地面最低温度，计入观测簿8时栏。随后将表收回，20时观测巡视时，再将表调整好放回地面。

④ 在可能降雹之前，为防止损坏地面和曲管温度表，应罩上防雹网罩，雹停以后立即去掉。

三、气温的观测

气温是空气温度的简称。我国规定用离地面1.5m高度处的自由空气的温度来表示。气温的观测包括定时的气温、日最高气温、日最低气温以及用温度计作气温的连续记录。

1. 观测气温的仪器

(1) 干湿球温度表　是由两只规格相同的套管式玻璃水银温度表组成，如图实-9所示。在一支温度表的水银球上包上一层纱布，纱布下部入水部分折叠平整浸入小水杯中，借纱布的毛细作用将水吸上，使纱布经常保持湿润状态，称之为湿球温度表；另一支温度表不包纱布，便是干球温度表。干球温度表的示度就是气温。而湿球温度表的示度和空气温度有关，将在实训五中详细介绍。

图实-9　干湿球温度表

(2) 最高温度表和最低温度表　是用来测定日最高气温和最低气温。其构造与测定地面最高和最低温度表相同，只是因气温变幅比地面小，所以刻度范围比较小。这两支温度表与干湿球温度表安放在同一个特制的金属支架上。

(3) 温度计　是用来自动连续记录气温变化的仪器。如图实-10所示。它的感应部分是双金属片，是由两种膨胀系数不同的金属片焊接而成的。双金属片一端固定在仪器外部支架上，另一端通过杠杆和自记笔相连，笔尖内装有特制的墨水。自记笔尖和裹在自记钟上的自记纸接触，自记纸上的水平线表示温度，通常每格表示1℃。自记钟内装有钟表机械，能使圆筒不断转动。当气温变化时，双金属片发生变形，通过杠杆作用，自记笔便在自记纸上记录出气温随时间变化的曲线。

2. 仪器的安置

无保护设备而安置于露天的温度表，不能指示出周围空气的温度，这时温度表的示度决定于温度表对辐射的吸收和放射。因此在测定气温时，必须把温度表安置在特制的百叶箱内。

(1) 百叶箱　是由木片组成的木箱，木箱固定在支架上（图实-11），它的作用是防止太阳和地面的辐射，保护仪器免受强风、雨雪、沙尘等影响。并使仪器的感应部分有适当通风，能真正地感应外界空气的温度变化。百叶箱分大小两种：小百叶箱内部高537mm，宽460mm，深90mm；大百叶箱内部高612mm，宽460mm，深460mm。百叶箱内外均涂刷

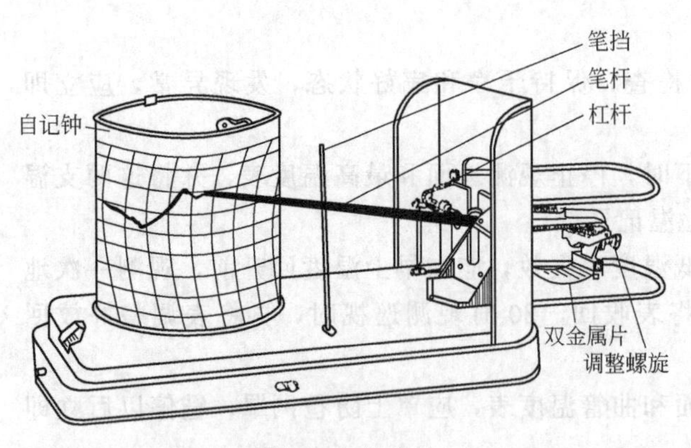

图实-10 温度计

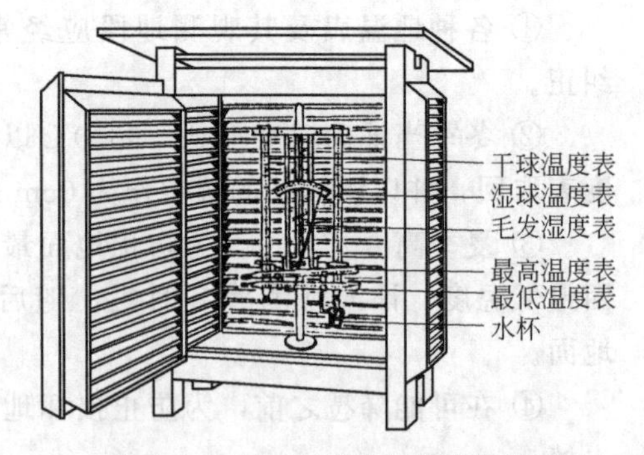

图实-11 小型百叶箱内仪器的安置

白色油漆，以保护百叶箱和减小日射的影响。

(2) 百叶箱内仪器的安置 大百叶箱内安置温度计和湿度计，小百叶箱内安置干湿球、最高、最低温度表和毛发湿度表。

干湿球温度表应竖直插入支架横木梁两端的环内，干球在东面，湿球在西面，球部中心离地面应为1.5m。湿球下部的下侧方是一个带盖的水杯，杯口离湿球约3cm，湿球纱布穿过水杯盖上的狭缝浸入杯内的蒸馏水中。

最高温度表安置在支架上面横梁的弧形钩上，球部向东并稍微向下倾斜，球部中心离地面1.53m。最低温度表水平的安置在支架下面的横梁钩上，球部向东，球部中心离地面1.52m。毛发湿度表固定在支架的横梁上，如图实-11所示。

3. 观测方法

① 观测时间和顺序。按着干球、湿球、最高、最低温度表、自计温度计、自计湿度计的顺序，在每天2、8、14、20时进行四次干湿球温度的观测，在每天20时观测最高温度和最低温度各一次。

② 读数记录的要点和最高、最低温度表的调整方法与地温观测相同。

四、实训作业

1. 弄懂各种温度表的构造原理和用途。

2. 熟悉各种温度表的安置情况，并进行地温和气温的观测。

3. 根据观测记录，分别绘出02时、08时、14时、20时土壤温度变化曲线并指出分布类型。

4. 练习统计温度自记纸并记录结果，根据自记纸记录的温度变化连续变化曲线说明空气温度在一天中的变化规律。

实训四 积温的计算和应用

学会积温的计算方法，了解积温在农业分析中的应用。

主要内容

- 用五日滑动平均法求算某年积温
- 用直方图法求算多年平均积温
- 保证率的求算

在农业上，为充分利用一地的热量资源或研究某一作物对热量条件的要求时，常常需要确定日平均气温稳定通过 0℃、5℃、10℃、15℃等界限温度的起止日期，持续日数、积温和保证率，求算方法如下。

一、用五日滑动平均法求算某年的积温

由于这种方法是先以计算五天的滑动平均气温来确定某界限温度的起止日期，然后再计算持续日数和积温的，所以称为五日滑动平均法。

1. 某界限温度起止日期的确定方法

起始日期是从春季第一次高于某界限温度之日起，向前推四天，按日序依次计算出每连续五日的平均气温，从其中选出第一个在其后不再出现平均气温低于界限温度的连续五日，在这个连续五日的时段中，挑出第一个日平均气温大于或等于该界限温度的日期，此日期即为起始日。

终止日期是在秋季第一次出现低于某界限温度之日起，向前推四天，按日序顺次计算五日滑动平均气温，从其中选出第一个出现小于或等于界限温度的连续五日，在此五日中挑出最后一个日平均气温大于或等于该界限温度的日期，即为终止日期。

起始日期（初日）到终止日期（终日）之间的天数，称为持续日数（包括初、终日）。

2. 积温的计算

(1) 活动积温　是包括起止日期在内的起始日到终止日之间的各天的日平均气温累加求和。

(2) 有效积温　是用公式 $A=(T-B)\times N$ 来计算的。式中，A 为该时期内的有效积温；B 为生物学下限温度；T 为该时期的平均温度；N 为该时期的天数。

例：根据表实-4 资料，求算某地 1980 年日平均气温稳定通过 5.0℃的起止日期，持续日数和积温。

① 起始日期确定。从表实-4 中找到春季第一次高于 5.0℃的日期 3 月 6 日，向前推四天至 3 月 2 日，从 3 月 2 日起，依次计算每连续五日的滑动平均气温，其值依次为 3.8，4.3，4.9 等（表实-5）。由于 7～11 日和 8～12 日两时段的五日滑动平均气温为 4.4℃和 4.7℃，说明气温还没有稳定在 5℃以上，所以继续计算五日滑动平均气温，直至 3 月 9～13 日及其以后各时段的五日滑动平均值都高于等于 5.0℃时，就在 9～13 日的时段中，挑取第一个日平均气温高于等于 5.0℃的日期，即 3 月 9 日，为春季日平均气温通过 5.0℃的起始日期。

② 终止日期的确定。按照同样的方法可以求得五日滑动平均值低于（等于）5.0℃的第一个时段，即 11 月 4～18 日，这一时段中，挑出最后一个日平均气温高于（等于）5.0℃的日期，即终止日期（11 月 16 日）。

从 3 月 9 日～11 月 16 日之间共 253 天（包括起始和终止日期两天）即为该地 1980 年高于（等于）5.0℃的持续日数。

表实-4 某地1980年3～11月逐日平均气温

日＼月	3	4	5	6	7	8	9	10	11
1	1.6	6.6	16.3	17.6	30.1	27.2	20.7	15.9	8.4
2	1.0	8.9	18.3	26.7	28.8	28.2	16.6	14.1	9.5
3	1.9	11.5	18.1	25.2	27.8	28.8	17.9	14.6	10.1
4	4.3	9.9	19.6	18.1	32.8	25.6	18.8	16.2	10.5
5	4.6	8.0	22.6	29.4	32.6	22.5	19.6	15.2	7.9
6	7.4	6.0	23.1	27.9	28.0	25.1	18.3	17.2	6.9
7	3.5	7.4	19.0	26.6	23.5	25.0	21.3	15.6	5.8
8	4.8	8.1	20.7	28.3	27.2	25.3	22.0	17.6	4.8
9	5.3	10.7	18.2	31.0	27.9	27.3	22.1	17.6	3.9
10	3.8	15.2	23.2	32.8	26.8	27.5	21.7	12.5	6.3
11	4.6	16.3	19.8	29.2	26.8	28.2	22.0	12.7	8.3
12	5.1	14.3	17.9	24.4	29.6	30.1	22.1	13.7	10.1
13	6.3	16.7	18.2	28.3	30.1	25.3	21.9	13.9	8.4
14	7.1	18.6	17.2	28.4	33.4	23.0	22.3	16.7	7.1
15	3.9	19.6	15.9	27.6	28.4	24.0	20.6	16.7	4.6
16	6.2	19.6	15.9	30.0	32.0	26.0	22.7	13.2	7.9
17	8.5	17.5	18.1	26.5	30.6	23.5	22.6	15.7	2.4
18	9.0	15.3	22.8	22.6	30.8	21.1	22.6	16.2	1.2
19	9.8	14.3	21.4	23.3	27.0	21.6	21.5	15.7	4.3
20	6.7	15.6	24.4	28.4	27.1	23.2	20.0	12.1	1.8
21	5.2	18.4	21.5	27.4	28.7	24.9	19.3	7.9	−0.9
22	7.5	17.9	20.1	26.2	27.3	25.4	16.0	8.8	0.3
23	10.4	18.2	20.0	24.8	26.6	25.6	18.2	10.5	1.5
24	11.3	16.7	18.7	28.4	26.6	23.3	17.9	10.9	1.1
25	12.7	17.2	20.4	26.6	28.7	23.8	16.5	11.9	2.1
26	10.3	20.0	21.0	26.2	27.4	21.9	19.0	10.3	2.4
27	7.0	22.8	16.4	30.0	21.9	22.9	16.7	11.9	2.3
28	8.7	23.5	16.4	31.0	24.8	21.5	15.9	15.1	2.2
29	9.6	22.9	21.7	28.1	25.0	21.9	15.5	12.0	−1.0
30	5.8	21.1	21.2	26.4	23.9	21.1	19.5	7.6	−25
31	3.4		24.9		25.9	20.7		8.1	
			612.1	827.4	865.1	761.7	591.8		

表实-5 五日滑动平均气温计算表

春季高于(等于)5.0℃的初日(稳定通过)				秋季高于(等于)5.0℃的终日(稳定通过)			
日期	日平均气温	时段	五日滑动平均气温	日期	日平均气温	时段	五日滑动平均气温
2	1.0	3月2～6日	3.8	4	10.5	11月4～8日	7.2
3	1.9	3～7日	4.3	5	7.9	5～9日	5.9
4	4.3	4～8日	4.9	6	6.9	6～10日	5.5
5	4.6	5～9日	5.1	7	6.8	7～11日	5.8
6	7.4	6～10日	5.1	8	4.9	8～12日	6.7
7	3.5	7～11日	4.4	9	3.9	9～13日	7.4
8	4.8	8～12日	4.7	10	6.3	10～14日	8.0
9	5.3	9～13日	5.0	11	0.3	11～15日	7.7
10	3.8	10～14日	5.4	12	10.1	12～16日	7.6
11	4.6	11～15日	5.4	13	8.4	13～17日	6.1
12	5.1	12～16日	5.7	14	7.1	14～18日	4.6
13	6.3	13～17日	6.4	15	4.6	15～19日	4.1
14	7.1	14～18日	5.7	16	7.9	16～20日	3.5
15	3.9	15～19日	6.9	17	2.4	17～21日	0.8
16	6.2	16～20日	6.7	18	1.2	19～22日	0.7

从3月9日～11月16日之间共253天中，将各天的日平均气温累加求和得4821.6℃，即为该地1980年高于（等于）5.0℃的活动积温，在这一时段内高于（等于）5.0℃的有效积温 $A=(T-B)\times N=3550.6$℃。

二、用直方图法求算多年的平均积温

由于这种方法是首先绘制某地月平均气温变化的直方图，然后再根据直方图来计算积温的，所以称之为直方图法。现以北京市气温资料为例讨论。

1. 直方图的绘制

(1) 核对平均温度　根据气候资料，查出北京的多年月平均气温（表实-6）。

表实-6　北京市1961～1990年各月月平均温度

月　份	1	2	3	4	5	6	7	8	9	10	11	12
平均温度(℃)	−4.3	−1.9	5.1	13.6	20.0	24.2	25.9	24.6	19.6	12.7	4.3	−2.2

(2) 选定坐标　选用直角坐标纸一张，横坐标代表月份，以1mm为1天，纵坐标代表温度，以1mm为0.1℃。

(3) 绘制直方图：以各月份的日数为横轴，以各月平均温度值为纵轴，绘制成并排的长方形，即直方图（图实-12）。

(4) 绘制曲线：阶梯状的直方图，只能反映出各月温度的平均状况，不能反映一年中温度的连续变化情况，所以应根据直方图绘制温度的年变化曲线。绘制曲线时，应力求使各月方块中被曲线割去的面积与补进的面积相等，同时曲线要力求均匀平滑，不能有折角。

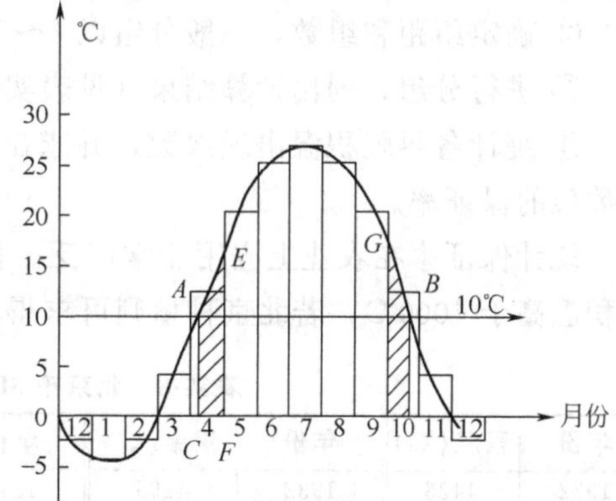

图实-12　北京地区月平均气温变化直方图

2. 求界限温度的起止日期

以求北京市不低于10℃的起止日期为例。从图实-12中，在纵坐标上找到所求界限温度10℃的点，并从该点引平行于横坐标的直线，与温度变化曲线相交于 A、B 两点，再由 A、B 两点分别引直线垂直于横坐标，相交于 C、D 两点，则 C、D 两点分别为不低于10℃的起始日期和终止日期。即4月5日和10月23日，持续日数为202天。

3. 积温的求算

① 不低于10℃的活动积温：起止日期所在月的活动积温按求梯形的面积方法求算，其余各月的活动积温分别为该月平均温度乘以该月的日数，计算结果如表实-7。

表实-7　北京市不低于10℃活动积温表（℃）

月　　份	活　动　积　温	累　进　值
4月	$(1/2)(AC+EF)\times CF=(1/2)\times(10.0+17.0)\times 26=351.0$	351.0
5月	$20.0\times 31=620.0$	971.0
6月	$24.2\times 30=726$	1697.0
7月	$25.9\times 31=802.9$	2499.9
8月	$24.6\times 31=762.6$	3262.5
9月	$19.6\times 30=588.0$	3850.5
10月	$(1/2)(BD+GH)=(1/2)\times(10.0+16.6)\times 23=305.9$	4156.4

② 不低于10℃的有效积温，仍按公式 $A=(T-B)\times N$ 进行计算。结果为 $A=2136.4$℃。

三、保证率的求算

1. 频率和保证率的求算

频率是指某气象要素在某段时间内重复出现某一数值的次数与总次数的百分比。保证率是指某气象要素在某时段内高于或低于某一界限数值的总频率，保证率就是可靠程度的意思，它常用在温度、降水、风速等要素的统计上。

2. 保证率的统计方法

以北京某30年的积温资料为例，来说明求保证率的统计方法。根据北京30年（1922～1925年、1930～1935年、1940～1958年）不低于10℃的活动积温资料（表实-8），求算北京不低于10℃各界限积温出现的频率和保证率。步骤如下。

① 由统计数列（表实-8）中挑出最大值（4584）和最小值（3965），以了解数列的变动范围。

② 确定组距和组数，一般分组以6～8组为宜，本例以100为组距，共分7组。

③ 进行分组，列出计算结果（见表实-9）。

④ 统计各界限积温出现次数，并求出频率，然后将各组频率依次累加求和，即得各界限数值的保证率。

统计保证率在农业上应用非常广泛。例如，已知某一棉花品种，要求不低于10℃的活动积温高于4000℃，若北京种植则可求得其成功的保证率为97％。

表实-8 北京市30年不低于10℃的活动积温

年份	积温(℃)	年份	积温(℃)	年份	积温(℃)	年份	积温(℃)	年份	积温(℃)
1922	4438	1932	4295	1941	4277	1947	4131	1953	4299
1923	4070	1933	4098	1942	4439	1948	4318	1954	4015
1924	4188	1934	4070	1943	4518	1949	4303	1955	4151
1925	4261	1935	4584	1944	4330	1950	4165	1956	3965
1930	4440	1936	4280	1945	4581	1951	4136	1957	4165
1931	4211	1940	4286	1946	4463	1952	4240	1958	4115

表实-9 频率和保证率的求算表

分　组	4600～4501	4500～4401	4400～4301	4300～4201	4200～4101	4100～4001	4000～3901
出现次数	3	4	3	8	7	4	1
频率(%)	10	13	10	27	24	13	3
保证率(%)	10	23	33	60	84	97	100

四、实训作业

(1) 利用表实-4资料，对某地1980年的温度资料进行统计。

① 稳定通过10.0℃起止日期。

② 作物生长活跃期。

③ 不低于10.0℃的活动积温。

④ 不低于10.0℃的有效积温。

（2）根据本地各月多年平均气温资料，绘制月平均气温变化的直方图，并利用该图求算本地日平均气温稳定的通过 5.0℃、10.0℃、15.0℃的起止日期，持续日数和活动积温。

（3）某品种冬小麦要求不低于 10.0℃的活动积温 1650℃，某品种晚玉米要求不低于 10.0℃的活动积温 2250℃，如果在北京一年内冬小麦和夏玉米倒茬，农耗热需要不低于 10.0℃的积温 250℃，问其获得成功的保证率是多少？

实训五　空气湿度的观测

实训目的

了解测试仪器的构造原理；学会空气湿度的观测及查算方法

主要内容

- 使用干、湿球温度表测定空气湿度
- 使用毛发湿度表测定空气湿度

一、用干湿球温度表测定空气的湿度

1. 测湿原理

干湿、球温度表是利用两支球部大小形状完全相同的温度表，放在同一环境中（百叶箱），其中一支用来测定空气的温度，称为干球；另一支球部缠上湿润的纱布，称为湿球。当空气中的水汽含量未达到饱和时，湿球表面的水分不断蒸发，消耗湿球的热量而降温；同时从流经湿球的空气中不断取得热量，当热量达到平衡时，湿球温度就不再下降，从而产生了一个相对稳定的干湿球温度差。

干湿球温度差值的大小，主要与当时的空气湿度有关。空气湿度越小，湿球水分蒸发越快，湿球温度降得越多，干湿球温差越大。反之，湿度大，湿球水分蒸发慢，湿球降温小，干湿球温度差就小。另外，干湿球温度差还与其他一些因素有关，如湿球附近的通风速度、气压、湿球大小、湿润方式等。

2. 干湿球温度表的安置

① 干湿球温度表应安置在小百叶箱内，球部中心距地面 1.5m 高。

② 湿球纱布包扎。球部要用纱布包扎，包扎时，先用清洁的水将湿球温度表的球部洗净，然后将长 10cm 的纱布在蒸馏水中浸润，平贴、无皱褶地包卷在水银球上（纱布绝大部分留在下面，纱布在球部的重叠部分不要超过球部周围 1/4），包好后用纱线将高出球部的纱布扎紧，靠近球部下面的纱布也用纱线扎好（不宜过紧），并将多余的纱线剪掉。如图实-13 所示，*A* 为温度在 0℃以上的包扎法，*B* 为 0℃以下的包扎法。湿球纱布应保持清洁、柔软和湿润，一般应每周换纱布一次。

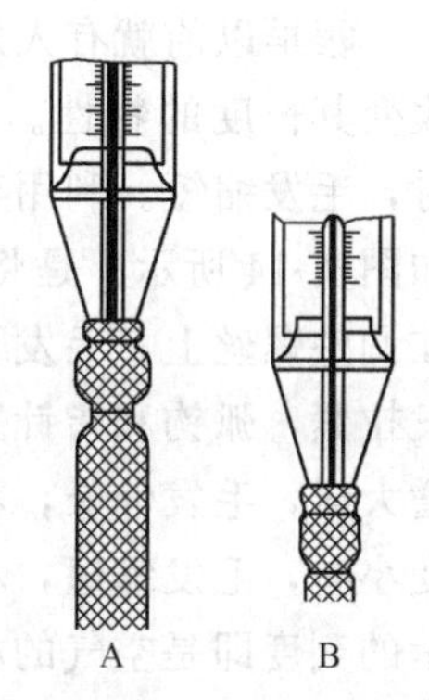

图实-13　湿球纱布包扎示意图

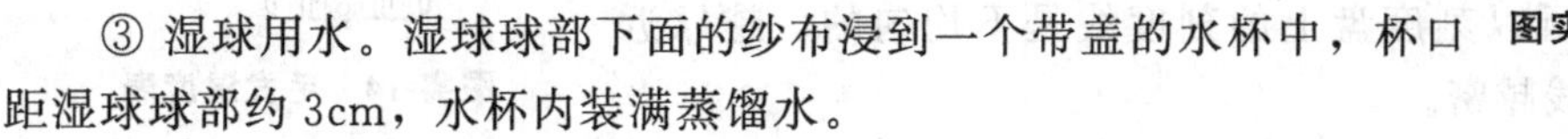

③ 湿球用水。湿球球部下面的纱布浸到一个带盖的水杯中，杯口距湿球球部约 3cm，水杯内装满蒸馏水。

3. 干湿球温度的观测

干球温度的观测时间，观测方法同实训三的空气温度的观测；湿球温度的观测，在湿球未结冰时，与干球相同。湿球结冰后，用融冰观测。但气温低于－10℃时，停止观测湿度，改用毛发湿度表测定湿度。

融冰观测：湿球结冰不能再用水杯供水时，在每次观测前均须湿润纱布，这一步骤称为融冰。溶冰的方法为：用一杯室温的蒸馏水，将湿球纱布浸入水杯中，使湿球纱布上的冰层完全融化，然后把水杯移开，用杯沿除去纱布头上的水滴。20～30min后读取干湿球温度的示值。读数时，一定在湿球温度稳定后再进行读数和记录。在读数后，用铅笔侧棱试试纱布软硬。如已结冰，应在湿球记录结果右上角即“B”符号；如果未冻结则不记“B”符号。

4. 湿度查算

国家气象局编印的《湿度查算表》专门用来查算各种湿度值。我们只介绍其中较简单的一种查算相对湿度、露点温度的方法。

当气压等于或近于1000hPa，干湿球温度是在百叶箱内测得的，这种情况与编制查算表的所设条件一致或基本相同，可直接按干湿球的读数查《湿度查算表》的表1。

例：在百叶箱中测得$t=31.6$℃，$t_w=22.9$℃，本站气压$p=995.0$hPa。查算：空气的水汽压（e）、相对湿度（r）、露点温度（t_d）和当时温度条件下的饱和水汽压（E）。

查算方法如下：

首先，在《湿度查算表》的表1干球在零上部分查出$t=31.6$℃专栏；然后在31.6℃栏里找到$t_w=22.9$℃的横排，与22.9℃并列的三个数值2.1，48.1，9.1，即顺次为空气的水汽压（e）、相对湿度（r）、露点温度（t_d）；最后，根据$t=31.6$℃，查取《湿度查算表》的附表Ⅰ，查得$t_d=18$℃。

更精确的查算空气湿度，参见《湿度查算表》使用说明，如查算精度不高，可使用简化了的相对湿度查算表。

二、用毛发湿度表测定空气湿度

当气温低于－10℃时，湿球温度表已不能使用，换用毛发湿度表，它可直接测出空气的相对湿度。

1. 毛发湿度表的构造原理

很早以前就有人发现，脱脂毛发有随着空气湿度的变化而改变其长度的特性。当湿度增大时毛发伸长，相对湿度减小时，毛发缩短。利用毛发的这种特性即可制成湿度表。其构造如图实-14所示。是将毛发装在一金属架框内，毛发上端固定在调整螺丝上，毛发下端则固定在一弧钩上，弧钩与小锤使毛发拉紧，弧钩和指针又固定在同轴杠杆上。当空气的相对湿度增大时，毛发伸长，小锤下压，指针便向右偏转，当相对湿度变小时，毛发缩短，小锤上移指针便向左偏转，指针尖端所指示的刻度即是空气的相对湿度。由于相对湿度越大，毛发伸长量的变化越小，所以刻度盘上的刻度线是不均匀的，越靠近“100”端，刻度线越密。

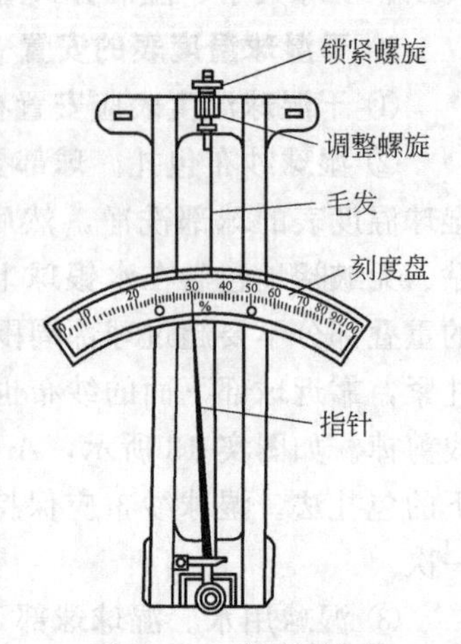

图实-14 毛发湿度表

2. 观测和维护

① 观测时，只读百分数的整数，不估计小数。如果指针超出刻度范围，用外推法读数。

② 由于毛发表的精确度较差，所以应在换用毛发表的前一个月用干湿球温度进行修正，修正后的数据才能作为正式记录。

③ 毛发表不用时放在盒子里，并使毛发呈放松状态，禁止用手触摸毛发，以免污染或碰断。

3. 湿度查算

当从百叶箱内测得的干球温度 t 和毛发湿度 r 后，即可查算《湿度查算表》，得到相应的水汽压（e）和露点温度 t_d。

三、实训作业

① 熟悉各种仪器的构造原理锁。

② 进行一天的空气温湿度观测，将观测数据和查算结果填入附录 4（气象观测记录表）。

实训六　降水和蒸发的观测

实训目的

了解雨量器、小型蒸发器的构造原理及安置方法；掌握降水量和蒸发量的观测方法；掌握降水量、降水保证率的统计方法。

主要内容

- 降水量的观测
- 蒸发量的观测
- 降水量、降水变率、降水保证率的统计

一、降水量的观测

降水量是指从云中降落到地面上的液态或固态（经融化后）降水，未经蒸发、渗透、流失而积在水平面上的水层厚度。以毫米（mm）为单位，保留一位小数。

1. 雨量器的构造原理

雨量器为一金属圆筒，筒口直径为 20cm（口面积为 $314cm^2$），包括承水器（漏斗）、储水瓶和储水筒，并配有与器口径成比例的专用雨量杯，如图实-15 所示，承水器口正圆形，器口为内直外斜的刀刃形，防止雨水溅入。

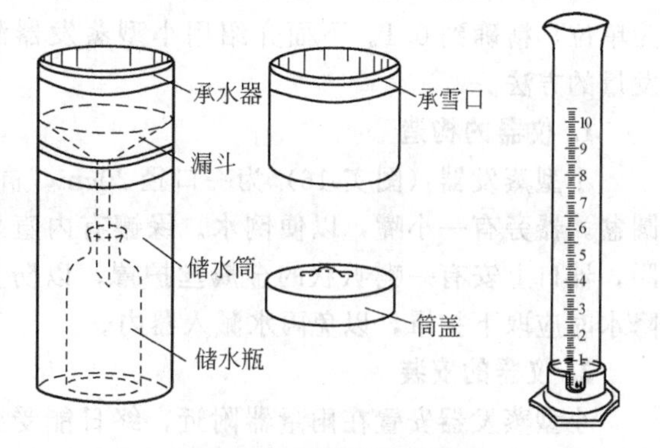

图实-15　雨量器和雨量杯

雨量杯是一个特制的玻璃杯，杯上的刻度

一般从 0～10.5mm，每一小格代表 0.1mm，每一大格代表 1mm。雨量杯的口径与雨量器的口径成一定比例，必须配套使用，其比例关系如下。

设雨量筒口面积为 S，筒内水深为 H，则筒内水的体积为：

$$V=HS$$

把筒内的水倒入雨量杯内，设雨量杯口面积为 S'，水深为 h，则：

$$hS'=HS$$
$$h=S/S'H$$

以口径 20cm 的雨量器为例，量杯口径为 4cm。若雨量器内所聚的水深为 1mm，则倒在雨量杯中的高度为：

$$h=S/S'H=(\pi\times10^2)/(\pi\times2^2\times0.1)\text{cm}=2.5\text{cm}=25\text{mm}$$

所以雨量杯能精确地测量降水深度，其放大倍数为 S/S'倍。

2. 雨量器的安置

雨量器应安置在观测场内四周不受障碍物影响的地方，器口距离地面高度为 70cm，并保持水平。

在积雪较深的地区，应把仪器移至器口离地面 1.0～1.2m 的高度。在有降雪时，应将承水器漏斗拧下，取走储水瓶，直接用外筒接纳降水。

3. 观测方法

每天 8 点和 20 点各测一次。但在炎热干燥的日子里，降水停止后，应立即测定降水量，以防蒸发，测定液态降水时，将储水瓶内的雨水倒入雨量杯中直接测量。若为固体降水，则可用温水加入筒内，待其融化后再测量，将测量结果减去加入的温水量，得到降水量。读数时，视线应与水凹液面处齐平，读数如不到 0.05mm 时，则记 0.0，如果在 0.05～0.1mm，则记为 0.1mm。若降水量超过雨量杯容量时，可分次测量，最后求其总和。

4. 雨量器的维护

① 雨量器应经常保持清洁，每次巡视时注意清除漏斗内和储水瓶内的树叶、昆虫、尘土、杂物等。

② 每月清洗检查一次，如发现漏隙和形变时，应立即修理和撤换。

二、蒸发的观测

蒸发量是指一定口径的容器的水，经过一段时间后，因蒸发而消耗的水层厚度。以毫米为单位，精确到 0.1。下面介绍用小型蒸发器测定一天内的蒸发量的方法。

1. 仪器的构造

小型蒸发器（图实-16）为一口径 20cm，高约 10cm 的金属圆盆，器旁有一小嘴，以便倒水。缘镶有内直外斜的刀刃形铜圈，器口上安有一喇叭状的金属丝护罩，以防止鸟兽饮水，有降水时应取下护罩，以免雨水溅入器内。

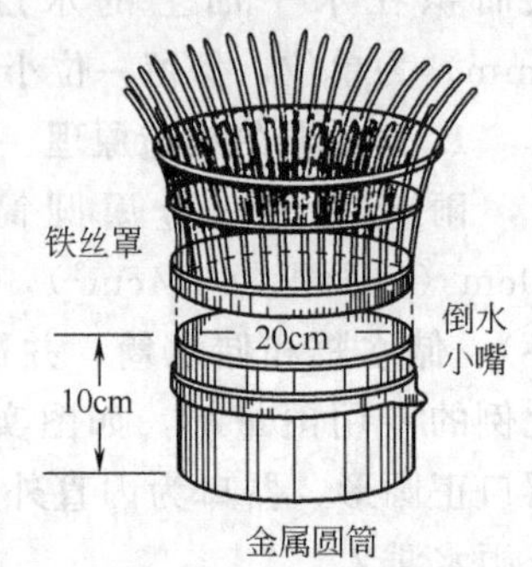

图实-16 小型蒸发器

2. 仪器的安装

小型蒸发器安置在雨量器附近，终日能受到阳光照射的地方，要求器口保持水平，口缘距离地面高度为 70cm。

3. 观测方法

每日 20 时观测一次，测量的前一天 20 时，以专用的量杯取
清水 20mm（原量）注入器内，经 24h 的蒸发后，再量取器内剩余的水量（余量），这一天中减少的水量即为当日蒸发量。

蒸发量＝原量－余量

若测量前有降水时，则计算公式为：

蒸发量＝原量＋降水量－余量

每天观测后，均应清洗蒸发器，并注入清水 20mm，若在夏季干燥地区，因蒸发量较大，可向器内注入清水 30mm；冬季结冰后可 10 天换水一次。

冬季结冰时，可用称量法测算其耗水的克数，然后把克数换算成毫米数。换算时，可查《湿度查算表》。

4. 小型蒸发器的准确度

实验证明，蒸发速率决定于蒸发面的性质、大小，蒸发面上空气的相对湿度、风速、气压，蒸发体的温度及水中所含的杂质的多少等。因此，要测定自然条件下的蒸发量是十分复杂困难的。

① 蒸发器口径的大小：据研究，小型蒸发器测得的蒸发量大于实际的水面蒸发量，其差值随口径面积的减小而增大。现用的口径为 20cm 的蒸发器所测得的蒸发量超过实际水面蒸发量一倍左右。

② 蒸发器的安置：由于 70cm 高的蒸发器高于实际水面，随着高度的增加风速增大，空气湿度减小，因此蒸发器所测蒸发量比实际水面偏大。

另外，小型蒸发器内的水温由于蒸发器四壁暴露在外面，受阳光照射，水温偏高；遇有降水天气、雨水溅失等，都会影响蒸发器的测量结果。因此小型蒸发器观测的蒸发量只能代表特定环境下的蒸发量，与实际水面蒸发量应有一修正系数才有使用价值。目前，气象台站仍普遍使用小型蒸发器进行蒸发观测。

三、实训作业

① 熟悉雨量器和小型蒸发器的构造原理；到观测场熟悉雨量器和小型蒸发器的安置情况。

② 在有降水的日子里，进行一天的降水量与蒸发量的观测，将观测结果记入附表 4 的相应栏中。

③ 根据当地资料，绘制本地各月雨量直方图。

④ 根据当地资料，计算本地近 30 年的平均降水变率、降水最多年的降水变率、降水最少年的降水变率。

实训七　气压和风的观测

实训目的

了解水银气压表的构造及测压方法；了解测风仪器的构造，掌握风向、风速的观测方

法；学会绘制风速和风向频率玫瑰图。

主要内容

- 用动槽式水银气压表测定空气压强
- 用 EL 型电接风向风速计测风
- 目测风向风力

一、用水银气压表（动槽式）测定气压

气压是作用于单位面积上的大气压力。气压的单位是百帕（hPa）。若仪器的刻度是毫米汞柱（mmHg），应换算成百帕数。测定气压的仪器有动槽式和定槽式气压表，下面介绍动槽式水银气压表的使用。

1. 水银气压表（动槽式）构造原理

动槽式水银气压表是根据水银柱的重量与大气压力相平衡的原理制成的，其构造如图实-17 所示。主要由内管、外套管、水银槽三部分组成。

内管是一根长约 900mm、直径 8mm 的玻璃管，一端封闭，一端开口，管内装满纯净的水银，开口的一端插入水银槽内。

外套管是用黄铜制成，用以固定和保护内管。铜管上部前后都开有长方形窗口，窗口边上有刻度标尺，窗口间置一游标尺用来观测水银柱的高度，铜管的下部有一支温度表，用以测定铜管和水银的温度，套管下端与水银槽连接。水银槽为一鞣质皮囊，内装水银，用螺旋支撑，转动螺旋可使槽内水银面升降，水银槽上部装有一象牙针，针尖位置即刻度尺的零点。每次观测必须将水银面调至象牙针尖的位置。

图实-17 动槽式水银气压表

2. 安置方法

由于气压观测是测定大气的静压力，所以气压表应安置在温度少变的气压室内，室内既要通风，又无太大的空气流动，光线要充足，但又要避免阳光的直接照射。气压室要求门窗少开，经常关闭。

3. 观测

① 首先观测附属温度表。读数精确到 0.1℃，然后转动调整螺旋使槽内水银面恰好与象牙针尖相接。调整动作要轻而慢，切勿旋转过急。

② 调整游尺，先使游尺稍高于水银柱顶端，然后慢慢下降直到游尺的下缘恰好与水银柱凹面顶点刚刚相切为止。这时在顶点两旁应能看出三角形空隙。如图实-18 所示。

③ 读数并记录。先在标尺上读取整数，然后在游尺上找出一根与标尺上某一刻度相吻合的刻度线。则游尺上这根刻度线的数字就是小数读数。在图实-18（甲）的气压读数为 1010.0hPa，图实-18（乙）为 993.5hPa。要求精确到小数点后一位，并记入观测记录表（附表 4）“气压读数”栏。

④ 读数后，旋转槽底调整螺旋，使水银面下降，降至离开象牙针尖下 2～3mm。

二、用 EL 型电接风向风速计测风

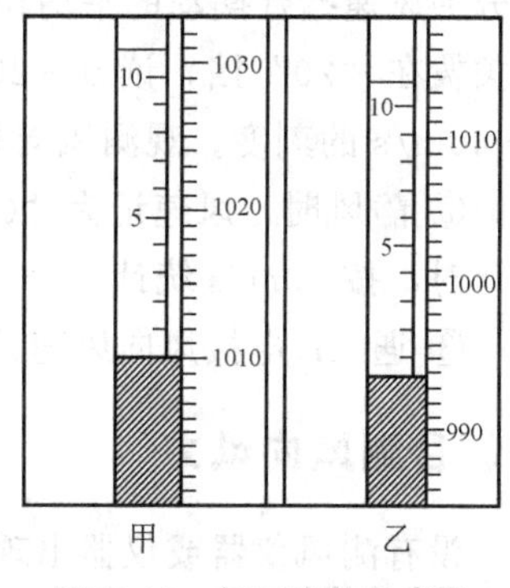

图实-18 气压读数示意图

空气的水平运动称为风。它既有大小，又有方向。所以风的观测包括风向和风速两部分。

风向是指风吹来的方向，用十六方位表示。记录时用缩写拉丁字母。

风速是指空气在单位时间内的行程。以 m/s 表示。目前常用的测风仪器有电接风向风速计、轻便风向风速表等。在没有仪器的情况下，也可根据风吹动物体的状况，目测风力等级。

1. EL 电接风向风速计的组成

EL 电接风向风速器是由感应器、指示器、记录器组成的有线遥测仪器。

感应器的上半部分是风速部分，有风杯、交流发电器、涡轮、接触簧片等组成；下半部分是风向部分，有风向标、指南杆、风向方位块、导电环、接触簧片等组成，如图实-19 所示。指示器（图实-20）由电源、瞬时风速指示盘、瞬时风向指示盘等组成。记录器（图实-21）由八个风向电磁铁、一个风速电磁铁、自记钟、自记笔、充放电路等部件组成。

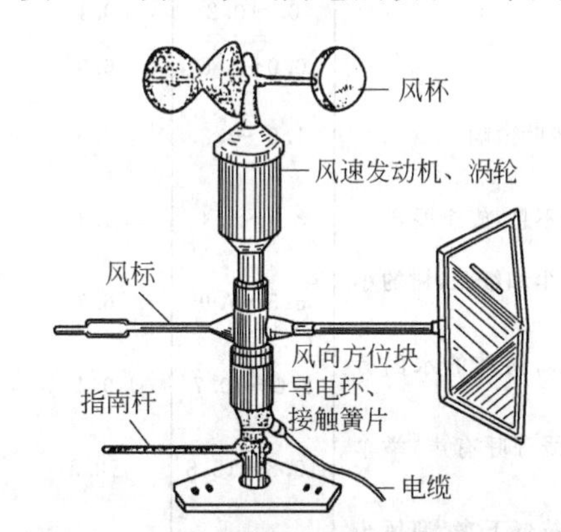

图实-19 EL 电接风向风速计感应部分

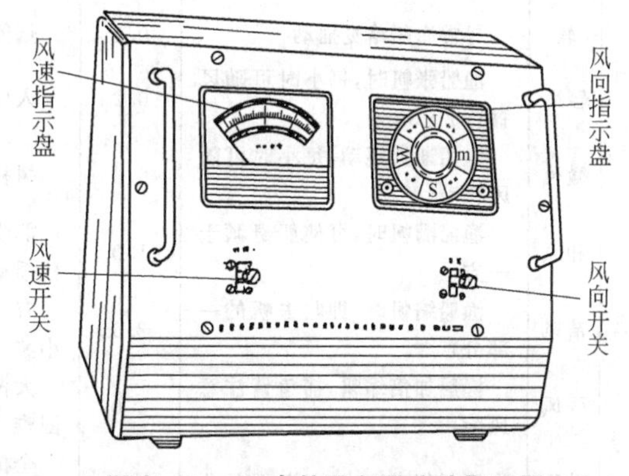

图实-20 EL 电接风向风速计指示器

2. 用 EL 型电接风向风速计的安装

① 安装前应进行运转试验，运转正常，方可安装。

② 感应器因安装在牢固的高杆上。并附设避雷装置。风速感应器（风杯中心）距离地面 10～12m。

③ 感应器中轴应垂直，方位指南杆应指向正南。

④ 指示器、记录器应平稳地安放在室内桌面上，并用电缆与感应器相接。

⑤ 电源使用交流电（220V），或干电池（12V）。

3. 观测和记录

① 打开指示器风向风速开关，观测

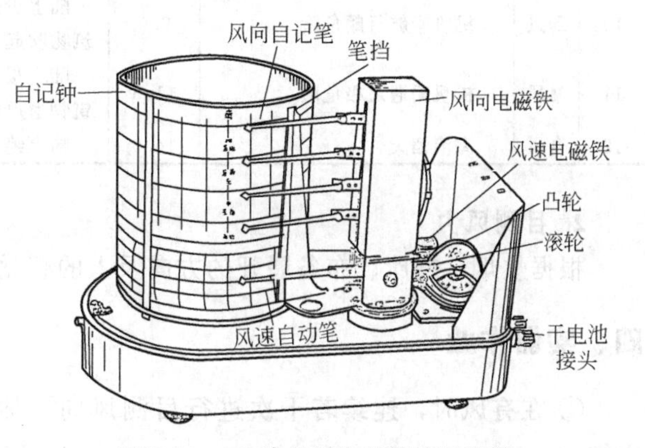

图实-21 EL 电接风向风速计记录器

两分钟风速指针摆动的平均位置，读取整数，记入观测簿相应栏中。当风速较小时，把风速开关拨在“20”挡，读 0～20m/s 的刻度；当风速较大时，把风速开关拨在“40”挡，读 0～40m/s 的刻度。观测风向指示灯，读取两分钟内的最多风向，按十六方位记录。

② 静风时，风速记为“0”，风向记为“C”；平均风速超过 40m/s 时，则记＞40，作日合计时，按 40m/s 统计。

③ 遇 EL 电接风向风速计有故障，可用轻便风向风速表观测。

三、目测风向风力

没有测风仪器或仪器出现故障时，可用目测风向风力。

1. 估计风力

根据风对地面或海面物体的影响而引起的各种现象，按风力等级表估计风力，并记录其相应风速的数值（表实-10）。

表实-10 风力等级对照表

风力等级	名称	海面渔船征象	浪高	陆地地面物征象	相当风速/(m/s)	
					范围	中数
0	无	静	0.0	静，烟直上	0.～0.2	0.1
1	软	寻常渔船略觉摇动	0.1	烟能表示风向	0.0～1.5	6.9
2	轻风	渔船张帆时，每小时可随风移行 2～3km	0.2	人面感觉有风，树叶微响	1.6～3.3	2.5
3	微风	渔船渐觉簸动，每小时可随风移动	0.6	树枝及微枝摇动不息，旌旗展开	3.4～5.4	4.4
4	和风	渔船满帆时，可使船身倾于一方	1.0	能吹起地面的灰尘和纸张，树的小枝摇动	5.5～7.9	6.7
5	清风	渔船缩帆时(即收去帆的一部分)	2.0	有叶的小树摇摆，内陆的水面有小波	8.0～10.7	9.4
6	强风	渔船加倍缩帆，捕鱼请注意风险	3.0	大树枝摇动，电线呼呼有声，举伞困难	10.8～13.8	12.3
7	劲风	渔船停息港中，在海面下锚	4.0	全树摇动，大树枝弯下来，迎风步行感觉不便	13.9～17.1	15.5
8	大风	近港的渔船皆停留不出	5.5	可折毁树枝，人向前行感觉阻力甚大	17.2～20.7	19.0
9	烈风	机帆船航行困难	7.0	烟筒及平房屋顶受到损坏，小屋遭到破坏	20.8～24.4	22.6
10	劲风	机帆船航行颇危险	9.0	陆上少见，见时可使树拔起或将建筑物吹起	24.5～28.4	26.5
11	暴风	机帆船遇之极危险	11.5	陆上很少，大树可被吹倒，一般建筑物遭严重破坏	28.5～32.6	30.6
12	台风	海浪滔天	14.0	陆上绝少，其摧毁力极大	＞32.6	＞30.6

2. 目测风力

根据炊烟、旌旗、布条展开的方向及人的感觉，按八方位估计。

四、实训作业

① 在有风时，连续若干次进行目测风向、估计风力，并与仪器测得的风向风速进行比较。

② 用水银气压表练习气压读数；并利用《气象常用表》第二号练习 mmHg 与 hPa 之间的换算。

③ 统计整理本地（校）某月份风的观测记录，并绘出风速和风向频率玫瑰图。

【提示】

① 风向频率（%）＝某风向全月（年）出现的回数/各风向全月（年）出现的总回数。

② 玫瑰图是各风向频率或风速在同一坐标纸上的表示图。其做法是：先做一个表示十六方位的极坐标（如图实-22、图实-23），取适当的线段长代表单位风向频率或风速，然后按比例将各个风向的频率或风速点在相应方向上的线段上，再将各方位的点连接成折线，即得风向频率或风速玫瑰图。

图实-22 风速玫瑰图

图实-23 风频率玫瑰图

③ C 代表静风，将静风频率填写在极坐标的中心。

实训八 农田小气候观测

实训目的

了解农田小气候观测地段和测点的选设原则；正确选用和布置仪器进行观测；学会整理和分析资料的方法。

主要内容

- 农田小气候观测的意义和特点
- 观测地段的选择和测点的设置
- 观测仪器的布置
- 观测的进行
- 观测资料的整编和分析

一、农田小气候观测的意义和特点

农田小气候观测，在于揭示农田小气候的特征，了解不同农业技术措施的气候效应，以争取进一步改善农田小气候条件，提高农业技术的实效，充分地发挥生产潜力。

农田小气候观测，没有统一的观测规范或手册，而主要是根据任务来确定观测项目、仪器的设置、观测的方法和资料整编方法等。因此，在进行农田小气候观测时，任务必须明确，要求应当具体，否则会导致人力、物力的浪费。

二、观测地段的选择和测点的设置

1. 观测地段的选择

农田小气候特征常受其所在地区的自然条件（如地形、地势、植被和土壤分布等）的影响，甚至不同作物、不同种类或同一作物不同发育期，也能引起农田小气候的变化，特别是农业技术措施的差异，对农田小气候的影响是十分明显的。因此，在选择观测地段时，应按下述原则进行。

（1）观测地段必须具有代表性。例如，研究某一作物田的小气候特征时，必须在当地自然地理条件、农业技术措施和该作物生产状况有代表性的地段，进行具体观测，才能获得有代表性意义的资料。

（2）观测地段应具有比较性。例如，研究某一作物的密植效应时，所选观测地段除植株密度差异外，其他条件（如地形、植被土壤、作物品种、耕作、施肥、灌溉、田间管理等）都应尽量相同，以便获得密植农田小气候的特征。

为了观测农田小气候特点，必须适当选择观测地段面积。观测地段面积大小、主要决定于地形与作物分布状况、相邻地段与观测地段作物特性以及农业技术措施差异等。这些差异愈大，观测地段面积也必须愈大，反之，则可适当缩小。在开阔的平坦地段（指在半径为100m的面积内坡度小于2°的地段），同其周围障碍物的距离，不小于其高度的20倍，当其下垫面特性趋于一致时，观测地段面积最小可为$10\times10m^2$，否则可大致$100\times100m^2$，如不能按要求选择时，必须加以说明。

2. 测点的布置

在整个观测过程中，不可能满设仪器，而只能选择少数的观测地点，我们称之为测噗，在观测地段中所设测点，虽然有一定数目，但所起的作用各不相同，有的是固定的（基本的），有的是临时的（辅助的），有的是不可缺少的，有的则是视情况而定。因此，就有基本测点和辅助测点之分。

（1）基本测点　这种测点是要通过它获得基本的或系统的资料。农田小气候的数量特征，通常是深入地段中央，受相邻地段的影响最小而代表性最高；而边缘部分则代表性差。在基本测点，不但观测项目、高度和深度都比较齐全，而且观测时间和次数也比较频繁而固定。

（2）辅助测点（临时测点）　这种测点是为某一目的而暂时设计的。它的任务是补充基本测点的不足。帮助基本测点更广泛地搜集某些气象要素在农田小气候中的变化特征。辅助测点的数目根据具体任务而定，观测项目同基本测点不完全相同，可以少些，但也可以观测基本测点没有的项目，而重点观测项目，观测高度和深度，应和基本测点一致，但测点数目和设置测点，可因作物种类、发育期和生长状况而不同。

为了观测农业技术措施的小气候效应，需设置处理和对照测点时，这两种测点不宜布置在同一风向的路线上。以免下风位置的测点受到上风测点的空气平流影响。测点与边缘的距离，一般至少在2m以上，若地段性质与周围环境差别较大，则边缘效应也大，故测点与边缘的距离要适当加大到3～5m。

此外，为了准确地获得农田小气候的数量特征，必须提供环境资料，以便对农田小气候形成原因作进一步分析，需要对测点情况加以记载（如纬度、经度、海拔、高度、水域、植被、土壤作物、农业技术措施等)，如果测点布置较多时，要对测点进行统一编号，避免测点资料混淆不清。

三、观测仪器的布置

1. 测点仪器的布置

各测点仪器的布置，应根据地形、土壤、作物种类、作物生长状况，农业技术措施（如栽植行向）等情况加以考虑。在一个测点上观测不同项目的仪器设置，必须遵循仪器间互不影响，并尽量与观测顺序一致的原则。通风干湿表距离要 1.5m 左右，其他仪器间隔也要 1.0m 左右；轻便风速表要安装在上风的位置。在农田中，可安装在同一行或两个行间，若作物行间很窄，地面温度和地面最高、最低温度表也可排成一线。在垂直方向上，由于越靠近活动面，气象要素的铅直变化越大。因此，设置的观测高度必须越靠近活动面越密，而不能机械地等距离分布。

2. 仪器设置高度和深度

高度和深度的设置取决于两方面的情况：一方面考虑气象要素铅直分布的特点，由于越近地面气象要素的铅直变化越大，所以设置高度和深度要密一些；另一方面，应考虑作物生长状况和研究目的。

(1) 空气温湿度的观测高度　在作物的生育初期，小气候特点同裸地一样，通常取 5cm、20cm、50cm 和 150cm。在作物生长盛期，农田外活动面已形成，这时观测高度，通常设置 20cm、150cm、2/3 株高和作物层顶等高度。农田中观测湿度，常用通风干湿表。它是安装在需要观测的那几个高度的侧干挂钩上；也可使用一只通风干湿表，用绳系牢。然后利用绳上的挂结，即可在各高度上进行观测。

(2) 风的观测高度　在农田中，一般测定 20cm、150cm、2/3 株高和作物层顶部四个高度。常用仪器是轻便风速表，有时植株间风速很小，轻便风速表难以测出，可以用热球式微风仪。

(3) 土壤温度的观测深度　一般采用 0、5、10、15 和 20cm 五个深度。在作物生长盛期可增加 30cm 和 50cm 深度，土壤温度的测定，常用插入式地温表或曲管地温表。

(4) 光照度的观测高度　观测地面、2/3 株高和株顶三个高度，选择株顶高度，代表自然光照。

四、观测

1. 观测项目

由于各种研究所需要的资料及其计算方法不同，农田小气候观测项目也随之而异，但是仍有一些共同项目：例如，作物发育期、生长高度和密度、云量、云状、日光等情况，天气现象、活动面状况，空气温度和湿度及土壤温度等。至于对农业技术措施的小气候效应的测定，除上述项目外，应根据其特点增加株间通风透光条件、风带和照度的观测，或者增加土壤温度的观测。

2. 观测时间

农田小气候观测时间（指每日观测次数），它主要取决于需要什么样的资料。一般采用长期的定时观测和全日的连续观测。长期定时观测时间（2、8、14 和 20 时）同气象台一致，便于比较。如夜间 2 时观测有困难，可改为三次（6、14 和 21 时）观测，三次记录的平均值也基本接近日平均值。

五、小气候观测仪器

小气候观测所用的仪器要求：小巧玲珑，便于携带；示度清晰，便于读数；性能稳定，便于对比；精度较高，便于分析。

1. 通风干湿表

(1) 结构原理 仪器结构如图实-24 所示，它是两支构造完全相同的温度表组成。干湿球温度表感应部分装在双重护管内，防护管借助三通和两支温度表之间的中心圆管与风扇相通。在使用时，先安装通风器的钥匙，上好发条，开动风扇，使得从防护管吸入的空气流经温度表球部上升至通风器的排气孔流出（感应部分周围的风速基本稳定在 2m/s）。这样，可以促进感应部分与空气之间的热交换，减少辐射误差。

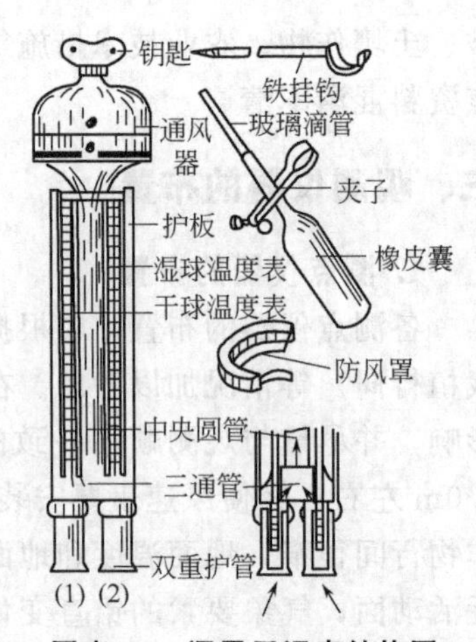

图实-24 通风干湿表结构图

(2) 观测方法 观测前，为了消除盒内温度差，必须先将仪器挂在测杆上（仪器的温度表感应部分距离地面高度视观测项目而定），暴露一段时间（夏天暴露 15min，冬天暴露 30min）。然后用玻璃滴管湿润温度表的纱布，再上好发条，规定的观测时间一到，就可以读数。观测时应注意以下问题。

① 湿润纱布时，不能让水溢出而弄湿防护管。

② 上发条时，要特别小心，不能上得过紧，应留下一转，否则发条易折断。

③ 湿润纱布和通风 4min 方可读数。

④ 观测时，观测员应在下风方，以避免体温影响观测结果；读数时，先读干球，再读湿球。其他读数方法同百叶箱内读数方法。

⑤ 每一个观测高度应读取三次，在读完第一次记录后约 30s 后即可连续读取第二、第三个记录，第一个高度读完后，必须加上一次发条，以保证仪器正常通风，再移到第二个高度。

⑥ 当外界风速大于 4m/s 时，通风器溢出空气较困难，观测前应将防风罩套在风扇迎风面的缝隙处。

2. 轻便风速表

它是测量风向和一分钟平均风速的仪器，适于野外观测。

(1) 仪器组成 仪器结构如图实-25 所示。由风向部分（包括风向标、风向指针、方位盘和制动小套），风速部分（包括十字护架、风杯、风速表刻度盘）和手柄三部分组成。

当压下风速按钮，启动风速表后，风杯随风转动，带动风速表主体内的齿轮组，指针即在刻度盘上指示出风速；同时，时间控制系统也开始工作，待 1min 后自动停止计时，风速指针也停止转动。

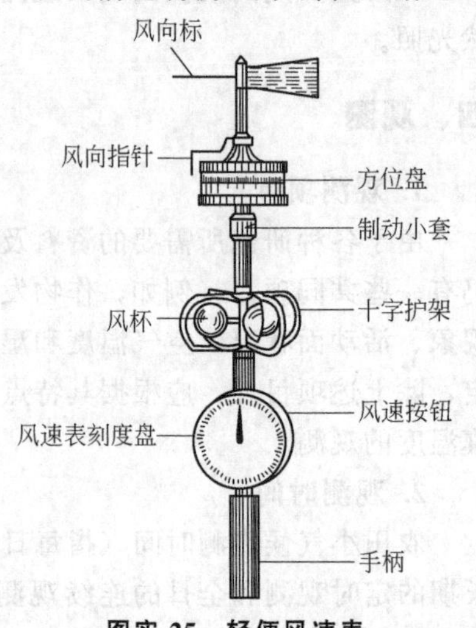

图实-25 轻便风速表

指示风向的方位盘，系一磁罗盘，当制动小套管打

开后，罗盘按地磁子午线的方向稳定下来，风向标随风向摆动，其指针即指出当时的方向。

（2）观测和记录

① 观测时应将仪器带至空旷处，由观测者手持仪器，高出头部并保持垂直，风速表刻度与当时风向平行，观测者应站在仪器下风方，然后将方位盘的制动小套向下拉并向右转一角度，启动方位盘，使其能自由旋转，按地磁子午线的方向固定下来。注视风向指针约2min，记录其最多风向。

② 在观测风向时，待风杯旋转约半分钟，按下风速按钮，启动仪器，待1min后指针自动停转，再读出风速示值（m/s），将此值从风速检定曲线图中查出实际风速（保留一位小数），即为所测值平均风速。

③ 观测完毕，将方位盘制动小套管向左旋转一小角度，借弹簧的弹力，小套管弹回上方，固定好方位盘。

（3）维护　保持仪器清洁、干燥、避免碰撞、震动。平时不要随便按风速按钮，计时机构开始工作后，也不得再按该按钮。

3. 观测程序

观测项目确定以后，一个测点上有好几种仪器，观测一次需要较长时间，测得的各数值不在同一时刻，这就失去了观测记录的时间代表性，为了消除正点前后两次要素读数时间和正点对称，这样就使得同一项目两次观测的平均值正好落在正点，观测时间也正好代表正点，误差也就消除。在一个测点上，利用一个通风干湿表来观测，程序如图实-26所示。如果一个人要观测几个测点，就采取路线往返观测，一次正点前（往），一次正点后（返），一正点为对称，取前后两次观测平均值，时间以正点为代表，但时间隔得越短越好，相邻两测点之间应间隔多少时间，则由观测项目多少而定。

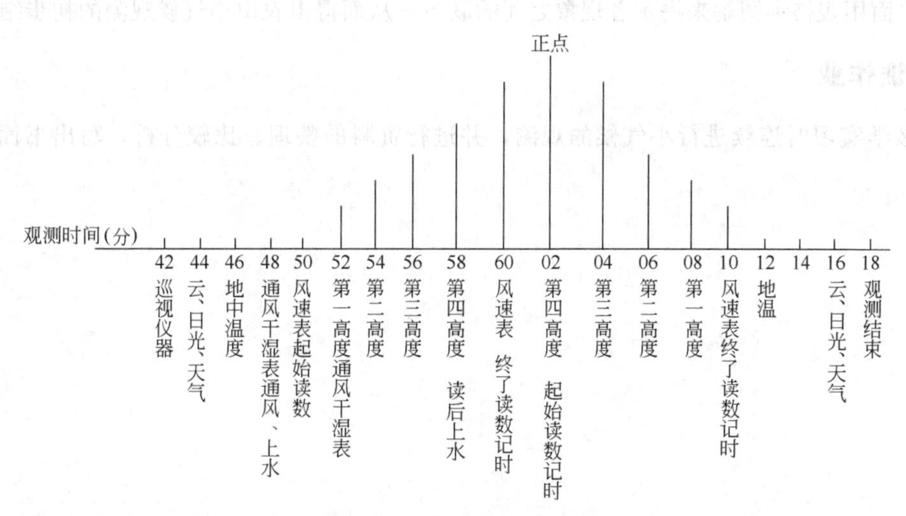

图实-26　观测程序示意图

六、观测资料的整编和分析

1. 基本资料的整编

一个测点的原始记录，在确定各数据没有错误的情况下，先进行器差订正，并检查记录有无突变现象，根据日光情况和风的变化原因决定取舍，然后计算读数的平均值，随后查算出各气象要素值，按着观测时间顺序编制报表，再根据报表所给的资料绘制气象要素的时间变化图和空间分布图。

气象要素时间变化图：以纵坐标表示要素，横坐标表示时间，通过这个图可以得出要素随时间变化的特点。

气象要素的空间分布图：以纵坐标表示高度或深度，横坐标表示要素。通过这个图可以得出要素随空间随高度（深度）的分布情况。

通过气候要素随时间和空间的分布及变化规律，除了可以反映一个测点气候要素的变化特征和对各测点的资料比较、分析提供素材外，还可以从图中检查各记录的准确性和代表性。例如在时间变化图上，发现某一时间记录突变等不连续现象，可从天气变化情况（如云、日光等）寻找原因，然后对时间变化图进行修正。

2. 各测点资料的对比分析

在完成各测点的基本资料整理后，为在各测点的小气候特征中寻找它们的差异，必须根据研究任务，进行各测点资料的对比分析。例如，只有同裸地的资料比较，才能显示出农田小气候的特征；只有同对照地的资料比较，才能确定农业技术措施的小气候效应；只有同其他作物田的小气候资料进行对比，才能发现某一作物的小气候特征。在进行这种对比分析的时候，要特别注意自然地理环境条件以及天气情况的一致性。

七、农田小气候观测报告

当对比分析完成后，就可以进行书面总结了。基本包括对测点情况、观测项目、高度（深度）、使用仪器和天气条件的说明，对观测过程也要做适当介绍，但中心内容是气象要素的定性和定量的对比描述，对产生的现象和特征，必须根据气象学的原理，说明其物理本质，可以从各个方面用表格和图解来揭示各现象之间的联系，从而得出农田小气候观测的初步结论。

八、实训作业

在教学实习时连续进行小气候的观测，并进行资料的整理、比较分析，写出书面小结。

附　录

附录1　天气预报用语和符号摘要

气象台站发布天气预报时，使用的专业用语含义如下。

天空状况用语：以天空云量的多少区别。

晴天：无云或中低云量小于1成或高云量小于3成。

少云：有1～3成中云或4～5成高云。

多云：有4～7成中低云或6～8成高云。

阴天：有8～10成中低云。

时间划分用语：以北京时间为标准。

白天：8时到20时。夜间：20时到次日8时。

早晨：4时到8时。傍晚：18时到20时。

中午：11时到14时。午夜：23时到次日3时。

上午：8时到12时。上半夜：20时到24时。

下午：12时到18时。下半夜：0时到5时。

气象台站绘制天气图或进行气象观测，对于天气系统和天气现象，要用统一规定的符号来表示，摘要如下。

云的符号如下：

C_L(低云)		C_M(中云)		C_H(高云)	
符　号	云　类	符　号	云　类	符　号	云　类
	淡积云		透光高层云	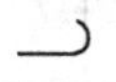	毛卷云
	浓积云		蔽光高层云		密卷云
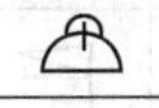	秃积雨云		蔽光高积云		伪卷云
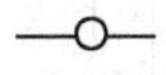	积云性层积云	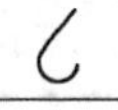	荚状高积云	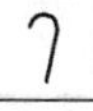	钩卷云
	层积云		层状透光高积云		卷层云(高度角小于45°)
	层云	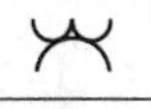	积云性高积云	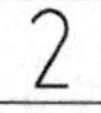	卷层云(高度角大于45°)
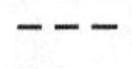	碎雨云		蔽光高积云		卷层云布满天空
	积云		堡状高积云	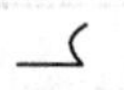	卷层云未布满天空
	鬃状积雨云		混乱天空的高积云	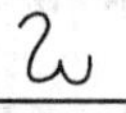	卷积云

常见的天气现象符号如下：

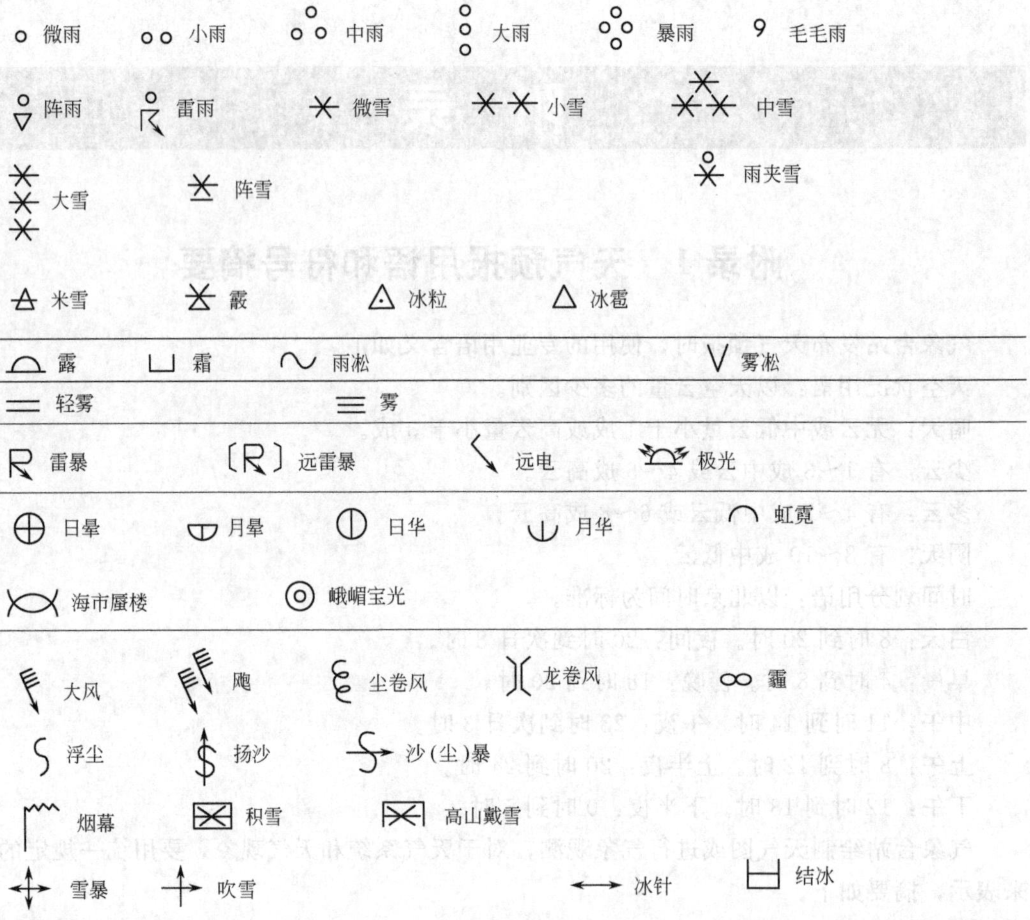

微雨 小雨 中雨 大雨 暴雨 毛毛雨

阵雨 雷雨 微雪 小雪 中雪

大雪 阵雪 雨夹雪

米雪 霰 冰粒 冰雹

露 霜 雨凇 雾凇

轻雾 雾

雷暴 远雷暴 远电 极光

日晕 月晕 日华 月华 虹霓

海市蜃楼 峨嵋宝光

大风 飑 尘卷风 龙卷风 霾

浮尘 扬沙 沙(尘)暴

烟幕 积雪 高山戴雪

雪暴 吹雪 冰针 结冰

风的符号如下：

风速/(m/s)	1	2	3～4	5～6	7～8	9～10	11～12
符号							
风速/(m/s)	13～14	15～16	17～18	19～20	21～22	23～24	25～26
符号							

注：符号中箭杆表示风的来向，箭羽表示风的速度。

天气系统符号如下：

等压线　　等温线

N　暖中心　　L　冷中心

G　高气压中心　　D　低气压中心

续表

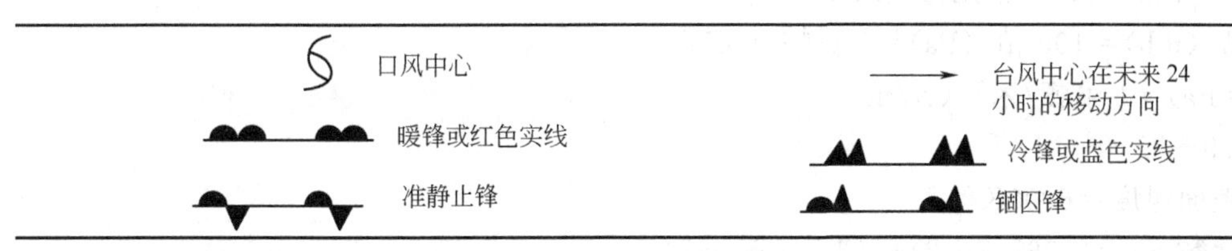

地面天气图填图格式如下：

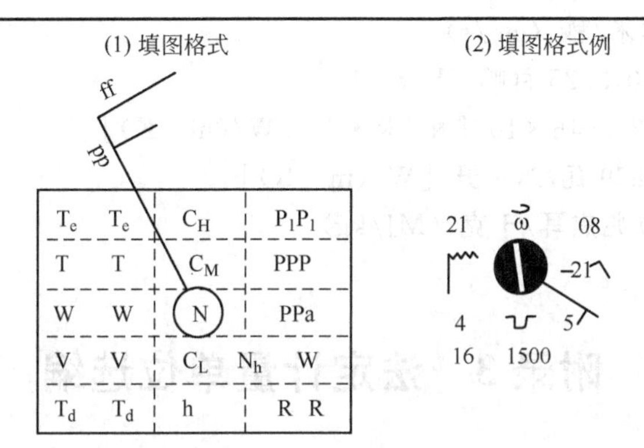

Ⓝ——圆圈表示测站，N为测站的总云量，如○表示无云，◔表示云量2～3成，◑表示云量为5成，◕表示云量7～8成，●表示云量为10成，⊗天空状况不明等。

填图格式中字母含义如下：

CH、CM、CL分别表示高、中、低云状。

Nh和h分别表示低云量和低云高。

dd和ff分别表示风向和风速。

T_eT_e 指过去24h极端温度。

TT和 T_dT_d 分别表示气温和露点温度。

P_1P_1 和PPP分别表示本站气压和海平面气压。

PP和a分别表示3h气压变量和气压倾向。

WW和W分别表示现在天气现象和过去天气现象。

VV表示水平能见度。

RR表示过去6h的降水量。

上述为简要的填图格式。上例中的含义为：测站总云量为9-10，高云为毛卷云，中云为透光高积云，低云为层积云，低云量为5成，低云量1500m；东南风2m/s，现在天气又烟幕，能见度4km，气温为21℃，露点为16℃；气压为1008.1hPa，最近3h内气压微升后下降，气压变量为－2.1hPa。

附录2 单位换算及相关常数

1卡（cal）＝4.1868焦耳（J）＝2.390×10^{-4}尔格＝10163毫瓦特/小时（mW/h）

1瓦特（W）＝1焦耳/秒（J/s）

1 流明 (lm)=1.49 毫瓦特 (mW)

1 毫巴 (mb)=100 帕 (Pa)=1 百帕 (hPa)

1 帕 (Pa)=1 牛顿/米^2 (N/m^2)

K=273+℃

太阳表面温度=6000K

太阳常数 S_0=(1367.7±2)瓦/米^2 (W/m^2)

普朗克常数 $h=6.626\times10^{-34}$ 焦耳·秒 (J·s)

光速 $c=3\times10^{10}$ 厘米/秒 (cm/s)

海平面气压 p_0=1013.25 百帕 (hPa)

干空气导热率 $\lambda=2.3446\times10^{-2}$ 瓦/米·开 [W/(m·K)]

水的热导率 λ=5.869 瓦/米·开 [W/(m·K)]

蒸发潜热 L=2.50 兆焦耳/千克 (MJ/kg)

附录 3　法定计量单位选编

热学

量的名称	单位名称	单位符号
热力学温度	开〔尔〕	K
摄氏温度	摄氏度	℃
线(膨)胀系数	每开〔尔文〕	K^{-1} 可以用 C 代替 K
热,热量	焦〔耳〕	J
	兆焦〔耳〕	MJ
	千焦〔耳〕	kJ
	毫焦〔耳〕	mJ
热流量	瓦〔特〕	W
	千瓦〔特〕	kW
热导率〔导热系数〕	瓦〔特〕每米开〔尔文〕	W/(m·K)可以用 C 代替 K
传热系数	瓦〔特〕每平方米开〔尔文〕	W/(m^2·K)可以用 C 代替 K
	焦〔耳〕每开〔尔文〕	J/K
热容	千焦〔耳〕每开〔尔文〕	J/K 可以用 C 代替 K
比热容	焦〔耳〕每千克开〔尔文〕	J/(kg·K)
	千焦〔耳〕每千克开〔尔文〕	kJ(kg·K)可以用 C 代替 K

光及有关电磁辐射

量的名称	单位名称	单位符号
波长	米	m
	微米	μm
	纳〔诺〕米	nm
辐〔射〕能	焦〔耳〕	J
辐〔射〕功率,辐射能通量	瓦〔特〕	W
辐〔射〕出强度	瓦〔特〕每球面度	W/sr
辐〔射〕出射度	瓦〔特〕每平方米	W/m^2
辐〔射〕照度	瓦〔特〕每平方米	W/m^2
发光强度	坎〔德拉〕	cd
光通量	流〔明〕	lm
光量	流〔明〕秒	lm·s
〔光〕亮度	坎〔德拉〕每平方米	cd/m^2
光发射度	流〔明〕每平方米	lm/m^2
〔光〕照度	勒〔克斯〕	lx

附录 4　气象观测记录表

年　　月　　日

时间		08			14			20			合计	平均
云量(总/低)		/			/			/			/	/
云状												
风向|风速		|			|			|			|	|
降水量												
		读数	器差	订正后	读数	器差	订正后	读数	器差	订正后	——	——
空气温、湿度	干球											
	湿球											
	毛发表											
	最高											
	最低											
	水汽压											
	相对湿度											
气压	附属温度											
	气压读数											
	本站气压											
地面温度	0cm											
	最高											
	最低											
地中温度	5cm											
	10cm											
	15cm											
	20cm											
	40cm											
	14时 0.8m				蒸发量(20时)						日照时数	积雪深度
	14时 1.6m				原量		余量	降水		蒸发量		
	14时 3.2m											
天气现象												
灾害性天气												
备注												

附录5 饱和水汽压表（hPa）

1. 水面上饱和水汽压

t/℃	0	1	2	3	4	5	6	7	8	9
0	6.2	6.2	6.2	6.2	6.3	6.3	6.4	6.4	6.5	6.5
1	6.6	6.6	6.7	6.7	6.8	6.8	6.9	6.9	7.0	7.0
2	7.0	7.1	7.2	7.2	7.3	7.3	7.4	7.4	7.5	7.5
3	7.6	7.6	7.7	7.7	7.8	7.8	7.9	8.0	8.0	8.1
4	8.1	8.2	8.2	8.3	8.4	8.4	8.5	8.5	8.6	8.7
5	8.7	8.8	8.8	8.9	9.0	9.0	9.1	9.2	9.2	9.3
6	9.4	9.4	9.5	9.5	9.6	9.7	9.7	9.8	9.9	0.0
7	10.0	10.1	10.2	10.2	10.3	10.4	10.4	10.5	10.6	10.6
8	10.7	10.8	10.9	11.0	11.0	11.1	11.2	11.2	11.3	11.4
9	11.5	11.6	11.6	11.7	11.8	11.9	12.0	12.0	12.1	12.2
10	12.3	12.4	12.4	12.5	12.6	12.7	12.8	12.9	13.0	13.0
11	13.1	13.2	13.3	13.4	13.5	13.6	13.7	13.8	13.8	13.9
12	14.0	14.1	14.2	14.3	14.4	14.5	14.6	14.7	14.8	14.9
13	15.0	15.1	15.2	15.3	15.4	15.5	15.6	15.7	15.8	15.9
14	16.0	16.1	16.2	16.3	16.4	16.5	16.6	16.7	16.8	17.0
15	17.1	17.2	17.3	17.4	17.5	17.6	17.7	17.8	18.0	18.1
16	18.2	18.3	18.4	18.5	18.7	18.8	18.9	19.0	19.1	19.3
17	19.4	19.5	19.6	19.8	19.9	20.0	20.1	20.3	20.4	20.5
18	20.6	20.8	20.9	21.0	21.2	21.3	21.4	21.6	21.7	21.8
19	22.0	22.1	22.3	22.4	22.5	22.7	22.8	23.0	23.1	23.2
20	23.4	23.5	23.7	23.8	24.0	24.1	24.3	24.4	24.6	24.7
21	24.9	25.0	25.2	25.4	25.5	25.7	25.8	26.0	26.1	26.3
22	26.5	26.6	26.8	26.9	27.1	27.3	27.4	27.6	27.8	27.9
23	28.1	28.3	28.5	28.6	28.8	29.0	29.2	29.3	29.5	29.7
24	29.9	30.0	30.2	60.4	30.6	30.8	31.0	31.1	31.3	31.5
25	31.7	31.9	32.1	32.3	32.5	32.7	32.9	33.0	33.2	33.4
26	33.6	33.8	34.0	34.2	34.4	34.6	34.9	35.1	35.3	35.5
27	35.7	35.9	36.1	36.3	36.5	36.8	37.0	37.2	37.4	37.6
28	37.8	38.1	38.3	38.5	38.7	39.0	39.2	39.4	39.6	39.9
29	40.1	40.3	40.6	40.8	41.0	41.3	41.5	41.8	42.0	42.2
30	42.5	42.7	43.0	43.2	43.5	43.7	44.0	44.2	44.5	44.7
31	45.0	45.2	45.5	45.8	46.0	46.3	46.5	46.8	47.1	47.3
32	47.6	47.9	48.1	48.4	48.7	49.0	49.2	49.5	49.8	50.1
33	50.4	50.6	50.9	51.2	51.5	51.8	52.1	52.4	52.7	53.0
34	53.3	53.6	53.8	54.2	54.5	54.8	55.1	55.4	55.7	56.0
35	56.3	56.6	56.9	57.2	57.6	57.9	58.2	58.5	58.8	59.2
36	59.5	59.8	60.1	60.5	60.8	61.1	61.5	61.8	62.2	62.5
37	62.8	63.2	63.5	63.9	64.6	64.9	65.3	65.3	65.6	66.0
38	66.3	66.7	67.0	67.4	67.8	68.2	68.5	68.9	69.3	69.6
39	70.0	70.4	70.8	71.1	71.5	71.9	72.3	72.7	73.1	73.5
40	73.8	74.2	74.6	75.0	75.4	75.8	76.2	76.6	77.1	77.5
41	77.9	78.3	78.7	79.1	79.5	80.0	80.4	80.8	81.2	81.7
42	82.1	82.5	83.0	83.4	83.8	84.3	84.7	85.2	85.6	86.1
43	86.5	87.0	87.4	87.9	88.3	88.8	89.2	89.7	90.0	90.6
44	91.1	91.6	92.1	92.6	93.0	93.5	94.0	94.5	95.0	95.5
45	96.0	96.4	96.9	97.4	97.9	98.4	98.9	99.4	100.0	100.5
46	101.0	101.5	102.0	102.6	103.1	103.6	104.1	104.6	105.2	105.7
47	106.3	106.8	107.3	107.9	108.4	109.0	109.5	110.1	110.6	111.2
48	111.8	112.3	112.9	113.5	114.0	114.6	115.2	115.8	116.3	116.9
49	117.5	118.1	118.7	119.3	119.9	120.5	121.1	121.7	122.3	122.9

备注：如左侧 t 下为10，右侧表头为5，即为10.5℃下的水面上饱和水汽压为12.7hPa。

2. 冰面上饱和水汽压

t/℃	0	1	2	3	4	5	6	7	8	9
-49	0.04	0.04	0.04	0.04	0.04	0.04	0.04	0.04	0.04	0.04
-48	0.05	0.05	0.05	0.05	0.05	0.05	0.05	0.05	0.05	0.05
-47	0.06	0.06	0.06	0.06	0.05	0.05	0.05	0.05	0.05	0.05
-46	0.07	0.07	0.07	0.07	0.07	0.07	0.07	0.07	0.07	0.07
-45	0.08	0.08	0.08	0.08	0.08	0.08	0.08	0.08	0.07	0.07
-44	0.09	0.09	0.09	0.09	0.09	0.09	0.09	0.08	0.08	0.08
-43	0.10	0.10	0.10	0.10	0.10	0.10	0.10	0.10	0.09	0.09
-42	0.12	0.11	0.11	0.11	0.11	0.11	0.11	0.11	0.11	0.11
-41	0.13	0.13	0.13	0.13	0.12	0.12	0.12	0.12	0.12	0.12
-40	0.13	0.13	0.13	0.13	0.12	0.12	0.12	0.12	0.12	0.12
-39	0.15	0.14	0.14	0.14	0.14	0.14	0.14	0.13	0.13	0.13
-38	0.16	0.16	0.16	0.16	0.16	0.15	0.15	0.15	0.15	0.15
-37	0.18	0.18	0.18	0.18	0.17	0.17	0.17	0.17	0.17	0.16
-36	0.20	0.20	0.20	0.20	0.19	0.19	0.19	0.19	0.19	0.18
-35	0.23	0.22	0.22	0.22	0.22	0.21	0.21	0.21	0.21	0.20
-34	0.25	0.25	0.25	0.24	0.24	0.24	0.24	0.23	0.23	0.23
-33	0.28	0.28	0.27	0.27	0.27	0.27	0.26	0.26	0.26	0.25
-32	0.31	0.31	0.31	0.30	0.30	0.30	0.29	0.29	0.29	0.28
-31	0.34	0.34	0.34	0.34	0.33	0.33	0.33	0.32	0.32	0.32
-30	0.38	0.38	0.38	0.37	0.37	0.37	0.36	0.36	0.35	0.35
-29	0.43	0.42	0.42	0.41	0.41	0.41	0.40	0.40	0.39	0.39
-28	0.47	0.46	0.46	0.46	0.45	0.45	0.45	0.44	0.44	0.43
-27	0.52	0.52	0.51	0.51	0.50	0.50	0.49	0.49	0.48	0.48
-26	0.58	0.57	0.57	0.56	0.56	0.55	0.55	0.54	0.53	0.53
-25	0.64	0.63	0.63	0.62	0.62	0.61	0.60	0.60	0.59	0.59
-24	0.71	0.70	0.69	0.69	0.68	0.67	0.67	0.66	0.65	0.65
-23	0.78	0.77	0.77	0.76	0.75	0.74	0.74	0.73	0.72	0.71
-22	0.86	0.85	0.85	0.84	0.83	0.82	0.81	0.80	0.80	0.79
-21	0.95	0.94	0.93	0.92	0.91	0.90	0.90	0.89	0.88	0.87
-20	1.05	1.04	1.03	1.02	1.01	1.00	0.99	0.98	0.97	0.96
-19	1.15	1.14	1.13	1.12	1.11	1.10	1.09	1.08	1.07	1.06
-18	1.26	1.25	1.24	1.23	1.22	1.21	1.19	1.18	1.17	1.16
-17	1.39	1.38	1.36	1.35	1.34	1.33	1.31	1.30	1.29	1.28
-16	1.52	1.52	1.50	1.48	1.47	1.46	1.44	1.43	1.41	1.40
-15	1.67	1.66	1.64	1.63	1.61	1.60	1.58	1.57	1.55	1.54
-14	1.83	1.81	1.80	1.78	1.77	1.75	1.73	1.72	1.70	1.69
-13	2.00	1.99	1.97	1.95	1.93	1.92	1.90	1.88	1.86	1.85
-12	2.19	2.17	2.15	2.14	2.12	2.10	2.08	2.06	2.04	2.02
-11	2.40	2.38	2.36	2.34	2.32	2.29	2.27	2.25	2.23	2.21
-10	2.62	2.60	2.57	2.55	2.53	2.51	2.49	2.46	2.44	2.42
-9	2.86	2.84	2.81	2.79	2.76	2.74	2.71	2.69	2.67	2.64
-8	3.12	3.09	3.07	3.04	3.02	2.99	2.96	2.94	2.91	2.88
-7	3.40	3.37	3.34	3.32	3.29	3.26	3.23	3.20	3.18	3.15
-6	3.70	3.67	3.64	3.61	3.58	3.55	3.52	3.49	3.46	3.43
-5	4.03	4.00	3.97	3.93	3.90	.3.87	3.84	3.80	3.77	3.74
-4	4.39	4.35	4.31	4.28	4.25	4.21	4.17	4.14	4.10	4.07
-3	4077	4.73	4.69	4.65	4.62	4.58	4.54	4.50	4.46	4.43
-2	5.18	5.14	5.10	5.06	5.02	4.98	4.93	4.89	4.85	4.81
-1	5.63	5.58	5.54	5.49	5.45	5.40	5.36	5.32	5.27	5.23
-0	6.11	6.06	6.01	5.96	5.91	5.86	5.82	5.77	5.72	5.67

参考文献

[1] 阎凌云主编．农业气象．北京：中国农业出版社，2005

[2] 陈丹主编．农业气象．北京：气象出版社，2009.

[3] 姚运生主编．农业气象．北京：高等教育出版社，2009.

[4] 北京农业大学主编．农业气象．北京：中国农业出版社，1982.

[5] 河北省保定农业学校主编．农业气象．北京：中国农业出版社，1985.

[6] 吉林省农业学校主编．农业气象．北京：中国农业出版社，1999.

[7] 北京农业大学农业气象专业主编．农业气象学．北京：科学出版社，1984.

[8] 成都气象学院．气象学．北京：中国农业出版社，1979.

[9] 谭永涛等．地面气象观测规范．北京：气象出版社，1981.